DER NACHWEIS

VON

SCHRIFTFÄLSCHUNGEN, BLUT, SPERMA USW.

UNTER BESONDERER BERÜCKSICHTIGUNG DER

PHOTOGRAPHIE

DER NACHWEIS

VON

CHRIFTFÄLSCHUNGEN, BLUT, SPERMA USW.

UNTER BESONDERER BERÜCKSICHTIGUNG DER

PHOTOGRAPHIE

MIT

EINEM ANHANGE ÜBER BRANDSTIFTUNGEN

FÜR

CHEMIKER, PHARMAZEUTEN, MEDIZINER, JURISTEN, POLIZEIORGANE USW.

VON

PROF. DR. M. DENNSTEDT
DIREKTOR DES CHEMISCHEN STAATS-LABORATORIUMS IN HAMBURG

UND

DR. F. VOIGTLÄNDER
ASSISTENT AM CHEMISCHEN STAATS-LABORATORIUM IN HAMBURG

MIT 97 ABBILDUNGEN EINSCHL. EINER FARBIGEN SPEKTRALTAFEL

Springer Fachmedien Wiesbaden GmbH

1906

Published January 1, 1906.
Privilege of Copyright in the United States reserved under the Act approved March 3,

Ursprünglich erschienen bei Friedr. Vieweg & Sohn, Braunschweig Germany 1905
Softcover reprint of the hardcover 1st edition 1905

ISBN 978-3-663-19845-1 ISBN 978-3-663-20182-3 (eBook)
DOI 10.1007/978-3-663-20182-3

VORREDE.

Die folgenden Zeilen beschäftigen sich mit der Untersuchung von Schriftfälschungen, dem Nachweise von Blut und Sperma, soweit der Gerichtschemiker damit befaßt zu werden pflegt.

Hierbei sind die photographischen Verfahren in erster Linie behandelt und besonders hervorgehoben; man würde jedoch in der Annahme irren, daß die Photographie allein imstande ist, in den angeführten Untersuchungen den Chemiker in allen Fällen ans Ziel zu führen. Das ist durchaus nicht der Fall, und wenn auch z. B. bei manchen Urkundenfälschungen gerade die Photographie geeignet ist, Klarheit herbeizuführen, während die übrigen Methoden versagen, so sind doch auch die anderen physikalischen und chemischen Hilfsmittel dem Sachverständigen immer durchaus unentbehrlich.

Noch mehr zurück tritt die Photographie bei der Untersuchung verdächtiger Flecke von Blut und Sperma; hier zeigt sie weniger forschenden, als vielmehr registrierenden Charakter, indem sie das sicher festhält und aufbewahrt, was der Gerichtschemiker auf andere Weise, mit anderen Hilfsmitteln zu entdecken vermochte. Aber namentlich beim Blute verliert sie den ersten Charakter nicht ganz, besonders bei der Unterscheidung der verschiedenen Blutarten, der Hauptfrage, die dem Gerichtschemiker gestellt zu werden pflegt. Die völlig sichere Beantwortung dieser Frage ist jedoch erst durch die biologischen Methoden möglich geworden; wir haben daher der Beschreibung dieser besondere Sorgfalt widmen zu sollen geglaubt, zumal da sie nicht nur für den Mediziner, sondern auch für den Gerichtschemiker große Bedeutung erlangt hat und eine zusammenfassende und ausführliche Darstellung dieses Gebietes für diesen Zweck bisher noch nicht erfolgt ist.

Ein Anhang behandelt die Brandstiftungen, aber auch diese nur soweit, als der Gerichtschemiker dabei zu Rate gezogen werden kann.

Hier tritt die Photographie vollständig zurück, wenn man nicht auch die photographischen Aufnahmen des Tatortes mit in den Kreis der Betrachtung ziehen will; das fällt aber mehr in das Gebiet der die Untersuchung führenden Organe, der Polizei und des Gerichts. Wir haben uns daher davon vollständig zurückgehalten, zumal ausgezeichnete und umfassende Werke, die diesen Gegenstand erschöpfend behandeln, existieren.

Wenn nun auch die folgenden Ausführungen in erster Linie für Chemiker, aber auch für Mediziner und Pharmazeuten, die vor allen in den einschlägigen Fragen als Sachverständige herangezogen zu werden pflegen, geschrieben sind, so haben wir doch geglaubt, uns jedem Gebildeten verständlich ausdrücken zu sollen. Wir haben dabei in erster Linie an die Juristen gedacht, sowohl an den die Untersuchung führenden, wie den erkennenden Richter. Beiden ist eine genaue Kenntnis der für diese Untersuchungen in Betracht kommenden Methoden durchaus unentbehrlich, sei es, daß sie wissen müssen, in welchen Fällen sie den Sachverständigen zu Rate ziehen und welche Fragen sie mit einiger Aussicht auf Erfolg stellen können, sei es, daß sie in den Stand gesetzt werden, sich über den Wert oder Unwert eines erstatteten Gutachtens ein einigermaßen selbständiges Urteil zu bilden. Dasselbe gilt für den eine Kriminaluntersuchung führenden Polizeibeamten.

Auf keinem Gebiete der gerichtlichen Expertise kann so viel gesündigt und gefehlt werden, wie bei der Untersuchung von Urkundenfälschungen und dergleichen. Wir sehen dabei vom Schriftsachverständigen vollständig ab, auch der gerichtliche Photograph ist, wie jener, manchen Gefahren ausgesetzt und kann, wenn er kritiklos arbeitet, durch seine Methoden etwas hervorheben, verstärken oder gar erzeugen, was in Wirklichkeit anders ist oder gar nicht existiert.

Die Gefahr ist hier um so größer, weil der Laie zu der Ansicht geneigt ist, die Photographie könne nicht lügen und was ein Photogramm zeige, müsse in Wirklichkeit auch vorhanden sein. Wer die folgenden Ausführungen mit Aufmerksamkeit liest, wird das Irrige dieser Ansicht bald erkennen und vielmehr zu der Überzeugung kommen, daß, wie bei jedem Sachverständigen-Gutachten, so besonders, wenn photographische Methoden mitbenutzt wurden, die sorgfältigste Kritik am Platze ist.

Diese Kritik wird in erster Linie von anderen Sachverständigen zu üben sein, in letzter Linie ist aber doch der erkennende Richter der ausschlaggebende Teil und es ist sehr zu wünschen, daß er sich nicht nur auf die Gutachten der Sachverständigen und deren gegenseitige Kritik verlasse, auf die nach seiner Meinung etwa größere Sachkenntnis oder Glaubwürdigkeit des einen oder des anderen, die vielleicht nur auf der größeren Gewandtheit in dem Auftreten vor Gericht beruht, sondern daß er sich ein eigenes Urteil über die angewandten Verfahren zu bilden versuche.

Endlich wird auch der Verteidiger, zumal wenn er von der Unschuld seines Klienten überzeugt ist, ein Interesse haben, daß ein etwa ungünstig ausgefallenes Gutachten auf seine wirkliche Tragweite geprüft werde. Auch hier werden sich die nötigen Handhaben nur demjenigen bieten, der auch den technischen Ausführungen des Sachverständigen folgen kann.

Aus diesen Gründen haben wir uns einer allgemein verständlichen Ausdrucksweise und Fassung zu befleißigen gesucht, selbst auf die Gefahr hin, dem chemischen Experten, für dessen Gebrauch das Buch in erster Linie bestimmt ist, etwas Altbekanntes und Selbstverständliches zu sagen; in dieser Beziehung haben wir daher zumal den Chemiker um Nachsicht zu bitten.

Hamburg, im Dezember 1905.

Die Verfasser.

INHALTSVERZEICHNIS.

Einleitung.

Der erste, der die Wichtigkeit der Photographie für die Rechtspflege erkannt hat, war Odebrecht. Im Archiv für Preußisches Strafrecht 1864 veröffentlichte er einen umfangreichen Artikel, in dem er mit weit ausschauendem Blick zusammenstellte, wann, wo und wie, namentlich im Ermittelungsverfahren, die Photographie der Justiz dienstlich und förderlich sein könne. Nicht alle seine Vorschläge wurden befolgt, nicht alle seine Wünsche und Hoffnungen haben sich erfüllt und manche sind als überflüssig oder gar unnütz für immer beiseite gelegt worden, andere jedoch werden auch in Zukunft noch der Justiz als erstrebenswertes Ziel vor Augen schweben.

Wenn Odebrecht auch die Verwendung der Photographie fast ausschließlich vom Standpunkte des Juristen, namentlich des Untersuchungsrichters und Staatsanwalts, beurteilt, so erkennt er doch die Verwendbarkeit der lichtbildenden Kunst überhaupt und ganz allgemein mit großem Scharfblick und zeigt ihr sogar für die Zukunft Wege, die ihr damals schon aus technischen Gründen verschlossen waren.

Erst die Erfindung der Trockenplatte hat eine allgemeine Verwendung nicht nur im Odebrechtschen Sinne ermöglicht, sondern sie hat die Verwendbarkeit nach einer Richtung erweitert, die wir bei Odebrecht nur angedeutet finden, die aber von der allergrößten Bedeutung ist.

Die Photographie kann und soll nämlich nicht nur eine für die strafrechtliche Untersuchung vielleicht wichtige, aber vergängliche oder veränderliche Sache in ihrem Zustande und in ihrer Beschaffenheit während eines bestimmten Zeitpunktes dauernd festhalten, sie ist auch nicht selten imstande, als Werkzeug zur Erkennung und zum Nachweise verbrecherischer Handlungen zu dienen und so die Hilfsmittel des gerichtlichen Sachverständigen zu vermehren.

Was die Photographie in erster Beziehung, z. B. bei der Erkennung unbekannter Personen und Gegenstände, was sie bei der Fixierung von Tatorten leistet, ist allbekannt; auch der Laie sieht ein, daß sie etwas dauernd festhalten kann, was vielleicht erst im späteren Verlaufe der Untersuchung von Wichtigkeit wird. Wenn auch der chemische Sachverständige diesen Dingen gewöhnlich fernsteht, so sind sie doch für ihn dann nicht ganz ohne Bedeutung, wenn er, wie zumal in wichtigen Fällen bei der Besichtigung von Tatstellen und bei der Entnahme von Untersuchungsobjekten zu geschehen pflegt, mit zu Rate gezogen wird. Das sollte sogar weit mehr als jetzt überall geübte Gepflogenheit sein. denn oft werden für den weiteren Gang der Untersuchung ganz wertlose oder nebensächliche oder einer aussichtvollen chemischen Untersuchung überhaupt unfähige Objekte beschlagnahmt und andere, deren Untersuchung leicht möglich und von der größten Wichtigkeit wäre. achtlos liegen gelassen. Von der oft ganz unzweckmäßigen und sorglosen. mit einem Worte unsachverständigen Verpackung und Aufbewahrung des Beschlagnahmten ganz zu schweigen [1]).

Mit Recht ist es schon von jeher üblich, ein vom Chemiker gefundenes Resultat, wenn irgend möglich, in greifbarer Form vorzulegen, so die aus Leichenteilen oder ähnlichen Objekten isolierten Gifte, z. B. Arsen, Phosphor, Quecksilber usw. namentlich dann, wenn sie schon durch ihr Aussehen, Gestalt, Farbe u. dgl. charakteristisch sind, obwohl dadurch weder die Glaubwürdigkeit des Experten, noch die Zuverlässigkeit seiner Untersuchung irgendwie erhöht oder befestigt wird. Meist ist eine so einfache Demonstration wie in den angegebenen Fällen überhaupt unmöglich und das Gericht ist ausschließlich auf die als vorhanden vorausgesetzte Kenntnis und Erfahrung des Experten angewiesen, die dann höchstens durch einen zweiten Sachverständigen, dem der Gang der Untersuchung bis ins einzelne erläutert wird, bestätigt oder angezweifelt werden kann. Wenngleich daher die Fixierung des Untersuchungsresultats nicht immer möglich und niemals für den Wert eines Gutachtens ausschlaggebend ist, so wird es doch dem Sachverständigen immer erwünscht und unter Umständen beruhigend sein, wenn er eine durch das Photogramm fixierte Beobachtung dem Gerichte vorlegen kann; den Richtern aber und namentlich den Geschworenen gegenüber ist ein solcher, man möchte fast sagen handgreiflicher Beweis, obwohl er das in Wirklichkeit gar nicht ist, oft von großer Bedeutung. Das nur mit Worten vorgetragene, durch nichts Sichtbares gestützte

[1]) Als allgemeiner Grundsatz ist festzuhalten, daß die beschlagnahmten Objekte vor jeder Beschädigung und Verunreinigung zu bewahren sind. Für Flüssigkeiten benutze man reine, trockene, mit reinen, am besten neuen Korken zu verschließende Glasgefäße, für feste Gegenstände starke, saubere Schachteln, in denen jede Bewegung, jedes Reiben und Scheuern durch Festklemmen mit reinen Pappstreifen oder dergleichen zu verhüten ist. Besonders wichtige oder gefährdete Stellen sind durch geeignete Umhüllung noch besonders zu schützen. Watte oder ähnliches Verpackungsmaterial ist möglichst nicht unmittelbar auf die Objekte zu legen, sondern diese sind immer erst in reines, weißes Seiden- oder Fließpapier einzuhüllen. Jedes unnötige Berühren, Betasten, Schütteln ist zu vermeiden. Sind reine Gefäße, Schachteln oder dergleichen nicht erreichbar, dann wickle man die Gegenstände in undurchlässiges, reines Papier, Pergamentpapier oder im Notfall sogenanntes Butterbrotpapier und schnüre das Ganze in feste Pappe ein. Zeitungspapier ist nicht zu benutzen, eher noch feines weißes, vorher zerknittertes Schreibpapier.

Gutachten erweckt vielleicht Zweifel, die nicht selten durch geschickte Fragen des Beschuldigten oder des Verteidigers noch verstärkt werden, es enthält Lücken, die fast den Anschein eines Versäumnisses erwecken u. a. m. Dadurch kann der Eindruck des Gutachtens geschwächt werden. Anders, wenn der Sachverständige seine Beobachtungen in photographischen Abbildungen vorführen und damit seine Behauptungen erhärten kann, seien es auch, wie Blutkörperchen, Häminkristalle oder Samenfäden, Objekte, die der Laie gar nicht kennt, die er nie gesehen hat, deren Bedeutung ihm erst erläutert werden muß, gleichgültig, er sieht etwas Positives, Vorhandenes, was ihm vorher aus der Luft gegriffen erschien, bekommt jetzt materiellen Untergrund, seine Zweifel legen sich und ohne Zaudern zieht er nun die dem Gutachten tatsächlich entsprechenden Konsequenzen. Aber auch der Beschuldigte, der sich bis dahin in Sicherheit wiegte, daß seine Schuld nicht nachweisbar sei, gibt oft beim Anblick eines solchen Photogramms sein Leugnen auf und seine Schuld zu.

Von noch größerer Bedeutung ist, wenn der Sachverständige die Hilfe der Photographie für die Untersuchung selbst in Anspruch nehmen kann. Natürlich wird es auch hier nicht immer gelingen, selbst bei Anwendung besonderer, von der gewöhnlichen Lichtkunst abweichender Methoden zum Ziele zu gelangen und z. B. den Nachweis eines Verbrechens zweifellos zu erbringen, oder die Art der Ausführung oder die Anwendung bestimmter Instrumente und ähnliches mit Sicherheit zu erweisen, aber andere chemische und physikalische Hilfsmittel werden den auf photographischem Wege erhaltenen Befund in den meisten Fällen ergänzen, bestätigen und bekräftigen.

Diese Art der Photographie ist eine besondere Kunst, die nicht ohne weiteres geübt und daher dem Berufsphotographen, mag er technisch noch so vollkommen arbeiten, nicht schlechthin überlassen werden kann. Sie muß unbedingt dem eigentlichen Sachverständigen dem Gerichtschemiker, vorbehalten bleiben. Mögen die erzeugten Photogramme auch nicht immer als technische Musterwerke gelten, mögen sie sogar in der Behandlung der Platten und Papiere offenbare Fehler aufweisen, mögen sie in künstlerischer Beziehung vielleicht zu wünschen übrig lassen, das ist ohne Belang, wenn nur der Teil des Objekts, auf den es im bestimmten Falle ankommt, wahrheitsgetreu und deutlich erkennbar wiedergegeben wird. Selbstverständlich muß jedes Retuschieren an den Platten und Abzügen vermieden werden.

Natürlich werden sich die Bilder, wenn sie außer der unbedingt zu fordernden Wahrheit auch noch technisch und künstlerisch vollkommen sind, um so mehr empfehlen und das Vertrauen des Richters und der Geschworenen in den Sachverständigen festigen. Es liegt daher nicht nur im Interesse der Sache, sondern auch in dem des Sachverständigen, sich mit dem Handwerksmäßigen der Photographie nach Möglichkeit vertraut zu machen.

Überblickt und prüft man nun das Arbeitsgebiet des Gerichtschemikers darauf hin, wo, wie und in welchem Maße ihm die Photographie nützlich und förderlich sein kann, so wird man sehr bald finden, daß sich diese Gebiete nicht genau abgrenzen und die Fälle nicht allgemein aufzählen lassen. Die stetig wechselnde Mannigfaltigkeit der an den Gerichtschemiker gestellten Anforderungen, die Unzahl der verschiedensten von ihm zu beantwortenden Fragen, die, man möchte fast sagen fortschreitende Entwickelung und Vervollkommnung, die auch auf dem Gebiete der Straftaten mit der Entwickelung unseres kulturellen Lebens Schritt hält, bedingt es, daß immer neue unvorhergesehene Aufgaben gestellt werden, die dem Scharfsinn und der Geschicklichkeit des Experten weiten Spielraum gewähren.

Aber keine dieser Aufgaben wird, wie schon ausgeführt, durch die Photographie allein gelöst, immer ist sie verbunden mit anderen, sei es chemischen, physikalischen, besonders optischen oder mikroskopischen Untersuchungen. Da sich aber die für den Einzelfall notwendigen verschiedenen Methoden nicht voneinander trennen lassen, so müssen sie auch hier im Zusammenhange und nebeneinander behandelt werden, während wir die Beschreibung der photographischen Verfahren an den verschiedensten Stellen verstreuen müssen.

Wir rechnen zu den Aufgaben des Gerichtschemikers die Untersuchung von Schriften, Urkunden und damit im Zusammenhange die des Schreibmaterials; ferner die Untersuchung verdächtiger Flecken, sei es von Blut, Samen, Eiter u. dgl., und manchmal damit verknüpft die Untersuchung von Geweben, Gespinstfasern, Haaren und ähnliche. Die Untersuchung des Blutes erfordert oft die Feststellung seiner Herkunft, ob Tier- oder Menschenblut; das verlangt die Besprechung der physiologischen Methoden. Der Nachweis der durch Kohlenoxyd entstehenden Unfälle und Verbrechen leitet uns zu den auf optischem Wege erkennbaren Veränderungen, die das Blut durch die Einwirkung giftiger Gase erleidet. Dies führt dazu, auch das Wesen und die Anwendung der Spektralanalyse für diese Zwecke zu besprechen.

Für alle diese Fragen ist endlich auch die Mikrophotographie, und zwar nicht nur zur dauernden Festhaltung des durch das Mikroskop beobachteten, sondern auch zur Erkennung der durch das Auge allein nicht wahrnehmbaren Erscheinungen unentbehrlich, so daß wir uns auch mit ihren Methoden, zumal in der Form, wie sie sich für solche Zwecke am praktischsten erwiesen hat, näher beschäftigen müssen.

Auf keinem dieser Gebiete hat sich die Photographie dem Experten so hilfreich erwiesen, hat sie so wertvolle Dienste geleistet, wie bei Schriftfälschungen, hier hat sie im Verein mit der mikroskopischen Untersuchung die älteren chemischen Methoden fast verdrängt oder doch so in den Hintergrund gedrängt, daß diese fast nur noch zum Schlusse zur Bestätigung des bereits gefundenen herangezogen zu werden brauchen.

Nicht wenig hat zur Bevorzugung der physikalischen Methoden der Umstand beigetragen, daß durch sie das Objekt in keiner Weise verändert oder beschädigt wird, während die chemischen Reaktionen immer mit einer dauernden Veränderung, Beschädigung oder gar völligen Zerstörung verbunden sind, so daß eine Nachprüfung oder Wiederholung der Untersuchung durch einen zweiten Sachverständigen erschwert oder ausgeschlossen ist. Aus diesen Gründen sind die chemischen Methoden nach Möglichkeit einzuschränken und grundsätzlich stets erst dann anzuwenden, wenn die optischen Methoden versagt oder nicht zur vollständigen Klarstellung geführt haben.

.Die Beschädigung oder gar Vernichtung eines Untersuchungsobjektes darf immer nur mit Zustimmung des Auftraggebers geschehen.

Die Urkundenfälschung.

§ 267 des Strafgesetzbuches für das Deutsche Reich lautet:

> „Wer in rechtswidriger Absicht eine inländische oder ausländische öffentliche Urkunde oder eine solche Privaturkunde, welche zum Beweise von Rechten oder Rechtsverhältnissen von Erheblichkeit ist, verfälscht oder fälschlich anfertigt und von derselben zum Zwecke einer Täuschung Gebrauch macht, wird wegen Urkundenfälschung mit Gefängnis bestraft."

Das Gesetz unterscheidet demnach zwischen verfälschten und fälschlich angefertigten oder gefälschten Urkunden. Im ersten Falle ist die Urkunde an sich echt, nur ist sie mit Änderungen oder Zusätzen versehen, die aus irgend einem Grunde später und meist von einer anderen Person als dem Aussteller vorgenommen wurden. Im zweiten Falle ist die ganze Urkunde unecht, d. h. nicht von der Person, die darin etwas beurkundet, sondern von einem anderen angefertigt. Beide Fälle können Gegenstand sachverständiger Prüfung werden. Der zweite Fall ist an sich selten und wird noch seltener Gegenstand einer Untersuchung durch den Gerichtschemiker. Meist wird sich das Gericht, soweit das Urteil eines Sachverständigen in Frage kommt, mit dem Schriftkundigen oder Graphologen begnügen müssen.

So wenig der naturwissenschaftlich erzogene Chemiker oder Physiker, der gewöhnt ist, seine Schlußfolgerungen nur aus sicher beobachteten, kontrollierbaren und oft kontrollierten objektiven Tatsachen oder Vorgängen abzuleiten, geneigt sein wird, dem Graphologen auf das schwankende Gebiet der subjektiven Meinungen und unbeweisbaren Hypothesen zu folgen, so darf er doch nicht vergessen, daß die Graphologie immerhin jetzt eine Art wissenschaftlichen Charakter angenommen hat, der sie befähigt, in den hier vorliegenden Fragen in manchen Fällen Aufschluß und Anregung für die Untersuchung zu geben.

Der mit Urkundenfälschungen sich beschäftigende Chemiker sollte daher mit den allgemeinen Grundsätzen der Schriftkunde bekannt sein, nicht um sie als solche auszuüben und etwa zur Verstärkung und Erweiterung seines eigenen Gutachtens zu benutzen, wohl aber, um den ihm oft zu Gesicht kommenden Ausführungen des Graphologen folgen und entweder aus diesen oder seinen eigenen Prüfungen Schlußfolgerungen ziehen zu können, die zu neuen exakten Untersuchungen anregen.

Nicht selten ergeben sich aus der graphologischen Prüfung Resultate, die einer Nachprüfung oder Kontrolle auf chemischem oder physikalischem Wege zugänglich sind. Obwohl in den meisten Fällen die gefälschte im Gegensatz zu der verfälschten Urkunde fast das Monopol des Graphologen bleiben wird, so kann den Gerichten bloß angeraten werden, alle solche Fälle auch dem Chemiker vorzulegen, der häufig noch übersehene, von dem Graphologen und Juristen nicht erkennbare Umstände finden wird, an die sich eine exakte Untersuchung knüpfen läßt. Der Untersuchungsrichter kann niemals die Möglichkeit eines Erfolges mit voller Bestimmtheit verneinen, weil Methoden, Handwerkszeug, oft auch Geschicklichkeit und Scharfsinn des Sachverständigen leicht falsch von ihm beurteilt oder unterschätzt werden.

Wird auch der Chemiker zu Rate gezogen, so wird sich sein Augenmerk hauptsächlich auf das Material, Tinte, Papier, Heftzwirn und ähnliches richten, um zu prüfen, ob die Art und Verwendung des Materials mit der Art der Urkunde nach Alter und Herkunft usw. in Übereinstimmung ist. Hierbei benutzt er dieselben Methoden und Hilfsmittel, die ihm für den zweiten Fall der verfälschten Urkunde zu Gebote stehen und die bei diesen für den Chemiker wichtigeren Fällen näher zu beschreiben und zu erörtern sind. Hier sei nur darauf hingewiesen, daß oft für die Herstellung solcher Fälschungen Materialien benutzt werden, die dem Schreiber, die Urkunde als echt gedacht, nicht zur Verfügung standen, so Tinte, die noch nicht erfunden war, Farbstoffe, die noch nicht existierten, Holzschliff oder Strohzellulose, die man zur Papierfabrikation zur angenommenen Zeit noch nicht kannte u. a. m. Ja, es kommt sogar vor, daß Wasserzeichen im Papiere direkt Jahreszahlen aufweisen, Wappen oder Embleme darstellen, die mit der behaupteten Entstehung der Urkunde im eklatanten Widerspruch stehen, so daß von jeder näheren physikalischen und chemischen Untersuchung abgesehen werden kann. Unter allen Umständen wird und muß jedoch der Chemiker zur Untersuchung herangezogen werden, wenn es sich darum handelt, festzustellen, ob eine angeblich gefälschte Urkunde mit einem bestimmten, vorliegenden Materiale (Tinte, Bleistift, Farbstift, Farbband einer Schreibmaschine usw.) hergestellt ist.

Die hierbei zur Verwendung kommenden Methoden decken sich mit den auch bei der verfälschten Urkunde zur Beantwortung ähnlicher Fragen vorkommenden und sollen ebenfalls dort näher behandelt werden.

Die verfälschte Urkunde ist der gewöhnlichere Fall. Die von dem Sachverständigen verlangte Auskunft bezieht sich, abgesehen von den im einzelnen oft wechselnden Kombinationen und besonderen Umständen, meist auf die folgenden, immer auf eine vorgenommene Änderung hinauslaufenden Fragen:

1. Sind Schriftzeichen meist auf derselben, seltener auf verschiedenen Urkunden mit demselben, eventuell mit einem in Substanz vorliegenden Materiale (Tinte, Bleistift, Buntstift, Schreibmaschine) hergestellt?

2. Sind auf einem Schriftstücke Schriftzeichen entfernt und an deren Stelle andere gesetzt worden? Worin bestanden die entfernten Schriftzeichen?

3. Sind Schriftzüge meist derselben Urkunde zu gleicher oder verschiedener Zeit geschrieben? Wenn das zweite zutrifft, welche sind älter?

4. Sind Schriftzüge, meist Namensunterschriften, aus freier Hand geschrieben oder sind sie nach einer Vorlage durchgezeichnet oder mechanisch durchgepaust?

5. Wie lautete eine überklexte oder sonst unleserlich gemachte Schrift?

6. Befinden sich auf einem Dokumente Schriftzüge mit Geheimtinten?

7. Sind Stempel falsch oder echt?

Außer diesen in den verschiedenen Variationen immer wiederkehrenden Fragen treten oft auch andere besondere, auf eigentümliche Umstände gegründete an den Sachverständigen heran, die sich nicht einfach unter die obigen sieben rubrizieren lassen. Auf Grund alter Erfahrung oder ad hoc ausgearbeiteter Maßnahmen, oft unter Aufwendung besonderen Scharfsinns mag zwar ihre Lösung selbst in scheinbar verzweifelten Fällen gelingen; allgemein gültige Regeln für die Bewältigung solcher Aufgaben lassen sich jedoch nicht aufstellen.

Sind Schriftzüge mit demselben Material hergestellt?

Tintenschrift.

Ehe man zur Beantwortung dieser Frage in bezug auf Tintenschrift schreiten kann, hat man sich Kenntnis darüber zu verschaffen, welcher Art überhaupt die zum Schreiben gebräuchlichen Flüssigkeiten sind.

In alter Zeit wurde außer der noch heute, namentlich für wichtige Dokumente üblichen Tuschtinte, d. i. mit Leimwasser angerührtem Ruß, seit dem 3. Jahrhundert v. Chr. das sogenannte Enkaustum, woraus sich die modernen Bezeichnungen für Tinte (inchiostro, encre, ink) herleiten, benutzt. Diese auch als Rebenbraun bezeichnete, oft aus Hefe hergestellte Flüssigkeit wurde im 14. Jahrhundert von der Galläpfeltinte, einer arabischen Erfindung, abgelöst. Die einfache alte, noch heute manchmal in weltfremden Gegenden angewendete Gallustinte erfuhr erst eine wesentliche Verbesserung durch Leonhardis sogenannte Alizarintinte 1856.

Während die alte Galläpfeltinte in feinstem Zustande abgeschiedenes und durch Zusatz von schleimigen Stoffen darin schwebend erhaltenes, gerb- und gallussaures Eisenoxyd enthielt, haben wir in der Alizarintinte die erste moderne Gallustinte, die an Stelle des bereits abgeschiedenen Eisenoxydsalzes Eisenoxydulsalz gelöst enthält, das erst allmählich, und zwar erst nach der Niederschrift, Sauerstoff aus der Luft aufnehmen und sich als schwarz gefärbtes Oxydsalz abscheiden soll. Diese moderne Tinte wird, wenn sie sich an der Luft noch nicht verändert hat, farblos oder fast farblos aus der Feder fließen. Man setzt ihr daher, um sie schon beim Schreiben sichtbar zu machen, einen Farbstoff zu. Da jede Tinte wegen der Haltbarkeit einen Zusatz von Säure, gewöhnlich Salzsäure, erfährt, so muß natürlich der zugesetzte Farbstoff säurebeständig sein. Von geeigneten Farbstoffen war 1856 nur Indigokarmin bekannt, von dem anfangs benutzten Krapp (Alizarin) kam Leonhardi sehr bald zurück, trotzdem blieb dem Produkte der erste Name Alizarintinte. Inzwischen sind jedoch eine große Zahl anderer, ebenfalls geeigneter, säurebeständiger, künstlicher Farbstoffe entdeckt worden, die sich in der Tintenfabrikation eingebürgert und bewährt haben. Man ist auch nicht bei blauen Farbstoffen, die in ihrem Aussehen in der Tinte der gewohnten Nuance der alten Galläpfeltinte am nächsten kommen, geblieben, sondern verwendet jetzt auch rote, grüne, gelbe, braune und schwarze Farbstoffe [1]).

Durch Vermischen dieser kann man sogar fast schwarze Töne erzielen. Merkwürdiger und unerklärter Weise hat sich der ursprüngliche Name „Alizarintinte" für die grünfließenden Tinten erhalten.

Man erkennt, daß die mit der alten Galläpfeltinte hergestellte Schrift sich sehr wesentlich von der der modernen Gallustinten unterscheiden muß. Sieht man auch von dem zugesetzten Farbstoffe, der übrigens für das unbewaffnete Auge durch das sich abscheidende schwarze Eisenoxydsalz bald verdeckt wird, ab, so wird dadurch ein wesentlicher Unterschied bedingt, daß bei der alten Tinte das bereits abgeschiedene und nur in der Flüssigkeit schwebende Pigment sich auf dem Papier ablagert, während bei der modernen Tinte die Eisentannatlösung auch etwas in das Papier eindringt, sich hier oxydiert und nicht nur auf, sondern auch etwas innerhalb des Papiers Eisenoxydsalz abscheidet. Das ist nicht nur wesentlich für die Haltbarkeit, sondern auch für die Struktur der Schrift.

Schon vor der „Alzarintinte" wurde im Jahre 1847 eine neue Tintenart von Runge, d. i. die chromhaltige Blauholztinte, jetzt gewöhnlich Kaisertinte genannt, hergestellt. Die Chromtinte ist zwar im Lichte vergänglich, überhaupt weniger haltbar als die Gallustinte, sie stellt aber, sorgfältig und mit der bei der Gallustinte erworbenen Einsicht hergestellt, eine Flüssigkeit dar, die allen Anforderungen, die man bis auf die unzureichende Haltbarkeit und Widerstandsfähigkeit an eine gewöhnliche Gebrauchstinte stellen mag, sehr wohl genügt. Wegen ihrer größeren Billigkeit ist sie daher außerordentlich verbreitet.

Beide Tintenarten, Gallus- wie Blauholztinte, können durch Erhöhung der Konzentration und durch Zusatz von mehr Gummi und Glyzerin, das die Schrift lange feucht und klebrig erhält, kopierfähig gemacht werden. Diese sogenannten Kopiertinten erkennt man in der noch nicht kopierten Schrift an der größeren Kopierfähigkeit und daran, daß sie, mit Wasser befeuchtet, beträchtlich Farbstoff abgeben. Übrigens kommt eine mehr oder weniger starke Kopierfähigkeit, wenigstens bald nach der Niederschrift, fast jeder Tinte zu. Sie verliert sich jedoch allmählich und verschwindet je nach Beschaffenheit der Tinte schneller oder langsamer, schließlich ganz.

---

[1]) Die Zahl der für diesen Zweck verwendbaren und verwendeten Farbstoffe und Farbstoffgemische ist ziemlich groß; wir nennen: Indigokarmin, Wasserblau, Phenolblau, Naphtolblau, Säuregrün, Säurefuchsin, Croceïnorange, Bismarckbraun, Phenolschwarz u. a. m. Den rühmlichst bekannten deutschen Firmen Aug. Leonhardi-Dresden, Robert Lenz-Stettin und Eduard Beyer-Chemnitz, die uns durch freundliche Überlassung von Farbstoffen und Tintenproben unterstützt und uns auch sonst manche wichtige Auskunft erteilt haben, sei auch an dieser Stelle freundlichst gedankt.

Während die Gallustinten stets sauer durch Zusatz von Mineralsäure sind, existieren für Blauholztinten auch Vorschriften, die eine alkalische Flüssigkeit ergeben. Die alkalisch reagierenden Blauholz-(Kaiser-)Tinten kommen jedoch nur vereinzelt im Handel vor und sind daher für uns von geringerer Bedeutung.

Die sauren Blauholztinten können auch, abgesehen von der mit dem Kaliumbichromat zugeführten Chromsäure, frei von Mineralsäure sein, sie enthalten dann organische Säuren, wie Oxalsäure und Salizylsäure.

Außer den beiden großen, eben beschriebenen Tintenklassen existieren noch einige tintenartige, aber für Schreibzwecke selten verwendete Flüssigkeiten, die, obwohl sie sich kaum eingebürgert haben, dem Sachverständigen doch einmal vorkommen können; es sind die von Berzelius vorgeschlagene Wolfram- und die ebenfalls von ihm und von R. Böttger stammende Vanadintinte. Die erste, bestehend aus wolframsaurem Natron und Blauholzextrakt, zeigt einen rotvioletten Stich, die zweite, vanadinsaures Ammon und Pyrogallussäure enthaltend, zeigt braunschwarze Färbung.

Als bunte Tinten haben sich die sogenannten Anilintinten eingebürgert. Sie sind eigentlich keine Tinten, sondern Lösungen wasserlöslicher Teerfarbstoffe, denen eine geringe Menge Salzsäure und etwas Gummi zugefügt wird. Durch geeignete Mischungen kann man auch schwarze Töne erzielen. Hierher gehört auch die von Böttger 1872 angegebene Nigrosintinte, eine mit Salzsäure hergestellte angesäuerte Lösung von Anilinschwarz, die sich sogar durch besondere Widerstandsfähigkeit gegen Chemikalien auszeichnet.

Sind Tinten untereinander zu vergleichen und eventuell zu identifizieren, so können sich dieser scheinbar leichten Aufgabe oft solche Schwierigkeiten entgegenstellen, daß die gestellte Frage mit Sicherheit nicht beantwortet werden kann. Hauptsächlich dann, wenn es sich nicht um Vergleich verschiedener, in gut verschlossenen Gefäßen aufbewahrt gewesener, sondern um Proben aus Tintenfässern usw. handelt. Hier kann die Tinte durch Verdunsten, hineingefallene Verunreinigungen, durch chemische oder von Mikroorganismen bewirkte Zersetzung, durch Abscheidung gelöster Substanzen usw. verändert sein, es kann auch durch Zusammengießen verschiedener Tinten, Hinzufügen von Kaffee, Bier u. dgl. ein solcher Mischmasch entstanden sein, daß von einer rationellen Analyse nicht mehr die Rede ist, man wird dann höchstens auf selten vorkommende, außergewöhnliche Substanzen achten, und wenn sie in den zu vergleichenden Proben zugleich vorhanden sind, auf wahrscheinlich gemeinsame Herkunft schließen.

Handelt es sich um den Vergleich gut aufbewahrter, offensichtlich nicht veränderter Proben, so wird meist das spezifische Gewicht, Extraktgehalt, Säuregrad und Aschengehalt, Eisenmenge bei Gallus-, Chromgehalt bei Kaisertinten genügenden Aufschluß geben. Auch der Vergleich der Farbentöne eventuell mit Hilfe des später zu beschreibenden Spektralapparates in der angemessen verdünnten Flüssigkeit, zeigt oft mit Leichtigkeit, daß man es mit verschiedenen Tinten zu tun hat.

Bei Gallustinten kann die vergleichende Prüfung auch auf Art und Menge des Gerbstoffes ausgedehnt werden.

Zu dem Ende wird aus gleichen Raumteilen mit der gleichen Menge Essigäther mehrere Male extrahiert, der getrocknete Extraktionsrückstand gewogen und auf Vorhandensein von Gallus- und Gerbsäure geprüft, indem man dabei wie folgt verfährt:

Man löst den Rückstand in wenig Wasser, wenn nötig unter Erwärmen und versetzt die klare Lösung mit einer stark ammoniakalischen Kupfersulfatlösung. Entsteht kein Niederschlag und gibt die mit ganz verdünnter Salzsäure wieder schwach angesäuerte Lösung mit verdünnter Eisenchloridlösung eine schwarzblaue Fällung oder wenigstens starke Färbung, so ist nur Gallussäure vorhanden. Entsteht mit der Kupferlösung ein gelbgrüner Niederschlag (Kupfertannat), so ist Gerbsäure vorhanden. Man filtriert; gibt das mit Salzsäure schwach angesäuerte Filtrat mit verdünnter Eisenchloridlösung schwarzblauen Niederschlag oder deutliche Färbung, so ist neben Gerbsäure auch Gallussäure vorhanden.

Beim Vergleich von Blauholztinten wird außer dem spezifischen Gewicht, Extrakt- und Säuregehalt auch die Zusammensetzung der Asche, ob neben dem Chrom auch Eisen und Tonerde vorhanden ist oder nicht, genügen, um Verschiedenheit sicher festzustellen, Gleichheit wenigstens wahrscheinlich zu machen.

In keinem Falle darf man versäumen, sich mit den zu vergleichenden Tinten Schriftproben auf demselben Papier herzustellen und diese mit den später zu beschreibenden Reagenzien zu prüfen. Stehen nur geringe Tintenmengen zur Verfügung, so bleibt das sogar der einzige Ausweg. Eingetrocknete Tintenreste werden dazu mit schwach angesäuertem Wasser aufgenommen.

Ebenso muß man sich selbst Schriftproben womöglich auf demselben Papiere des fraglichen Schriftstückes, mindestens aber auf einem möglichst ähnlichen Papiere herstellen, wenn festgestellt werden soll, ob eine bestimmte Schrift mit einer bestimmten, in Substanz vorliegenden Tinte angefertigt ist.

Weit häufiger jedoch sind die Fälle, bei denen die Tinte selbst nicht mehr zugänglich ist, wo es sich also nur um den Vergleich von Schriftzeichen, sei es auf derselben, sei es auf verschiedenen Urkunden handelt.

Sehen wir zunächst zu, wie der Sachverständige die Untersuchung zu beginnen, welche Vorbereitungen er zu treffen und wie er, nicht bloß in einem speziellen Falle, sondern ganz allgemein vorzugehen hat.

Nachdem er die Akten studiert und den Auftrag gelesen hat — sind die Akten nicht beigefügt, so versäume er nie, sie auf Grund des

§ 80 der Strafprozeßordnung für das Deutsche Reich einzufordern —, beginne er mit der äußeren Besichtigung der Urkunde.

Daß er hierbei mit der größten Vorsicht vorzugehen, jedes Berühren mit den Fingern usw. ängstlich zu vermeiden hat, ist eigentlich selbstverständlich, trotzdem wird dagegen häufig genug gefehlt, seltener von dem Chemiker als von den Schreibsachverständigen.

Wer in Sachen Urkundenfälschung angeblich zu seiner Instruktion schon vor den Untersuchungsrichter geladen wurde, vielleicht auch einer Vernehmung des Beschuldigten beizuwohnen hatte, der wird oft mit nicht geringem Erstaunen wahrnehmen, wie sorglos mit den zartesten Objekten umgegangen und dadurch der Erfolg einer an sich schon schwierigen Untersuchung gefährdet wird. Man kann es sogar erleben, daß dem Beschuldigten die verdächtige Urkunde in die Hände gegeben wird und daß dieser bei seinen Erörterungen mit den oft zweifelhaft sauberen oder ganz zweifellos schmutzigen Fingern auf ihr hin und her fährt.

Eine bei den Juristen, leider auch bei den Schreibsachverständigen oft vorkommende Unsitte ist die, die fraglichen Stellen mit Blei- oder gar Rot- oder Blaustift zu umgrenzen, wodurch Stellen des Papiers beschädigt werden können, die für die Untersuchung von Wichtigkeit sind oder werden.

Sind nun endlich Akten und Urkunde sicher in die Hände des Sachverständigen gelangt, hat er sich über die Sachlage orientiert, so beginnt er mit der Besichtigung des Objekts. Ist dabei eine wiederholte Betrachtung notwendig, die es nötig macht, das Schriftstück in die Hand zu nehmen, vielleicht gar vorläufige Messungen anzustellen, so ist es praktisch, die Urkunde dauernd zwischen sauberen Glasplatten, am besten eignen sich verbrauchte Diapositivplatten entsprechender Größe, die von wenigen an den Rändern aufgeklebten kleinen Papierstreifen oder Klammern zusammengehalten werden, aufzubewahren.

Muß hierbei die Urkunde gefaltet werden, so darf man immer nur die schon vorhandenen Knicke benutzen, und wenn etwa bei einer photographischen Aufnahme ein neues Falten durchaus nicht zu vermeiden ist, darf es immer nur an solchen Stellen geschehen, die für die Untersuchung ohne Belang sind.

Bei der nun folgenden Betrachtung und Durchsuchung mit der Lupe und dem Mikroskop ist es ratsam, nicht gleich mit der verdächtigen Stelle zu beginnen, sondern die ganze Urkunde, zum mindesten das fragliche Blatt oder die Seite, von Anfang bis zu Ende einer genauen optischen Prüfung im auffallenden und durchfallenden Lichte zu unterwerfen. Irgend welche Beobachtungen in bezug auf außergewöhnliche Beschaffenheit des Papiers und der Schrift usw. notiere man sich, auch wenn sie mit der gestellten Aufgabe in keinem Zusammenhange zu stehen scheinen. Man rechne nie darauf, dies oder jenes werde man sicher im Gedächtnis behalten, diese oder jene Stelle leicht wiederfinden oder dergleichen; man bedenke, daß sich eine solche Untersuchung über viele Wochen erstrecken kann, daß die scheinbar erledigte nach langer Zeit infolge neuer Erhebungen wieder auftaucht, daß man durch andere Geschäfte abgelenkt wird usw. Endlich ist es oft von Wichtigkeit und Interesse, den Gang seiner eigenen Arbeit zu verfolgen, zu sehen, wie man zu den gewonnenen Resultaten gelangt ist, welche Mißgriffe man begangen, ja, wie man oft seine Meinung im Laufe der Untersuchung geändert hat.

Noch mehr als bei seinen gewöhnlichen Arbeiten ist der Chemiker auf diesem Gebiete Irrtümern ausgesetzt und wird verleitet, vorgefaßten Meinungen zu folgen, etwas zu sehen, was er gern sehen möchte, weil es in seinen Gedankengang paßt und seine Schlußfolgerungen bestätigt.

Häufiger als mit dem Vergleich verschiedener, in Substanz vorliegender Tinten wird der Sachverständige, wie schon gesagt, mit dem Vergleich von Schriftzügen betraut. Die gewöhnlichste Frage lautet: Sind Schriftzüge mit derselben oder mit verschiedenen Tinten geschrieben?

Hierbei ist es selbstverständlich dem Fragesteller gleichgültig, ob zwei Schriften mit derselben Tintengattung geschrieben sind oder nicht, er will vielmehr wissen, ob sie von derselben, aus demselben Tintenfaß entnommenen Tinte herrühren. Da es nun verhältnismäßig wenige Tintengattungen gibt, in diesen wiederum nur wenige, die sich durch Färbung, Struktur der Schrift usw. charakteristisch unterscheiden, dagegen aber eine ungeheure Zahl von Tintenfässern, so ergibt sich, daß man gewöhnlich mit Sicherheit nur entscheiden kann, ob Verschiedenheit, seltener aber ob Identität zweier Tinten im obigen Sinne vorliegt. Das ist nur dann möglich, wenn eine ungewöhnliche, sonst nie oder selten vorkommende Übereinstimmung in Struktur oder Farbe der Schrift beobachtet wird.

Der einfachste Fall ist der, daß die zu vergleichenden Schriftzüge sich auf derselben Urkunde befinden, daß also Unterschiede, die etwa durch die Natur und Beschaffenheit des Papiers bedingt werden, ausgeschlossen sind. Hierbei ist jedoch zu berücksichtigen, daß selbst auf gutem Papier an einzelnen Stellen desselben Bogens die Tinte schmieren oder breitlaufen kann. Das ist aber ein seltener Fall und noch seltener, daß gerade zu vergleichende Schriftzüge auf so verschiedenen Stellen desselben Bogens stehen. Hegt man diesen Verdacht, so kann man durch Aufziehen einer Linie mit reinem Wasser aus einer Gänsefeder feststellen, ob etwa eine solche Verschiedenheit des Papiers vorliegt.

Bei der nun folgenden vergleichenden Untersuchung ist es Grundsatz, zunächst nur solche Proben vorzunehmen, bei denen eine Veränderung des Schriftstückes ausgeschlossen ist, nämlich die optische, mikroskopische und photographische Prüfung. In welcher Reihenfolge man vorgehen will, ist natürlich dem Ermessen des Sachverständigen überlassen.

Ist diese rein physikalische Untersuchung beendet, so geht man zu den chemischen Prüfungen über. Hierzu rechnen wir: Verhalten gegen Wasser, Kopierfähigkeit mit reinem und salzsäurehaltigem Wasser und endlich Anwendung von Chemikalien.

Wir beginnen fast stets mit einer photographischen Aufnahme auf gewöhnlicher Platte bei Tageslicht, wenn irgend angängig, in natürlicher Größe. Ist das wegen des großen Umfanges der Urkunde nicht möglich, so wird entsprechend verkleinert, die wirkliche Größe aber durch einen beigelegten Millimeterstab fixiert. Daneben ist der verdächtige Teil noch besonders in natürlicher Größe aufzunehmen.

Das manchmal zur Herstellung von Abbildungen in natürlicher Größe empfohlene direkte Kopieren auf lichtempfindlichem Papier, auch auf den bekannten Lichtpauspapieren (Cyanotypie, Zinkotypie u. dgl.), gibt unscharfe und jeglicher Feinheit entbehrende Bilder; es ist daher nur für grobe Abbildungen, die dem Sachverständigen, z. B. dem Graphologen, als Ersatz und zur Schonung des Originals dienen sollen, brauchbar.

Als Unterlage für die Urkunde dient ein vertikal fest aufgestelltes Brett oder ein an einem Projektionsschirm, einer Holztür oder dergleichen mit Reißzwecken befestigter starker, keine Falten werfender Pappdeckel. Diese Unterlage bespannt man mit einem matten weißen oder schwarzen, überall glatt und fest aufliegenden Papier. Sollen vorhandene Falten oder Kniffe auch auf dem Photogramm sichtbar gemacht werden, so darf das Papier nicht unnötig gestreckt oder gezogen werden. Man befestigt das Schriftstück dann, indem man über die Ecken schmale Holz- oder Pappleistchen legt und diese mit Reißzwecken anheftet. Man kann die Ecken auch mit Pastolin, einer glaserkittähnlichen, aber nicht eintrocknenden Masse befestigen, muß sich dabei aber sorgfältig hüten, die Urkunde zu beschmutzen. Soll eine gefaltet, geknifft oder zerknittert gewesene Urkunde vollkommen glatt aufgenommen werden, so drückt man sie mit einer planparallelen Glasplatte an die ebene Unterlage, die Glasplatte stützt man durch ein Querleistchen aus Pappe und drückt sie mit starken Reißzwecken fest.

Ein Schriftstück unmittelbar mit Reißzwecken zu befestigen, ist nicht statthaft. Wenn es sich nur um ein einfaches Blatt handelt, so ist es bequem, es in einen Kopierrahmen mit Spiegelglasplatte einzulegen und diesen vertikal aufzustellen.

Für umfangreiche Schriftstücke, Kontobücher oder dergleichen, überhaupt für solche Gegenstände, die einen starken Druck erfordern, leistet eine Vorrichtung, die in Schmidts Kompendium der praktischen Photographie beschrieben ist, treffliche Dienste (Fig. 1 a. f. S.).

Ein Leistenrahmen, 60 cm im Quadrat, steht vertikal auf einem 60 cm breiten und ebenso tiefen Pult. Dieses oben offene Pult ist vorn 10 cm hoch, die Höhe steigt allmählich nach hinten bis auf 20 cm. Der 10 cm breite Rahmen ist an der Vorderseite mit Nuten versehen, die eine 0,8 cm dicke Spiegelglasplatte aufnehmen. Auf dem hinteren Rande laufen in entsprechendem Abstande zwei umklappbare oder herausnehmbare Querhölzer, die mit Böcken oder Riegeln festgehalten werden. Darin befinden sich zwei gegen die Glasscheibe bewegliche Schraubzwingen.

Ein einzelnes Papierblatt läßt sich mit einer festen, nicht biegsamen und vollständig ebenen Holzplatte durch Holzkeile und Schraubzwingen gegen das Glas anpressen. Ein Buch wird aufgeschlagen und das aufzunehmende Blatt mit der einen Hälfte gegen das Glas gelegt, während die andere Hälfte in das Pult zu liegen kommt.

Als Kamera eignet sich jede Reproduktions- oder Atelierkamera mit kräftigem Unterbau. Bildständer und Kamera sind zweckmäßig auf demselben Unterbau montiert, um etwa während der Aufnahme statt-

Fig. 1.

findende Erschütterungen unschädlich zu machen. Steht nur eine Stativkamera zur Verfügung, so ist es besser, sie ohne das Stativ zu benutzen und sie auf einem festen Tisch oder dergleichen aufzustellen.

Objektiv und Mattscheibe müssen genau parallel der Objektebene gerichtet werden. Es sind nur Objektive mit größter Schärfenzeichnung verwendbar, wie die Doppelanastigmate von Goerz, Suter und die Doppelproteare und Planare von Zeiß. Die Brennweite dieser Objektive muß etwa eben so groß sein wie die Diagonale der aufzunehmenden Urkunde. Da die in Frage kommenden Urkunden, wie Wechsel, Hypothekenbücher, Kontrakte u. dgl., in der Diagonale selten 35 cm überschreiten und da die Leistungsfähigkeit der Objektive bei starker Abblendung erhöht wird, man auch an eine kurze Expositionzeit nicht gebunden ist, so reicht man mit einer Brennweite von 25 bis 27 cm gewöhnlich aus.

Der Abstand des Objektivs von der Mattscheibe (x) und die Entfernung des Objektivs vom Gegenstande (y) wird durch folgende Formeln bestimmt:

$$1.\ x = f\left(\frac{a}{b} + 1\right),$$

f = Brennweite,
a = verlangte Größe der Aufnahme,
b = Größe des Originals.

$$2.\ y = \frac{x \cdot b}{a}.$$

Angenommen, die Brennweite des Objektivs sei = 27 und die Aufnahme soll in natürlicher Größe erfolgen:

$$x = 27\left(\frac{1}{1} + 1\right) = 27 \times 2 = 54,$$

d. h. der Abstand des Objektivs ist gleich der doppelten Brennweite. In demselben Falle ist

$$y = \frac{54 \times 1}{1} = 54,$$

d. h. Abstand des Gegenstandes von dem optischen Mittelpunkte des Objektivs ist ebenfalls gleich der doppelten Brennweite.

Praktisch verfährt man wie folgt: Man stellt den Apparat so auf, daß sich die Mattscheibe in der berechneten Entfernung vom Gegenstande, d. i. in unserem Falle 108 cm, befindet, bringt dann das Objektiv ebenfalls auf die berechnete Entfernung vom Gegenstande, hier 54 cm, und stellt nun scharf und auf die gewünschte Größe ein, indem man das Objektiv auf dem Laufbrette, falls das Bild zu klein ist, vorsichtig nähert, im umgekehrten Falle entfernt und mit der Mattscheibe folgt. Diese empirische Einstellung ist zum Schluß nötig, weil man in den Objektiven nicht immer genau die Lage des optischen Mittelpunktes kennt, auch die Brennweiten nicht immer genau angegeben sind.

Angenommen, eine Urkunde von 35 cm Länge solle mit demselben Objektiv in halber Größe aufgenommen werden:

$$x = 27\left(\frac{17.5}{35} + 1\right) = 27\ (0,5 + 1) = 40,5$$

$$y = \frac{40,5 \times 35}{17,5} = 40,5 \times 2 = 81.$$

Endlich soll ein Teil der Urkunde von 3,5 cm Länge für eine Platte von 9 × 12 auf 11 cm vergrößert werden:

$$x = 27\left(\frac{11}{3,5} + 1\right) = 27\ (3,143 + 1) = 111,86.$$

Die genaue Einstellung auf diese Entfernungen geschieht in der für den ersten Fall bereits geschilderten Weise, stets bei offener Blende und in der Mitte der Mattscheibe, erst für die Aufnahme wird stark abgeblendet.

Bei Anwendung von Farbfiltern ist zum Schluß mit eingeschaltetem Filter einzustellen, und zwar auf der Spiegelscheibe mit der Einstelllupe. Die Lupe ist immer erst auf das in der Scheibe eingeritzte Kreuz zu justieren.

Ist die Schrift undeutlich, dunkel und in den Einzelheiten schwer erkennbar, dann kann man sich damit helfen, daß man neben dem Schriftstück in gleicher Ebene die Schraffierung eines Wechselformulars oder dergleichen einklemmt und darauf einstellt.

Reflexe des Glases werden durch Oberlicht vermieden am einfachsten, indem man zwei Drittel der Fenster von unten her zuhängt.

Man kann auch den Rahmen sehr hoch aufstellen und nach vorn überneigen, dann müssen Objektivachse und Mattscheibe, um mit der Urkunde parallel zu bleiben, in gleichem Maße nach hinten geneigt werden.

Am besten ist gut zerstreutes Tageslicht, das man erhält, wenn man die Fensterscheiben mit Seidenpapier beklebt oder mit einem Gemische von Kalziumkarbonat und Magnesia, mit einer Gummi- oder Kollodiumlösung angerührt, überzieht.

Künstliches Licht ist deshalb nicht zu empfehlen, weil die gleichmäßige Beleuchtung großer Flächen mit kleinen Lichtquellen schwierig ist.

Am besten eignen sich noch kleine Bogenlampen, an jeder Seite eine, aber auch bei diesen, ebenso wie bei Glühlampen, von denen nur Fokuslampen verwendbar sind, selbst wenn man die gleiche Anzahl in gleicher Entfernung auf beiden Seiten der Urkunde aufstellt, können Schwankungen und Ungleichheiten in der Helligkeit auftreten. Oft ergeben sich auch Lichtreflexe auf der Mattscheibe, z. B. durch blanke Metallteile des Objektivs usw., deren Beseitigung manchmal recht mühsam und zeitraubend ist. Bei Aufnahme von Urkunden kommt es nicht darauf an, schwarz auf weiß zu photographieren, sondern alle Details des Schriftstücks und der Schriftzüge, etwa vorhandene Unterschiede in der Struktur der Tinte nach Möglichkeit hervorzuheben. Bei der dazu nötigen längeren Exposition werden aber Helligkeitsdifferenzen, auch der manchen Objektiven eigene Helligkeitsabfall nach dem Rande zu sehr verstärkt.

Ist man auf künstliche Beleuchtung angewiesen, dann kommt man mit Auerlicht, auch Azetylenlicht und guten Reflektoren, ebensoweit wie mit elektrischer Beleuchtung.

Aber nicht nur zur Erzielung größerer Schärfe ist starke Abblendung nötig, man erreicht auch durch die so verlängerte Expositionszeit einen größeren Spielraum in der Belichtung, so daß Über- oder Unterbelichtung leichter vermieden wird. Es ist zweckmäßiger, eher etwas zu lange als zu kurz zu exponieren, auch nicht zu dicht zu entwickeln und lieber mit Sublimat und Ammoniak zu verstärken.

Es eignen sich am besten Platten mit kräftiger Schicht, z. B. die Isolarplatten der Aktiengesellschaft für Anilinfabrikation mit alkalischem Brenzkatechinentwickler.

Dieser entwickelt schnell und schleierfrei, ist gegen Temperaturwechsel und Fixiernatron unempfindlich und gibt gut durchgearbeitete Negative.

Zu seiner Herstellung werden zu einer klaren und gut gekühlten Lösung von 25 g kristallisiertem Natriumsulfit und 5 g festem Natriumhydrat in Stangen in 100 ccm Wasser unter möglichster Vermeidung des Luftzutritts 5 g Brenzkatechin gegeben, die Flüssigkeit sofort auf kleine, etwa 10 ccm fassende, bis an den Kork gefüllte Flaschen verteilt und diese luftdicht verschlossen.

Zum Gebrauche verdünnt man 10 ccm dieses konzentrierten Entwicklers mit 100 ccm Wasser. Der Entwickler ist nicht zu stark auszunutzen, sondern nach Entwickelung von etwa 6 Platten zu erneuern. Der verdünnte Entwickler verliert schon nach kurzem Stehen an der Luft seine Brauchbarkeit.

Bei gelblichem Papier und schwarzer Schrift sind farbenempfindliche, bei roter Schrift gewöhnliche Platten vorzuziehen, ist die Schrift dagegen blau, so muß unter Anwendung farbenempfindlicher Platten ein Gelbfilter zwischengeschaltet werden. Für kleine Aufnahmen (9/12) reichen gute orthochromatische Platten des Handels aus.

Größere Platten, die weniger gekauft werden und daher nicht so leicht frisch zu beschaffen sind, sensibilisiert man sich besser selbst, indem man sie in geeigneten Farblösungen badet und unter Ausschluß jedes Lichtes an staubfreiem Orte trocknet[1]).

Wenngleich man bei einiger Übung meist schon auf dem Negativ alle Einzelheiten erkennen kann, so wird doch stets kopiert, da den Akten immer ein Positiv beizulegen ist. Außerdem kann auch der Erfahrene auf dem Positiv etwas erkennen, was er auf dem Negativ übersehen hat, zumal wenn er das Diapositiv stark vergrößert an die Wand wirft.

Als Positivpapier ist Celloidinpapier wegen seiner zweifelhaften Haltbarkeit, wenn nicht besondere Umstände vorliegen, weniger geeignet; wir ziehen Bromsilberpapier und besonders für kleine Aufnahmen das feinkörnige Tula- und Lentapapier vor.

Diese erste Aufnahme, die natürlich bis zu einem gut durchgearbeiteten, kontrastreichen Negative fortzusetzen ist, hat hauptsächlich den Zweck, die Urkunde in ihrer ursprünglichen Beschaffenheit festzu-

---

[1]) Besonders geeignete Farbstoffe sind das Eosin, Rhodamin, Äthylviolett und die von den Farbwerken vorm. Meister, Lucius & Brüning hergestellten Chinaldin-Cyanine. Auch die Bereitung farbenempfindlicher Kollodiumemulsionen ist empfehlenswert (vgl. v. Hübl, Atelier des Photogr. 1904, S. 4 und 20) oder die im Handel erhältlichen Kollodiumemulsionen von Dr. Albert.

halten. Daneben läßt sie aber auch häufig Details erkennen, die auf dem Originale weniger hervortreten, so Flecke im Papier, auffallende Unterschiede in der Intensität der Schriftzüge usw.

Treten solche Unterschiede zutage, so kann man schon jetzt die Aufnahme unter verschiedenen Bedingungen, vielleicht auch unter direkter Vergrößerung im mikrophotographischen Apparat wiederholen, auch unter Wechseln der Expositionszeit, wobei man auf das Hervorbringen gewisser Stellen oder Erscheinungen hinarbeitet, ohne auf das Gesamtbild Rücksicht zu nehmen. Da die entstehenden Unterschiede häufig auf geringe Farbendifferenzen zurückzuführen sind, so sind die Aufnahmen auch mit farbenempfindlichen Platten zu wiederholen.

Feinere Unterschiede jedoch, namentlich solche, die auf unbedeutenden Farben- und Strukturunterschieden beruhen, verschiebt man besser bis nach der mikroskopischen Prüfung, schon aus dem Grunde, um die für die Aufnahme am meisten geeigneten Stellen aufzufinden. Trotzdem wollen wir schon hier die theoretischen Grundlagen, auf denen sich diese Methoden aufbauen, und die am besten anzuwendende Apparatur beschreiben.

Das Licht besteht nach Ansicht der Physiker (Maxwell) aus schnell sich wiederholenden elektromagnetischen Erregungen des hypothetischen Lichtäthers, die sich wellenförmig in senkrecht zur Fortpflanzungsrichtung erfolgenden Schwingungen ausbreiten. Unter Schwingungsdauer versteht man die Zeit, in der eine volle Schwingung, d. h. Hin- und Hergang eines jeden Ätherteilchens, erfolgt. Die Entfernung, um die sich in dieser Zeit die Wellenbewegung fortpflanzt, heißt Wellenlänge. Die Zahl der Schwingungen in einer Sekunde heißt Schwingungszahl. Die Schwingungen werden vom Auge wahrgenommen und als Licht empfunden, wenn ihre Zahl etwa 395 bis 756 Billionen in der Sekunde beträgt.

Da die Fortpflanzungsgeschwindigkeit des Lichtes (etwa 300 000 km in der Sekunde) gleich ist dem Produkt aus Wellenlänge und Schwingungszahl, so entsprechen umgekehrt den angegebenen Schwingungszahlen 395 bis 756 die Wellenlängen 756 bis 395.

Einer bestimmten Schwingungsdauer und Wellenlänge entspricht eine bestimmte Farbe, und zwar hat das rote Licht die längste (800), das violette Licht die kürzeste Schwingungsdauer (400), das rote die größte (683), das violette die kürzeste Wellenlänge (410), ausgedrückt in millionstel Millimetern. Jedenfalls ist mit Angabe der Wellenlänge die Farbe eines Lichtstrahls eindeutig festgelegt.

Das gewöhnliche weiße Licht ist zusammengesetzt aus den verschiedensten Lichtstrahlen, deren Wellenlängen und Schwingungszahlen in den angegebenen Grenzen schwanken.

Während im leeren Raume alle Lichtwellen mit gleicher Geschwindigkeit fortgepflanzt werden, erleidet in den verschiedenen Medien (Luft, Glas, Wasser usw.) die Geschwindigkeit der kürzeren

Wellen eine größere Verzögerung als die der längeren, wodurch eine verschiedene Brechbarkeit der verschiedenen Lichtstrahlen beim Übergang aus einem Medium in das andere bewirkt wird.

Trifft daher ein Lichtstrahl aus einem Medium, z. B. Luft, in ein anderes von anderer Dichte, z. B. Glas, so wird er je nach der Natur der Medien nicht nur von seiner ursprünglichen Richtung abgelenkt, „gebrochen", und zwar in demselben Medium um so stärker, je größer die Schwingungszahlen und je kleiner die Wellenlängen sind, sondern er wird auch in die Strahlen verschiedener Wellenlänge, d. h. in die verschiedenen Farben zerlegt.

Die am wenigsten brechbaren werden vom Auge als Rot, die brechbarsten als Violett empfunden, zwischen Rot und Violett liegen: Orange, Gelb, Grün, Blau und Indigo, man nennt sie etwas willkürlich Grundfarben. Handelt es sich um genaue Bezeichnung, dann muß, wie gesagt, Wellenlänge oder Schwingungszahl angegeben werden.

Während dem Auge die weniger brechbaren Strahlen Rot, Orange und Gelb hell erscheinen, sind ihm die stärker brechbaren Grün, Blau und Violett dunkle Farben, umgekehrt nimmt dagegen die chemische Wirksamkeit des Lichtes, z. B. auf Silbersalze in der photographischen Platte, in der gegebenen Reihenfolge zu. Daher zeichnet auf der photographischen Platte Rot bis Gelb fast wie Schwarz, Blau und Violett fast wie Weiß, was die unnatürliche Wiedergabe farbiger Gegenstände in ihren Helligkeitswerten durch die Photographie erklärlich macht.

Ein farbiger, von weißem, alle Farbengattungen enthaltendem Lichte beleuchteter Gegenstand hält einen Teil der Lichtstrahlen zurück, den anderen Teil reflektiert er und seine Färbung beruht eben darauf, daß die absorbierten Strahlen aus dem zurückgestrahlten Lichte verschwunden sind und dieses daher die Mischfarbe der reflektierten Strahlen zeigt. Ein roter Gegenstand hat daher, um es schroff auszudrücken, die stark brechbaren Strahlen Grün bis Violett absorbiert, ein blauer die weniger brechbaren Rot bis Gelb. Diese Absorption findet jedoch in Wirklichkeit nicht in so scharfer Abgrenzung statt, wie eben angegeben; es kann z. B. neben Blau und Violett auch Rot und Orange absorbiert werden, dann besteht das reflektierte Licht aus einem hellen Grün. Ein ähnliches Grün kann aber auch entstehen, wenn Gelb ebenfalls und nur ein Teil der blauen und orange Strahlen zurückgehalten wird. Das menschliche Auge ist nicht imstande, diese Mischfarben in ihre Komponenten zu zerlegen, zwei grüne, blaue oder rote Gegenstände können dem Auge ganz gleich gefärbt erscheinen, während in Wirklichkeit die Farbe aus verschiedenen Komponenten zusammengesetzt ist, nur mit Hilfe des später zu beschreibenden Spektralapparates ist man imstande, das von einem Gegenstande zurückgestrahlte Licht in die in ihm enthaltenen Strahlengattungen zu zerlegen.

Weit präziser als das menschliche Auge erkennt die photographische Platte gewisse Farbenunterschiede, denn z. B. wird ein orangerot gefärbter

Gegenstand, der neben roten Strahlen, wenn auch dem Auge unsichtbar, einen Teil des Blau oder Violett reflektiert, auf der Platte zeichnen, während ein anderer dem Auge ganz ähnlich erscheinender, dem diese Strahlen fehlen, nicht zeichnet.

Man ist daher zuweilen imstande, mit Hilfe der photographischen Platte noch Farbenunterschiede festzustellen, die dem Auge entgehen. Man sieht schon jetzt, wie man sich diese Eigenschaft der Platte für unsere Zwecke dienstbar machen kann.

Angenommen, ein Fälscher beabsichtigt, einem vorhandenen Schriftstücke einige Worte hinzuzufügen, die Tinte habe eine bestimmte, z. B. blauviolette Färbung. Da er nun mit dem Auge und für das Auge arbeitet, so wird er eine möglichst ähnlich gefärbte Tinte auswählen, diese kann aber in Wirklichkeit ganz andere Farbstoffe enthalten als die nachzuahmende, und während er nach seinem Auge die richtige Nuance getroffen hat, zeichnet seine Tinte auf der Platte anders und eine einfache photographische Aufnahme kann diese Verschiedenheit zutage bringen.

In Wirklichkeit liegen natürlich die Verhältnisse nicht immer so einfach, wie eben angenommen, dann bedarf es oft langwieriger Versuche, um schließlich zum Ziele zu gelangen. Dazu verhelfen manchmal die sogenannten farbenempfindlichen Platten.

Die unnatürliche Wiedergabe der Farben durch die Photographie ist von jeher unliebsam empfunden worden und es hat daher nicht an Versuchen gefehlt, dem Übelstande abzuhelfen.

H. W. Vogel hat das Problem gelöst.

Von ähnlichen Erwägungen ausgehend, wie sie eben in allgemein verständlicher Form zu geben versucht wurden, sagte sich Vogel, daß in einer photographischen Platte nur diejenigen Strahlen auf die lichtempfindliche Substanz chemisch wirken können, die in der Platte zurückbleiben, daß diejenigen jedoch ausgeschaltet werden, die die Platte reflektiert. Wenn ich daher die Gelatine- oder Albuminschicht der Platte, in der sich das lichtempfindliche Silbersalz in feinster Verteilung suspendiert befindet, färbe, und glücklicherweise halten diese Substanzen die für diesen Zweck allein in Frage kommenden organischen Farbstoffe zurück, so werden die Lichtstrahlen, aus der die Farbe gewissermaßen zusammengesetzt ist und die nun zurückgestrahlt werden, bei der Zerlegung des Silbersalzes nicht mehr mitwirken. Wenn daher eine Platte mit einem blauen Farbstoff gefärbt wird, so wird er die ihn zusammensetzenden Lichtstrahlen reflektieren, ihre Wirkung wird ausgeschaltet, die Platte wird rot und gelbempfindlich. Damit ist aber das Problem noch immer nicht vollständig gelöst; es gibt nämlich keinen blauen Farbstoff, der alle stark wirkenden Strahlen blau bis violett und ultraviolett, d. h. die chemisch sehr wirksamen, vom Auge aber gar nicht empfundenen Strahlen vollkommen zurückwirft, es wird daher immer ein größerer oder geringerer Rest der stark brechbaren und chemisch wirksamen Strahlen zurückbleiben; auch dieser Rest muß noch unschädlich gemacht werden. Das geschieht durch sogenannte Farbenfilter, d. h. gelb bis rot gefärbte Glasplatten oder Lösungen geeigneter Farbstoffe, die sich in planparallelen Glasgefäßen, Küvetten, befinden und zwischen Objektiv und Lichtquelle eingeschaltet werden. Hierdurch erreicht man, daß wenigstens ein Teil der wirksamen Strahlen von vornherein zurückgehalten wird und gar nicht erst auf die lichtempfindliche Platte gelangt. Man erkennt, daß man auf diese Weise nur dann die feinste Wirkung erzielen wird, wenn man nicht nur die gefärbten Gläser oder Lösungen spektralanalytisch untersucht und die für einen bestimmten Zweck geeigneten auswählt, sondern ebenso die Farbstoffe, mit denen man die Platten farbenempfindlich macht und daß man beide miteinander in Übereinstimmung bringen muß. Für gewöhnliche Zwecke, z. B. die Aufnahme einer farbigen Landschaft, eines grell bunten Ölgemäldes oder dergleichen, reicht als Farbenfilter eine gelbe Glasscheibe, die sogenannte Gelbscheibe, aus; für unsere Zwecke, wo meist sehr feine Farbenunterschiede sichtbar gemacht werden sollen, genügt diese einfache Glasscheibe nicht, man muß vielmehr Farbstofflösungen oder mit geeigneten Farbstoffen gefärbte Gelatinefolien benutzen, deren Durchlässigkeit für die verschiedenen Lichtstrahlen mit dem Spektralapparate geprüft und danach zweckentsprechend ausgewählt worden ist.

Man hat auch vorgeschlagen, als Lichtfilter Lösungen der in den zu vergleichenden Schriften vorhandenen Tinten zu benutzen; es würden dann gerade die Strahlen auf die Platte gelangen, die der einen Tinte eigentümlich sind und vielleicht der anderen fehlen, dann könnte tatsächlich eine Verschiedenheit der Zeichnung bewirkt werden.

Dieser Vorschlag ist in der Theorie richtig, in der Praxis aber kaum durchführbar, da die betreffenden Tinten gewöhnlich nicht vorliegen; man kann aber erst ihre Natur erkennen und dann eine gleiche Tinte beschaffen, wenn man die Art der Tinte und dann eventuell die in ihr enthaltenen Farbstoffe auf chemischem Wege festgestellt hat. Diese chemische Feststellung, die später genau beschrieben werden soll, ist aber nur möglich, wenn genügend Schriftzüge vorhanden sind und wenn die Urkunde beschädigt werden darf, führt aber auch dann nicht immer sicher zum Ziele.

Ist die Tinte Gallustinte und blau gefärbt, so handelt es sich meist um Phenolblau oder Indigokarmin, beide sind leicht erkannt und unterschieden. Grüne Tinten enthalten gewöhnlich Säuregrün, was auch noch verhältnismäßig leicht festzustellen ist. Von den roten, rötlichen bis braunen Farbstoffen ist aber eine große Zahl im Gebrauch, deren Natur sich nicht so einfacherweise erkennen läßt. Endlich kommt die große Zahl Tinten in Betracht, die nicht mit einzelnen Farbstoffen, sondern mit Gemischen versetzt sind; hier ist jede auch nur annähernde Feststellung ausgeschlossen und zwecklos.

Etwas günstiger liegt die Sache, wenn es sich nicht um Gallustinten moderner Art, sondern um Kaisertinten handelt, die ja alle den

Chromlack desselben Farbstoffes enthalten, nur in der Nuance modifiziert je durch den wechselnden Gehalt an Säure oder Alkali, an Tonerde, Eisen oder Kupfer und endlich durch die Menge des Chroms. Im allgemeinen zeigen aber alle Chromblauholztinten ein ähnliches spektralanalytisches Verhalten; man wird daher bei einiger Erfahrung die nähere Natur dieser Tinten durch die chemische Prüfung der Schriftzüge annähernd feststellen können und mindestens eine ähnliche auszuwählen in der Lage sein.

Von der seltenen Nigrosintinte, Wolfram- und Vanadintinte wird man hier absehen können; sie kommen für Fälschungen kaum in Betracht. Sollten sie aber wirklich einmal Verwendung finden, so wird man sie schon auf mikroskopischem Wege von jeder anderen Tinte unterscheiden.

An der Hand der eben gegebenen Erörterungen ergibt sich nun der einzuschlagende Weg von selbst. Im übrigen müssen die zum Lichtfilter ausgewählten Farbstoffe oder die Tinte immer erst noch auf ihre Wirksamkeit für den beabsichtigten Zweck durch den Versuch geprüft werden. Im allgemeinen wird man für das Farbenfilter solche Farbstoffe wählen, deren spektralanalytisches Verhalten demjenigen Farbstoffe entgegengesetzt ist, der zum Sensibilisieren der farbenempfindlichen Platte benutzt werden soll.

Noch ein anderer Umstand ist zu berücksichtigen.

Die geringere chemische Wirksamkeit der schwächer brechbaren roten und gelben Lichtstrahlen gegenüber der der stärker brechbaren grünen und blauen dokumentiert sich in der Zeit, die sie zur Zerlegung des Silbersalzes gebrauchen, sie wirken eigentlich nicht schwächer, sondern nur langsamer. Wäre das nicht der Fall, so würde man im roten bis gelben Lichte überhaupt keine photographische Aufnahme erzielen können. Wenn man daher eine Aufnahme im roten bis gelben Lichte machen will, so muß natürlich die Expositionszeit entsprechend verlängert werden. Man erkennt aber, wenn durch das Lichtfilter auch nur eine geringe Menge blauen Lichtes hindurchgeht und wenn in dem zum Sensibilisieren der Platte gewählten Farbstoffe dieselben Strahlen fehlen, daß dann ein Rest blauen wirksamen Lichtes zurückbleiben kann, der, wenn an sich auch nur klein, doch bei der Länge der Expositionszeit schädlich wirkt. Man wird auch aus diesem Grunde die Expositionszeit nach Möglichkeit abkürzen. Im übrigen ist diese immer, wenigstens so lange man noch nicht über große Erfahrung verfügt, am besten mit Hilfe der noch zu beschreibenden Schieberkassette festzustellen.

Bei allen hierher gehörigen photographischen Aufnahmen, mögen sie im auffallenden oder im durchfallenden Lichte geschehen, arbeitet man fast immer direkt gegen das Licht. Dadurch entsteht bekanntlich auf der photographischen Platte ein Fehler, den man nicht ganz richtig Solarisation genannt hat, darin bestehend, daß die grell beleuchteten Gegenstände mit einem Schleier oder Hofe umgeben erscheinen. Der Fehler entsteht dadurch, daß das durch die empfindliche Schicht der Platte hindurchgegangene Licht von der Glasplatte, auf der diese sich befindet, zum Teile reflektiert wird und so zum zweiten Male die Schicht durchläuft.

Wenn dieser Fehler sich auch bei gewöhnlichen Aufnahmen nur bei sehr greller Beleuchtung, z. B. gegen starke Lichtquellen, die Sonne oder dergleichen, bemerkbar macht, so ist das hier anders, weil die Intensität der Beleuchtung durch die Länge der Exposition ersetzt wird.

Man ist daher gezwungen, dagegen Maßnahmen zu treffen. Bekanntlich wird der Fehler durch die schon erwähnten Isolarplatten beseitigt, das sind Platten, die zwischen Schicht und Glas mit einer roten Farbstoffschicht versehen sind. Dieser Überzug absorbiert alles Licht bis auf das unwirksame rote.

Obgleich man nun nach den bis jetzt gegebenen Erörterungen annehmen sollte, daß bei Anwendung von Lichtfiltern und farbenempfindlichen Platten eine solche nochmalige Absorption des letzten Restes etwa noch vorhandener blauer Strahlen überflüssig wäre, so hat sich doch gezeigt, daß man mit Isolarplatten reinere Aufnahmen erzielt.

Arbeitet man mit farbenempfindlichen Platten, so ist immer noch durch die Aufnahme selbst festzustellen, ob die angewendete Platte auch wirklich farbenempfindlich war, indem man einen kurzen Streifen rot und blau gemusterten Stoffes, Papiers oder dergleichen, oder auch Farbstriche mit aufnimmt; wenn dann in der Aufnahme der rote Strich stärker oder mindestens ebenso stark gezeichnet hat wie der blaue, so war die Platte farbenempfindlich.

Es sei noch hinzugefügt, daß die verschiedene Wirkung der Farbstoffe oft deutlicher in vergrößerten Aufnahmen zutage tritt. Ob man die Aufnahme im auffallenden oder im durchfallenden Lichte vorziehen soll, das wird sich in jedem einzelnen Falle nach äußeren Umständen richten; so ist z. B. bei sehr starkem Papier oder wenn beide Seiten dicht beschrieben sind, durchfallendes Licht so wie so ausgeschlossen.

Ebenso wie bei Tinten, die mit Farbstoffen von annähernd gleicher Wirkung auf das Auge versetzt sind, die Photographie eine Unterscheidung ermöglicht, wenn man zwei Aufnahmen, die eine auf gewöhnlicher, die andere auf orthochromatischer Platte natürlich unter Berücksichtigung aller Kautelen anfertigt, wird man sogar auf diese Weise Schriftzüge farbiger Tinten, die dem Auge gleich erscheinen, mit Hilfe der Photographie unterscheiden können, wenn der eine Farbstoff auch Strahlen der entgegengesetzten Seite des Spektrums hindurchläßt, der andere nicht. In diesem Falle wird der blaue für Rot durchlässige auf der farbenempfindlichen, der rote für Blau durchlässige auch auf der gewöhnlichen Platte zeichnen.

Was man nun durch eine photographische Aufnahme erreichen kann, ist immer nur ein Unterschied in der Intensität der Wirkung auf die lichtempfindliche Schicht, die sich schließlich im Positiv durch größere oder geringere Schwärzung der aufgenommenen Schriftzüge offenbart. Diese ist aber viel mehr von der Dichte als von der Färbung der Schrift abhängig.

Beim fortlaufenden Schreiben von einem bis zum anderen Eintauchen der Feder nimmt die Dichte der Schriftzüge allmählich ab, um nach dem wiederholten Eintauchen mit einem Sprunge wieder ganz dunkel zu werden. Diese Unterschiede machen sich auf der photographischen Wiedergabe oft noch deutlicher bemerkbar als im Originale. Solche und zwar sehr große Unterschiede können aber auch noch auf andere Weise entstehen; so kann eine Schrift durch stärkeres Aufdrücken mit der Feder oder mit einer weicheren Feder mehr Tinte erhalten und dadurch dunkler erscheinen, endlich kann eine Schrift gleich nach der Niederschrift mit Löschpapier abgepreßt sein; alles das kann auf dem Photogramm verschiedene Tinten vortäuschen und mahnt zur Vorsicht. Übrigens kommen auch, durch abgeschiedenes Eisensalz verursacht, manchmal unerklärliche Unterschiede in der Intensität selbst in einem Worte vor. Außer der chemischen Prüfung hat man aber doch auch wieder in der Photographie ein Mittel, sich vor diesen Täuschungen zu hüten. Denn beruht die Verschiedenheit von Schriftzügen auf einem Photogramm nicht auf Farbenunterschieden, sondern nur auf Unterschieden der Dichte, so ist es gleichgültig, ob man mit farbenempfindlicher oder gewöhnlicher Platte arbeitet, man wird immer dieselbe Aufnahme bekommen. Beruht dagegen der Unterschied auf einer verschiedenen Färbung der Tinten, so muß eine Aufnahme mit gewöhnlicher Platte eine Umkehrung oder wenigstens merkbare Veränderung der vorher beobachteten Helligkeitsunterschiede bewirken, natürlich immer nur bei genauer Innehaltung angemessener Expositionszeit. Man wird daher zur Kontrolle auch immer eine Aufnahme mit gewöhnlicher Platte, in diesem Falle sogar unter Einschaltung eines Blaufilters zu machen haben und nur dann auf Verschiedenheit der Tinten schließen, wenn die erst erhaltenen Unterschiede nicht bestehen bleiben.

Trotzdem sei man, zumal auch der Richter, mißtrauisch, wenn Photogramme vorgelegt werden, die sehr verschieden intensive Schriftzüge aufweisen, woraus auf eine Verschiedenheit der Tinte geschlossen werden soll, denn eine kleine, auf dem Negativ vorhandene Differenz kann durch geschicktes Kopieren unter gelbem Seidenpapier oder auf einem sehr kontrastreich kopierenden Papier, z. B. Rembrandtpapier, noch außerordentlich gesteigert werden.

Auf jeden Fall ist ein solches Bild nur dann beweiskräftig, wenn der Sachverständige das von ihm benutzte Verfahren bis ins kleinste sorgfältig beschreibt, so daß nicht nur der Richter, sondern auch ein etwa zu Rate gezogener zweiter Sachverständiger ein Urteil über das benutzte Verfahren gewinnen kann.

Eine Täuschung ist weniger zu befürchten, wenn eine auffallende Verschiedenheit in der Dichte der Schrift desselben Buchstabens oder derselben Zahl auftritt, denn es ist sehr unwahrscheinlich, daß jemand mitten in demselben Zeichen absetzen und die Feder füllen und dann noch obendrein fortschreiben wird, ohne nicht das zuletzt geschriebene.

etwa schwach ausgefallene einigermaßen auszugleichen. Als Beispiele dienen die beistehenden Abbildungen (Fig. 2, 3 u. 4).

Die Beherrschung der Positivverfahren in Verbindung mit geschicktem Kopieren ist ein wichtiges Hilfsmittel für den gerichtlichen Photographen, aber die größte Geschicklichkeit wird gefährlich, wenn sie ohne Kritik geübt wird.

Handelt es sich nur darum, eine unsichtbare oder kaum sichtbare Schrift wieder leserlich zu machen, z. B. eine Schrift, die durch chemische Mittel entfernt oder durch Alter vergilbt oder zerstört wurde, dann ist

Fig. 2.

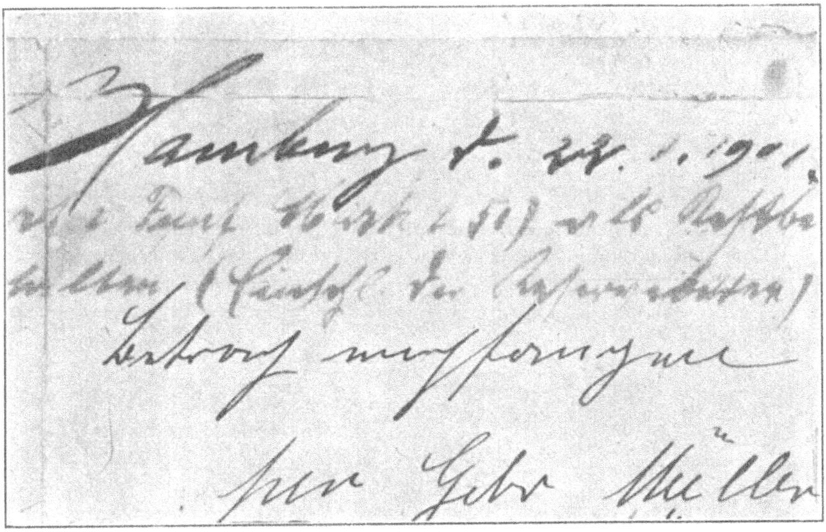

Zwischenschaltung eines Zusatzes mit anderer, dem Augenscheine nach nicht verdächtiger, aber mehr rötlicher Tinte. Die Aufnahme mit Zettnowschem Filter[1]) und farbenempfindlicher Platte gab das leicht zu interpretierende Resultat.

alles erlaubt, was nur immer dem geübten Photographen an Geschicklichkeit, Erfahrung, selbst an besonderen Kniffen zur Verfügung steht, denn er will nur etwas tatsächlich vorhandenes oder vorhanden gewesenes wieder herausholen. Wenn aber nichts mehr vorhanden ist oder überhaupt nichts vorhanden war, so kann er wohl einen Mißerfolg haben, aber sonst weiter keinen Schaden anrichten. Handelt es sich jedoch darum, geringe, tatsächlich vorhandene, wenn auch oft nur sehr schwache Unterschiede deutlicher oder überhaupt nur erkennbar zu machen, dann muß auch der Beweis erbracht werden, daß die erhaltenen

[1]) Lösung von 200 g Kupfervitriol, 20 g Kaliumbichromat, 2 ccm Schwefelsäure in 1 Liter Wasser.

Fig. 3.

Abmusterung. *Ausgabe:*
QUITTUNG.
Meine verdiente Heuer
Schiffe
mit M. Pf.
der Casse des Seemannsamtes empfangen zu haben, bescheinige
Hamburg, d. 1900
gewiesen von:
Unterschrift:

Änderung einer bläulichen 100 in 109 mit anderer, einen mehr roten Farbstoff enthaltenden Tinte, aufgenommen mit gewöhnlicher Platte ohne Filter.

Fig. 4.

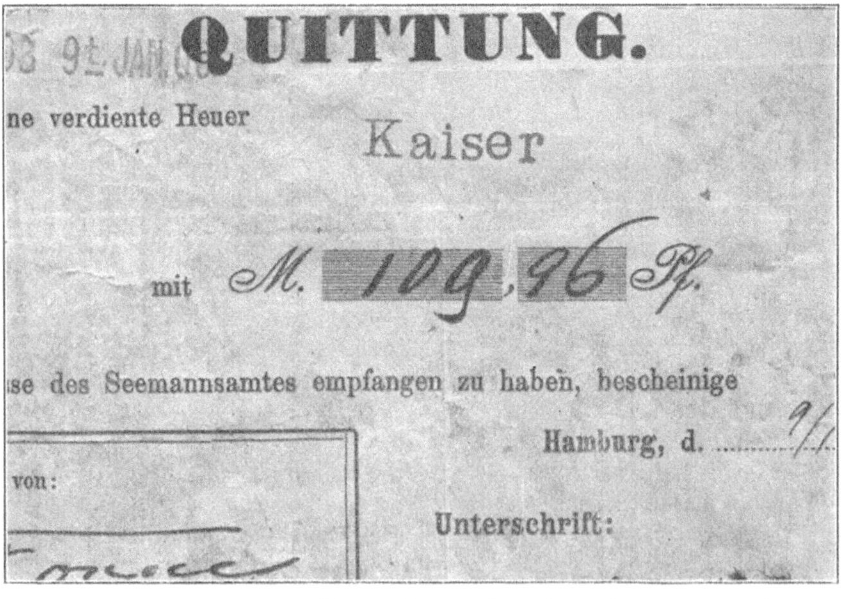
QUITTUNG.
ne verdiente Heuer
Kaiser
mit M. 109,96 Pf.
se des Seemannsamtes empfangen zu haben, bescheinige
Hamburg, d. 9/1
von:
Unterschrift:

Aufnahme mit farbenempfindlicher Platte und Rotfilter gibt annähernd das wirkliche Aussehen der Quittung wieder.

Unterschiede nur durch eine künstliche, nicht aber durch eine bloß zufällige Veränderung oder Verschiedenheit der Schrift bedingt werden. Die Möglichkeit, durch Kopieren eine auf einer Platte tatsächlich vorhandene, aber nur schwache Verschiedenheit, z. B. in Schriftzügen, deutlicher zu machen, beruht im wesentlichen auf der schwächeren Wirkung des gelben Lichtes, so daß schon ganz schwach gedeckte Stellen eines Negativs kaum noch oder nur sehr langsam, die ganz klaren Stellen dagegen verhältnismäßig viel wirksames Licht durchlassen. Kopiert man daher in gelbem Lichte, z. B. unter einer Glasscheibe, gelbem Seidenpapier, oder benutzt man Papier mit gelbem Farbstoff, der hier ähnlich wirkt wie die Farbstoffe in den farbenempfindlichen Platten, so werden Kopien erhalten, die die etwa vorhandenen Unterschiede grell hervorheben, und ist die Aufnahme auch schon im gelben Lichte geschehen, dann kann durch dieses Verfahren ein scharfer Kontrast erzeugt werden, der auf dem Originale nur andeutungsweise vorhanden ist, nur muß, wenn man aus solchem Kontraste wichtige Schlüsse ziehen will, immer noch bewiesen werden, daß die auf dem Original auf diesem Wege nachgewiesene Verschiedenheit nicht auch auf unverdächtige Weise entstanden sein kann. Das festzustellen, ist Sache des Richters, indem er solche kontrastreichen Photogramme nicht blindlings hinnimmt, sondern von dem Sachverständigen eine genaue Beschreibung ihres Entstehens und den Nachweis verlangt, daß die erhaltenen Unterschiede nur auf eine ganz bestimmte Weise und nicht anders entstanden sein können.

Noch kontrastreichere Bilder können unter Umständen erzeugt werden, wenn man sich eine Erfahrung zunutze macht, die schon von Becquerel vor langer Zeit gemacht wurde.

Belichtet man eine chlorsilberhaltige, lichtempfindliche Schicht, sei es Papier oder Platte, kurze Zeit mit weißem Lichte, so daß noch kaum eine deutliche Einwirkung stattgefunden hat, und setzt man nun die Belichtung unter einer Gelbscheibe fort, so wirkt das gelbe Licht weiter, und zwar je nach dem Grade der Belichtung dort um so stärker, wo schon eine Wirkung des Lichtes stattgefunden hatte. Man erkennt, daß auf diese Weise, z. B. bei verschmutzten Schriften, schwache Kontraste vergrößert werden können.

Dieses Verfahren läßt sich auch schon bei der ersten Aufnahme nutzbar machen, indem man nur ganz kurze Zeit bis zur eben beginnenden Einwirkung — diese Zeit ist durch Vorversuche in der Schieberkassette festzustellen — mit weißem Lichte exponiert und dann die Belichtung nach Einschaltung eines Gelbfilters verhältnismäßig lange fortsetzt. Wenn man dann die so erhaltenen Platten wieder unter gelbem Lichte auf durchsichtigen Gelatinehäutchen — das Verfahren soll später noch näher beschrieben werden — möglichst kontrastreich kopiert, die erhaltenen Kopien übereinander legt und so die Differenzen noch weiter erhöht, von diesem summierten Negative ein Diapositiv macht, davon wieder ein Negativ und dieses Verfahren mit Geduld und Ausdauer wiederholt, dann kann man schließlich Unterschiede deutlich sichtbar machen, die zufällig in jedem Negativ unabhängig vom Original entstehen können.

Von solchen Künsten, die sich bei Anwendung des feuchten Kollodiumverfahrens noch verfeinern lassen, muß sich der Gerichtschemiker ängstlich fernhalten, wenn es sich um den Vergleich verschiedener Tinten und den Nachweis etwa darauf beruhender Fälschungen handelt.

Dagegen sind sie von unschätzbarem Werte und hier können sie keinen Schaden anrichten, wenn auf irgend eine Weise unleserlich gemachte oder gewordene Schrift, Abbildungen u. dgl., sei es auf Papier, Pergament, Leder und ähnlichem, wieder sichtbar gemacht werden soll.

Solche Aufgaben sind nach den gegebenen Anweisungen oft überraschend leicht zu lösen, oft aber stößt man auf die größten Schwierigkeiten. Hier lassen sich jedoch keine allgemein gültigen Methoden angeben, jeder spezielle Fall muß besonders behandelt werden, nur die allgemeine Richtung des Vorgehens ist theoretisch angedeutet, der endliche Erfolg wird aber oft erst nach Anstellung mühsamer Vorversuche erzielt.

Die photographische Durchprüfung wird nur dann gleich zu Anfang vorgenommen, wenn es sich um die Aufnahme eines ganzen Schriftstückes oder eines erheblichen Teiles davon handelt. Die besondere Aufnahme einzelner Worte oder Buchstaben, die stets unter beträchtlicher, je nach dem Zwecke wechselnder Vergrößerung erfolgt, ist immer erst nach Beendigung der optischen Prüfung vorzunehmen und soll später geschildert werden.

Der Lupenbesichtigung im auffallenden folgt die im durchfallenden Lichte, sie gibt zumal Aufschluß über vorhandene Farbenunterschiede bereitet aber auch schon auf Strukturunterschiede vor.

Die Farbenunterschiede sind besonders wichtig und lassen oft schon nach einem einzigen Blick die sichere Entscheidung zu, daß man es mit verschiedenen Tinten zu tun hat.

Die den modernen Eisengallustinten zugesetzten Farbstoffe haben, wie schon erwähnt, den Zweck, den an sich fast farblosen Tintenkörper, der daher kaum sichtbar aus der Feder fließt, schon beim Schreiben sichtbar zu machen. Solche Tinte, besonders wenn sie nicht schon lange im offenen Tintenfaß gestanden und dadurch mehr oder weniger Oxydation erlitten hat, liefert Schriftzüge, die der Nuance des zugesetzten Farbstoffes entsprechen. Die Färbung verliert sich aber allmählich mit der fortschreitenden Oxydation, weil sie von dem sich allmählich bildenden schwarzen Eisengallusniederschlage verdeckt wird. Nur die Haarstriche, die mit fast erschöpfter Feder geschriebenen und die gleich nach der Niederschrift mit Löschpapier abgedrückten Schriftzeichen können die

Färbung dauernd bewahren. Sie ist dann auch bei auffallendem Lichte bleibend zu erkennen, wird aber deutlicher im durchfallenden. Die schwarz gewordene Schrift zeigt ihre ursprüngliche Färbung nur noch im durchfallenden Lichte. Die Erkennung und Unterscheidung der Farbe wird wesentlich erleichtert, wenn man das Papier, ähnlich wie das bei Fettflecken der Fall ist, aufhellt. Handelt es sich nur um ganz kurze Beobachtung, so genügt es, einige Tropfen Benzol auf die fragliche Stelle aufzuträufeln und schnell mit der Lupe gegen das Licht zu beobachten. Für längere Beobachtung, auch wenn eine photographische Aufnahme gemacht werden soll, hellt man am besten mit einer Lösung reinen, weißen Vaselinöls in Benzin auf, das beiderseits mit einem Pinsel möglichst unter Vermeidung eines Überschusses aufgebracht wird. Zum Schluß läßt sich das Vaselin mit Benzin oder Benzol leicht wieder extrahieren.

Die feinsten Farbenunterschiede selbst ganz ähnlicher Nuance lassen sich oft, besonders wieder an den Haarstrichen, an den bei mangelnder Tinte geschriebenen und den noch feucht abgedrückten Schriftzügen erkennen, so daß eine photographische Aufnahme im durchfallenden Lichte überflüssig ist. Nur in Zweifelfällen, wenn es sich um sehr ähnliche Farbtöne handelt, wird man zu diesem Hilfsmittel in der später zu beschreibenden Weise greifen.

Die Aufhellung mit Benzol u. dgl. kann unterbleiben, wenn direktes Sonnenlicht oder eine sehr starke elektrische Lichtquelle zur Verfügung steht; man kann dann die Färbungen im durchfallenden Lichte auch bei starkem Papier unter dem Mikroskope sehr deutlich erkennen und vergleichen.

Das Tränken mit Benzol hat insofern manchmal Bedenken, als schmutziges Papier dadurch gleichzeitig gereinigt und die ursprüngliche Beschaffenheit, wenn auch im günstigen Sinne, verändert wird, was nicht immer statthaft ist. Für die photographische Aufnahme ist allerdings eine solche chemische Reinigung nur erwünscht.

Es kann aber auch vorkommen, daß durch das Benzol die Schriftzüge selbst verändert werden, indem Farbstoff in Lösung geht und sich in Gestalt bunter Ränder wieder absetzt. Wir erinnern uns z. B. eines Falles, wo die betreffende Schrift unter dem Mikroskope deutlich erkennbar mit roten Punkten durchsetzt war, die sich in Benzol auflösten. Da nur wenige Worte dieser Schrift zur Verfügung standen, so konnten wir die Natur des Farbstoffes nicht feststellen. Der Fall lehrt aber die Notwendigkeit, erst bevor man mit Benzol oder Vaselin und Benzin aufhellt, an einem indifferenten Teile der Schrift festzustellen, ob durch solche Behandlung die Schrift auch nicht verändert wird.

Die mikroskopische Prüfung.

Ein gewöhnliches Mikroskop ist für die sorgfältige Durchsuchung einer Schrift wenig geeignet; große Schriftstücke müssen gefaltet werden und lassen sich auch dann nicht immer unter das Objektiv bringen. Im gefalteten Schriftstück ist die Beobachtung im durchfallenden Lichte nicht möglich. Die Arbeit mit einem unzweckmäßigen Mikroskope ist außerdem sehr ermüdend.

Wir haben uns daher von der Firma Karl Zeiß in Jena ein besonderes Stativ, das dem für die Durchmusterung von Gehirnschnitten schon existierenden nachgebildet ist, konstruieren lassen. Seine Einrichtung ergibt sich aus Fig. 5.

Fig. 5.

Der sehr geräumige, in zwei senkrechten Richtungen verschiebbare Tisch und das nach hinten ausladende Gestell gestatten das Auflegen von Objekten fast jeder hier in Frage kommenden Größe, denn ein Bogen Schreibpapier von Reichsformat kann mit allen seinen Stellen unter das Objektiv gebracht werden, ohne daß ein Knicken oder Falten nötig wäre.

Das mikroskopische Bild einer Schrift kann sehr charakteristisch sein, sei es im Farbstoff, sei es in der Lagerung, der Gestalt und dem Glanze der einzelnen Partikelchen, wobei Buchstaben, die mit voller Feder geschrieben sind, meist weniger charakteristisch sind als die, bei denen die Tinte zu mangeln anfing. Man darf dabei aber nicht vergessen, daß Schreibunterlage, Feder, Federhaltung, überhaupt die Art des Schreibens von wesentlichem Einfluß sein und der Struktur der Schrift Verschiedenheiten verleihen können, die mit der Beschaffenheit der Tinte nichts zu tun haben.

Befinden sich die zu vergleichenden Schriften auf demselben Papiere, dann fallen alle die Unterschiede weg, die etwa durch dessen Faserung, Leimung, Oberflächenbeschaffenheit usw. bedingt werden, befinden sie sich dagegen auf verschiedenen Papieren und zeigen diese an sich schon verschiedene Bilder, so kann man erwarten, daß selbst mit derselben Tinte geschriebene Schrift Unterschiede aufweisen wird.

Wieder andere Eigentümlichkeiten einer Schrift können auch von der Feder oder der Federhaltung hervorgebracht oder bedingt sein. Eine Schrift, die von derselben Person mit derselben Tinte und Feder auf demselben Papier hergestellt sein soll, macht sich jedoch verdächtig, wenn das innere Gefüge nicht übereinstimmt, wenn z. B. Verdickung an einem Rande oder in der Mitte sich durch die Schrift hindurchziehende dunklere Linien in der Schreibrichtung u. a. m. bei einigen Worten vorhanden sind, bei anderen nicht.

Dagegen darf man nach solchen charakteristischen Unterschieden nicht suchen oder auf sie kein besonderes Gewicht legen oder wenigstens aus ihrem Fehlen keine wichtigen Schlüsse ziehen, wenn die zu vergleichenden Schriften zwar von derselben Person geschrieben sein sollen, wenn aber der Lage der Sache nach zwar dieselbe Tinte, aber eine andere Feder, wohl auch eine andere Schreibunterlage benutzt wurde, auch sonst die Umstände sich geändert hatten, z. B. der Schreiber das eine Mal gesessen, das andere Mal gestanden hat oder endlich, wenn sich die Schriften auf verschiedenem Papier befinden.

Das mikroskopische Bild einer gewöhnlichen normalen Galläpfeltinte alter Art im auffallenden Lichte zeigt meist schuppiges Gefüge, oft mit ziemlich starkem, metallähnlichem Glanz und blauschwarzer Färbung. Bei starken Schriftzügen ist das Papier ganz bedeckt, bei schwachen zeigen sich Lücken, durch die das Papier hindurchscheint, unterbrochen von unregelmäßigen Ablagerungen meist gegen die Papierfaser. Von Farbstoff ist natürlich nichts zu erkennen, doch erscheint die ganze Schrift, wo das Papier unbedeckt ist, gelblich, jedenfalls andersfarbig als das Papier selbst.

Sehr alte Schriften alter Eisengallustinten zeigen häufig einen gelben Rand, der dadurch hervorgerufen wird, daß die tanninarme, schwach eisenhaltige Flüssigkeit in das Papier ausgelaufen ist und sich hier oxydiert hat, während der in der Tinte schwebende schwarze Niederschlag von dem alten, meist sehr porösen Papiere wie von einem Filter zurückgehalten wurde und sich namentlich in den von den Fasern gebildeten Vertiefungen ablagerte.

Der gewiegte Fälscher weiß diesen, den alten Schriften eigentümlichen gelben Rand künstlich herzustellen, indem er in die saure Tinte, natürlich alter Art, einige alte rostige Stahlfedern oder Nägel hineinlegt; die Tinte versieht sich dann allmählich mit dem nötigen Überschuß an Eisensalz.

Da aber auch das auf dem Papier abgeschiedene und die schwarze Schrift bildende Eisentannat im Laufe der Jahrzehnte einer allmählichen Zerstörung unterliegt, die durch besondere Umstände noch gefördert werden kann, so findet man in ganz alten Schriften oft statt eines schwarzen einen rotbraunen Niederschlag, der nur noch aus Eisenoxyd besteht. Umgekehrt können aber auch 100 Jahre alte und noch ältere Schriften noch sehr gut erhalten sein und ihr Eisentannat unverändert bewahrt haben. Die Braun- und Gelbfärbung einer Schrift tritt unter sonst gleichen Umständen um so schneller ein, je gerbstoffärmer die Tinte war.

Die moderne Gallustinte zeigt im allgemeinen ein den alten Tinten ähnliches Bild; der Farbstoff ist im auffallenden Lichte in den starken Schriftzügen fast völlig verdeckt, auch selbst in den dünnen, tintenarmen Stellen, mit Ausnahme der blauen, nur undeutlich in seiner Nuance zu erkennen. Jedoch findet man unter dem Mikroskope die Färbung nicht immer gleichmäßig, wie man der Natur der Sache nach annehmen sollte.

Namentlich wenn einer Tinte viel Farbstoff zugesetzt ist, wird je nach der Beschaffenheit des Papiers der gelöste Farbstoff sich nicht immer gleichmäßig abscheiden, sondern an hervorragenden Stellen der Fasern sich zusammenziehen. Es kann aber auch vorkommen, namentlich bei Tinten, die lange im offenen Gefäß oder schlecht geschlossenen Tintenfaß gestanden haben, daß sich mit dem Niederschlage von gerb- oder gallussaurem Eisenoxyd auch der Farbstoff ganz oder teilweise abscheidet; man findet dann in der Schrift Farbstoffpartikelchen, während diese sonst ganz oder fast ungefärbt erscheint. Die Ablagerungen häufen sich in der Regel an den quer zur Schreibrichtung liegenden Papierfasern, die sich der Flüssigkeit wie ein Hindernis entgegenstellen. Diese durch das Mikroskop festzustellende Beschaffenheit ist manchmal so charakteristisch, daß sie mit zur Identifizierung zweier Schriften herangezogen werden kann. Auch an den Rändern und Ecken der Schrift kann sich beim Eintrocknen die Tinte anreichern und dadurch Verdickung erfahren.

Den modernen Gallustinten sehr ähnlich sind auch im mikroskopischen Bilde die Chromblauholztinten, doch besitzen sie immer einen mehr oder weniger blauvioletten, namentlich bei den konzentrierten Tinten sehr deutlichen Schimmer, die Ablagerungen liegen auf blauviolettem, mehr oder weniger grau gefärbtem Untergrunde.

Wolframtinte zeigt schon ohne Vergrößerung rotviolette Färbung, die zwar allmählich dunkler wird, aber immer deutlich farbig bleibt. Unter dem Mikroskope erscheinen die dunkel rotvioletten, stark glänzenden Ablagerungen auf heller rotviolettem Grunde.

Vanadintinte zeigt stark glänzende Ablagerungen auf gelbbraunem Grunde.

Nigrosintinte kann mikroskopisch leicht mit alter Galläpfeltinte verwechselt werden, der Farbstoff zieht sich jedoch häufig nach den Rändern der Schrift, so daß namentlich die breiteren Stellen beiderseits von einem dickeren Rande begrenzt erscheinen. Dieselbe Erscheinung findet man auch bei anderen, aus Lösungen reiner Farbstoffe bestehenden Tinten.

Die mikroskopische Untersuchung eines Schriftstückes kann durch photographische Aufnahmen zur Erlangung von Übersichtsbildern wesentlich gefördert werden, weil das mikroskopische Bild wachsend mit der Vergrößerung an Übersichtlichkeit verliert und daher ein Vergleich verschiedener Stellen derselben Urkunde mit dem Mikroskope kaum möglich ist. Bei verschiedenen Urkunden kann zwar die Verwendung mehrerer Mikroskope förderlich sein, sie stehen aber nicht immer zur Verfügung.

Manche Eigentümlichkeiten des mikroskopischen Bildes treten nur bei schwacher oder schräger Beleuchtung hervor und sind dann schwer zu erkennen, während man sie auf der photographischen Platte durch die verlängerte Exposition dennoch sichtbar machen kann.

Die Mikrophotographie ist daher für den Schriftsachverständigen unentbehrlich.

Obwohl man für diese Zwecke auch mit einfachen, selbst zusammengestellten Vorrichtungen ausreicht, so benutzen wir doch ausschließlich die mikrophotographischen Apparate von Zeiß, sowohl den großen horizontalen mit elektrischer Lampe, als auch den vertikalen für Tageslicht.

Auf die genaue Beschreibung dieser oder ähnlicher Apparate anderer Firmen können wir hier nicht näher eingehen. Bei ihrer Beschaffung werden leichtverständliche Vorschriften beigegeben, so daß die Handhabung nach einiger Übung bald gelingt[1]).

Die von uns zu beschreibenden Operationen sind an der Hand der beigegebenen Abbildungen leicht verständlich.

Zur Herstellung eines Oberflächenbildes, das die charakteristische Struktur einer Schrift bei auffallendem Lichte kenntlich machen soll, verfahren wir mit dem großen horizontalen, mikrophotographischen Apparate von Zeiß wie folgt:

Das umgelegte Mikroskop, Stativ I^c oder I^d, mit dem schon früher beschriebenen Rahmen wird, nachdem man den Objektiv- und Okularträger entfernt hat, seitlich der Mittelschiene, auf der die Hilfsapparate laufen, aufgestellt. Die Öffnung des Mikroskoptisches wird mit schwarzem Papier von hinten verschlossen.

An Stelle der aufzunehmenden Urkunde wird zunächst ein Stück weißes Papier auf dem Mikroskoptisch festgeklammert.

Auf die Laufschiene stellt man etwa in Höhe des Mikroskoptubus den durch ein Kugelgelenk nach allen Richtungen verstellbaren Spiegel seitlich und etwas vor der zu beleuchtenden Fläche auf.

Als Lichtquelle dient vorteilhaft eine 20- bis 30-Ampèrelampe mit Dochtkohlen, im Notfalle auch ein starker Auerbrenner. Der Flammenbogen muß dem Spiegel zugekehrt sein, was dadurch erreicht wird, daß man die untere Kohle etwas vorrückt, so daß sich der Krater am vorderen

[1]) Zum Studium empfehlen wir besonders Neuhaus und den Katalog von Zeiß.

Rande der oberen stärkeren Kohle einbrennt. Der Lichtbogen gibt die Höhe der optischen Achse des ganzen Apparates an.

Bei der Schuckerdtschen Lampe mit Zeißschem Gehäuse lassen sich die Kohlen seitlich und vertikal etwas verschieben, was die Aufstellung des Apparates wesentlich erleichtert.

Der als Sammellinse dienende Zweilinsenteil, mit dem man je nach Stellung die aufgenommenen Lichtstrahlen parallel, schwach divergent oder konvergent machen kann, wird so weit vom Lichtbogen entfernt, daß der schwach divergente Lichtkegel gerade die ihm direkt zugewendete Fläche des Spiegels ausfüllt und gleichmäßig erhellt. Durch Drehen und Wenden des Spiegels gelingt es dann leicht, das auf dem Mikroskoptische befindliche oder bei sehr großen Schriftstücken das in einem besonderen Rahmen eingespannte und aufgestellte Papier gleichmäßig zu beleuchten.

Fig. 6.

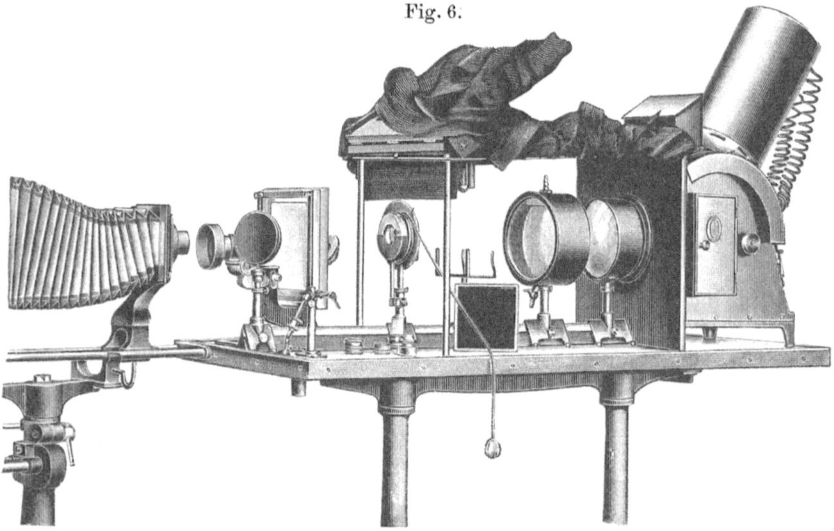

Auf der Abbildung (Fig. 6) sehen wir vor dem Zweilinsenteil die runde Kammer für das Kühlwasser, deren Einschaltung niemals unterlassen werden darf, davor ein Stativ, das entweder eine in der Abbildung seitlich stehende Küvette oder auch eine Mattscheibe aufnehmen kann und davor einen mechanischen Verschluß, der mit Hilfe des Gummiballs betätigt wird und die Belichtung ohne jegliche Erschütterung des Apparates gestattet.

Für mäßig vergrößerte Schriftaufnahmen werden ausschließlich die Zeißschen Planare verwendet, die in ihrem Auflösungsvermögen für diesen Zweck von keinem anderen Objektiv erreicht werden. Die ihnen sonst nahe kommenden Projektionssysteme haben eine geringere Randschärfe und bedeutenden Lichtabfall nach dem Rande, sie lassen sich daher nur da mit Vorteil verwenden, wo diese Fehler nicht in Betracht kommen.

Für die meisten Fälle reichen die Planare von 35, 50 und 100 mm Brennweite aus, mit dem letzten kann bequem bei $^1/_2$ m Kameraauszug eine vierstellige Zahl auf eine $^9/_{12}$-Platte gebracht werden.

Mit dem dazugehörigen Trichterrohr aus geschwärztem Metall, ebenfalls auf Fig. 6 sichtbar, wird das entsprechende Planar in den Mikroskoptubus eingeschraubt. Alle glänzenden Metallteile sind mit mattem schwarzem Papier zu verkleiden oder mit einem rußhaltigen Mattlack zu überpinseln oder mit Silbernitrat- oder Antimonchloridlösung zu schwärzen.

Man verbindet in bekannter Weise die Kamera lichtdicht mit dem Trichter und beobachtet, ob die Mattscheibe gleichmäßig ohne Reflexe oder farbige Lichtsäume beleuchtet ist, nötigenfalls sind sie durch Bedecken etwa noch vorhandener glänzender Metallstellen, z. B. an den Schraubengewinden, oder durch Drehen des Spiegels, Kondensators usw. zu beseitigen.

Man nehme den Kameraauszug in der Regel nicht über $^1/_2$ m, um beim Einstellen noch die Schraube des Mikroskops bequem mit der Hand erreichen zu können. Die gewünschte Vergrößerung erreicht man durch Anwendung des entsprechenden Planars. Die möglichen Vergrößerungen schwanken bei $^1/_2$ m Kameraauszug nach der folgenden Tabelle zwischen 4- bis 13 fach, bei 1 m Kameraauszug bis 28 fach, was für alle hier in Betracht kommenden Fälle genügt:

Abstand der Mattscheibe vom Objektiv in cm	Brennweite der Objektive in mm		
	100	50	35
50	4	9	13
100	9	19	28

Hat man soweit den Apparat fehlerlos aufgestellt, so ersetzt man das weiße Papier auf dem Mikroskoptisch durch die eigentliche Urkunde, bewirkt durch Drehen und Verschieben des Spiegels grelle Beleuchtung der aufzunehmenden Stelle und bringt diese durch Hin- und Herschieben auf die Mitte der Mattscheibe.

Ist das Schriftstück durch einfaches Anklemmen nicht eben zu bekommen, so preßt man es mit Hilfe einer Spiegelglas- oder Diapositivplatte glatt, dadurch verschwinden die durch Knicke, Falten u. dgl. bewirkten Schatten, nicht aber die, die auf der charakteristischen Beschaffenheit der Papieroberfläche und der Schriftzüge beruhen.

Je schräger die Lichtstrahlen auf die Oberfläche fallen, desto schärfer tritt die Struktur von Papier und Schrift hervor, gleichzeitig wird damit aber die Beleuchtung schwächer.

Um dann noch eine intensivere und kontrastreichere Beleuchtung einer kleinen Stelle zu erzielen, schaltet man den Einlinsenteil zwischen Spiegel und Wasserkammer ein. Der Einlinsenteil ist so lange hin- und herzuschieben, bis man die richtige Beleuchtung gefunden hat.

Unter allen Umständen muß dann die Wasserkammer eingeschaltet werden, um ein Versengen der Urkunde zu verhüten.

Nachdem man das Bild in den Mittelpunkt der Mattscheibe gebracht und möglichst scharf eingestellt hat, ersetzt man die Mattscheibe durch die Spiegelglasscheibe. Gleichzeitig muß stark abgeblendet werden, was mit der innerhalb des Planars befindlichen Irisblende geschieht.

Nachdem die Einstellupe auf das eingeritzte Fadenkreuz gestellt ist, folgt genaue Einstellung des Bildes durch die feine Schraube des Mikroskops. Man benutzt dazu bei Tintenschrift den feinen Rand eines Schriftzuges, bei Bleistiftschrift die Ecke oder Kante eines Graphitpartikelchens, bei Rasuren die Papierfasern in der Papierebene.

Nachdem man auf der Mattscheibe nochmals die richtige Lage des Bildes mit bloßem Auge kontrolliert hat, betrachtet man das Bild unter wechselnder Beleuchtung und sucht durch Wenden, Vor- und Zurückschieben des Spiegels die für den besonderen Fall günstigste Beleuchtung herauszufinden. Unter Umständen ist eine so schräge Beleuchtung nötig, daß man auch die Objektebene schräg von der Lichtquelle abwenden muß, natürlich muß immer der Lichtkreis in der Mitte der Mattscheibe liegen bleiben. Dann wird die Beleuchtung oft so schwach, daß das Bild auf der Mattscheibe kaum noch erkennbar ist, bei genügend lange fortgesetzter Exposition erhält man trotzdem durchgearbeitete Bilder. Besonders brauchbar sind Platten von feinem Korn und dicker Schicht. Bei gelblichem Papier sind farbenempfindliche Platten zu verwenden.

Hat man noch wenig Erfahrung, so daß man über die Länge der Expositionszeit noch gänzlich im Dunkeln tappt, so macht man erst einige Aufnahmen in der Schieberkassette mit wechselnder Expositionszeit. Fig. 7 zeigt eine solche Aufnahme mit wachsender Expositionszeit von 3 bis 15 Sekunden mit Intervallen von je 3 Sekunden. Die Zeit von 9 Sekunden stellte sich als die günstigste heraus. Sinkt diese, wie es bei greller Beleuchtung und sehr hellem Papiere vorkommt, unter 20 Sekunden, so schalte man zwischen Spiegel und Wasserkammer eine feinkörnige Mattscheibe ein. Glaubt man die richtige Expositionszeit gefunden zu haben, so mache man, um diese schwankend, mehrere Aufnahmen. Leicht überexponierte und nicht zu dicht entwickelte und dann verstärkte Platten geben gewöhnlich die brauchbarsten Resultate.

Bei mehr als 28facher Vergrößerung arbeitet man mit Mikroskopobjektiven (Achromaten oder Apochromaten), bei denen jedoch eine Beleuchtung der Objektebene in der geschilderten Weise meist nicht möglich ist, da entweder der Schatten des Objektivs das Gesichtsfeld bedeckt oder das glänzende Objektiv störende Flecke auf der Urkunde erzeugt. Man benutzt dann zweckmäßig die Vertikalkamera bei Tageslicht. Die genaue Anordnung soll bei der Beschreibung der Aufnahme von Bleistiftschrift gegeben werden.

Ist bei der Prüfung einer verdächtigen Schrift mit Lupe und Mikroskop im auffallenden Lichte nichts beobachtet worden, was für die Beantwortung der gestellten Frage dienlich sein kann, so wird man die Untersuchung im durchfallenden Lichte, am besten im direkten Sonnenlichte oder einer anderen sehr starken Lichtquelle, und nur wenn beides nicht zur Verfügung steht, mit aufgehelltem Papiere wiederholen. Hierbei tritt namentlich die Verschiedenheit der inneren Struktur deutlich zutage, ganz sicher sind fast immer etwa vorhandene, wenn auch nur geringe Farbenunterschiede zu erkennen.

Fig. 7.

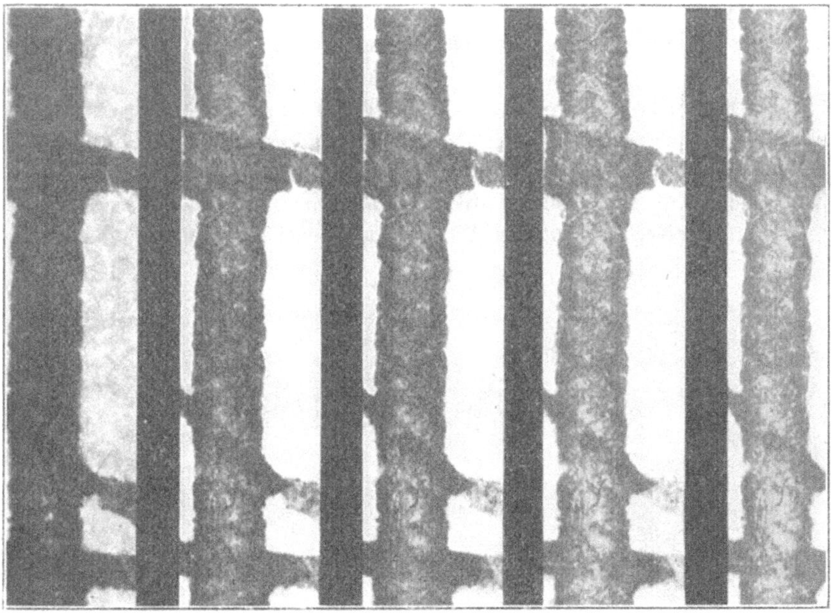

Hat man schon unter dem Mikroskope charakteristische Unterschiede gefunden, so wird man ebenfalls versuchen, sie durch photographische Aufnahme festzuhalten, unter Umständen kann die Photographie Verschiedenheiten in Struktur, Farbe und Glanz zutage bringen, die dem Auge entgangen sind. Wir verfahren dazu wie folgt:

Aufnahme in Originalgröße oder schwacher Vergrößerung im durchfallenden Lichte.

Die Beleuchtung geschieht durch eine feinkörnige Mattscheibe, die mit dem horizontalen mikrophotographischen Apparat durch das Zweilinsensystem, wie schon beschrieben, beleuchtet wird.

In einiger Entfernung vor die Mattscheibe stellt man die in einen Rahmen oder zwischen zwei Glasplatten eingespannte und mit einem Stativ gehaltene Urkunde auf und bewirkt die Aufnahme in einer gewöhnlichen Kamera mit Anastigmat, wie schon S. 16 beschrieben.

Die etwa nötigen Farbenfilter sind zwischen Wasserkammer und Mattscheibe einzuschalten.

Aufnahme in starker Vergrößerung im durchfallenden Lichte.

Die Aufstellung des Apparates gibt die untenstehende Abbildung, Fig. 8.

Aufnahme mit den Planaren von 35, 50 und 100 mm Brennweite bis zu 28 facher Vergrößerung bei $^1/_2$ m Kameraauszug.

Das Mikroskop, Stativ I^c, wird auf die Laufschiene gestellt und horizontal umgelegt. In den Tubus wird das Trichterrohr mit dem eingesetzten Planar eingeschraubt und mit der Kamera lichtdicht verbunden. Auf den Tisch des Mikroskops klemmt man vorläufig ein Blatt weißes Papier, entfernt den Abbeschen Beleuchtungsapparat und setzt

Fig. 8.

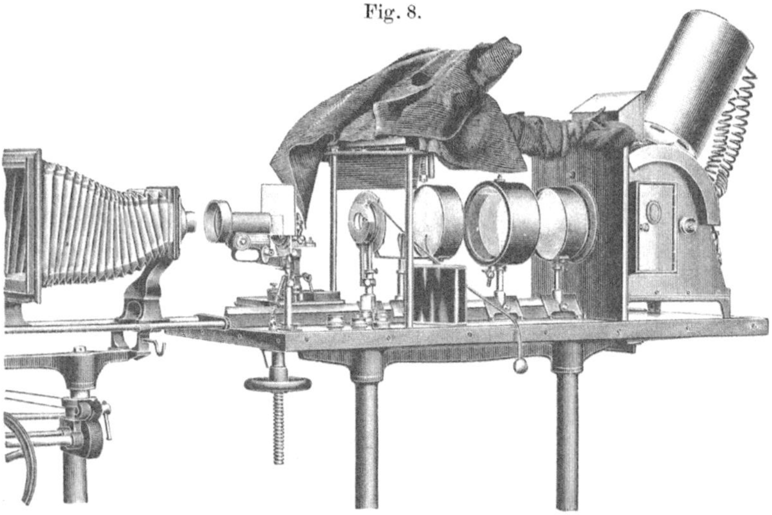

an seiner Stelle einen Brillenglaskondensor ein, je nach der Größe der zu beleuchtenden Fläche den Kondensor mit einer oder mit zwei Linsen. Inzwischen sind die optischen Teile des mikrophotographischen Apparates wie folgt aufgestellt worden.

Zunächst der Lichtquelle das Zweilinsensystem, so daß das hindurchgehende Licht schwach divergent wird, darauf folgt die Wasserkammer und der Einlinsenteil, so daß dieser etwa zur Hälfte von dem Lichtkegel, natürlich in der Mitte, getroffen wird. Der Brennpunkt liegt etwa 20 cm vor dem Objekttisch.

Man stellt nun den Brillenglaskondensor am Mikroskope so ein, daß die aufzunehmende Fläche gleichmäßig hell beleuchtet wird, wobei auch der Einlinsenteil noch entsprechend verschoben werden kann. Das Zentrieren des Lichtstrahls geschieht, indem man in der Mitte zwischen Mikroskop und Einlinsenteil eine Blende mit kleiner Öffnung zentral einschaltet und die Blende des Mikroskops ebenfalls mit kleiner Öffnung einklappt, so daß ein kleiner Lichtpunkt, auf dem auf dem Objekttisch befindlichen Papier und ein kleiner Lichtkreis auf der Mattscheibe erscheint.

Durch Verschieben der Lichtquelle, durch Heben und Senken des Mikroskops und der optischen Teile gelingt es, den Lichtkreis genau in die Mitte der Mattscheibe zu bringen. Zwischen Blende und Mikroskop wird, wenn nötig, das Farbenfilter eingeschaltet.

Man ersetzt nun das auf dem Objekttisch vorläufig aufgelegte Papier durch die aufzunehmende Urkunde und schreitet zur Aufnahme.

Wenn irgend möglich, ist das Aufhellen mit Vaselin zu vermeiden, weil die Struktur des Papiers die Schriftzüge stört. Nur wenn das Papier so dick ist, daß es vom Lichte nicht mehr durchdrungen wird, läßt sich das Aufhellen nicht umgehen.

Die scharfe Einstellung auf der Matt- und Spiegelglasscheibe erfolgt wie schon früher beschrieben. Bei Benutzung von Farbfiltern muß die endgültige Einstellung immer erst nach Einschaltung des Filters vorgenommen werden.

Wird bei sehr starker Vergrößerung ein längerer Kameraauszug nötig, so wird die feine Einstellung mit dem Hookeschen Schlüssel vorgenommen.

Die Belichtung erfolgt entweder mit dem schon beschriebenen Spezialverschluß oder durch Einschieben und Entfernen einer dünnen schwarzen Pappscheibe oder dergleichen zwischen Zweilinsenteil und Wasserkammer, selbstverständlich unter sorgfältiger Vermeidung jeder Erschütterung.

Aufnahme mit Mikroskopobjektiven bis zu 100facher Vergrößerung.

Es kommen hier nur die schwachen Objektive, z. B. das Apochromat von 16 mm Brennweite oder das Achromat A A in Verbindung mit dem Projektionsokular usw. in Betracht.

Das Objektiv wird an den Mikroskoptubus angeschraubt, das Projektionsokular 2 eingesetzt und die Projektionslinse dieses Okulars mit der aufgezeichneten Skala auf die Kameralänge eingestellt.

In den beigefügten Abbildungen ist eine Auswahl charakteristischer Tintenschriften gegeben; man erkennt, daß die vorkommenden Unterschiede sehr wohl geeignet sein können, Identität oder Verschiedenheit der Tinte in Schriftzügen manchmal mit absoluter Sicherheit festzustellen.

Fig. 9.

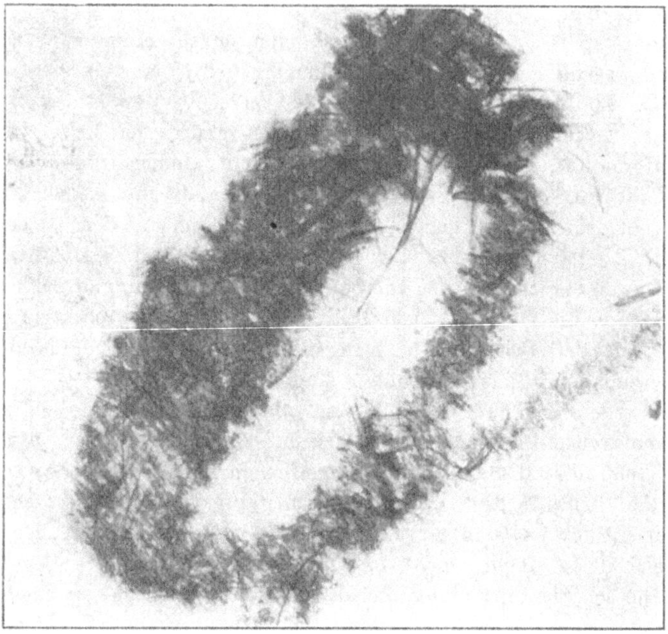

Eisengallustinte alter Art, Schrift aus dem Jahre 1811.

Fig. 10.

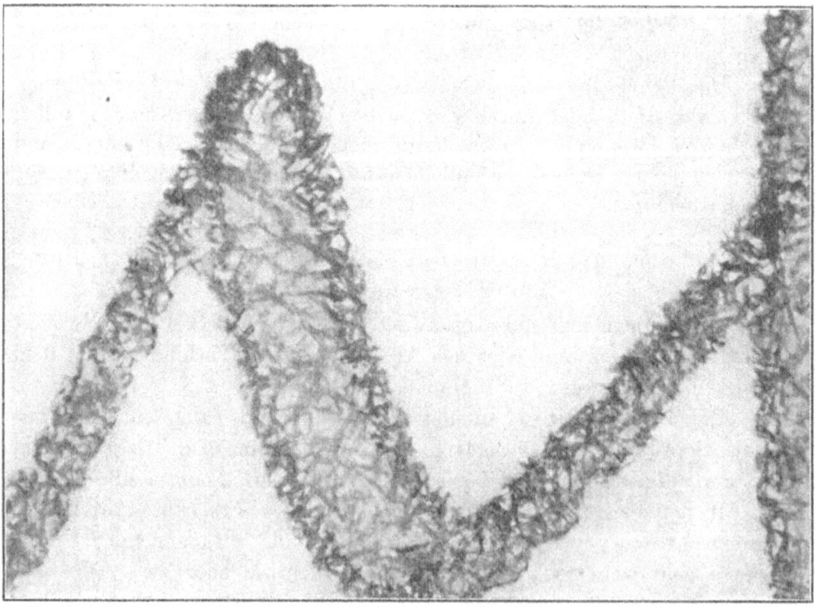

Sehr dünne Eisengallustinte alter Art.

Die Aufnahmen sind zum Teil im auffallenden, zum Teil im durchfallenden Lichte mit den angegebenen Planaren oder mit Apochromat 16 oder 8 mm und Projektionsokular ·2 hergestellt.

1. Fig. 9. Eisengallustinte alter Art. Schrift aus dem Jahre 1811. Die Tinte ist vollkommen zersetzt und besteht nur noch aus Eisenoxyd. Die Ablagerungen sind ziemlich gleichmäßig, doch läßt sich die Schichtung an den Papierfasern immerhin noch erkennen.

2. Fig. 10. Sehr dünne Eisengallustinte alter Art, das Eisentannat ist mit der eintrocknenden Flüssigkeit an die Ränder geführt worden, trotzdem treten die querliegenden Papierfasern durch den angelagerten Eisenniederschlag deutlich hervor.

Fig. 11.

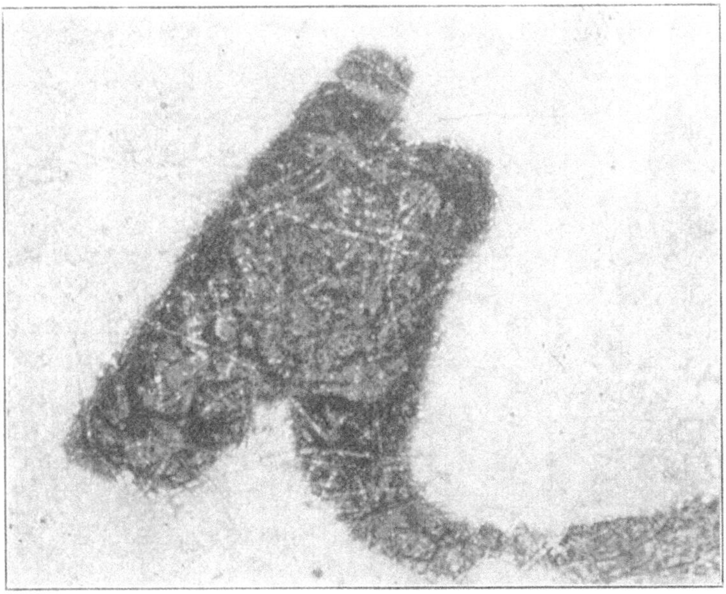

Zersetzte Eisengallustinte moderner Art.

3. Fig. 11. Eisengallustinte moderner Art, durch lange Berührung mit einer Stahlfeder zersetzt; das Eisengallat ist wie bei den alten Galläpfeltinten abgeschieden und hat sich an den Rändern zusammengezogen, auch hinter die Papierfasern gelagert.

4. Fig. 12 u. 13 (a. f. S.). Eisengallustinte alter Art auf schlechtgeleimtem Papier; die Schrift ist ausgelaufen, namentlich auf Fig. 12 erkennbar; charakteristisch sind die von den beiden Federspitzen eingeritzten Linien, bei denen sich der Niederschlag angehäuft hat. Bei Fig. 12 ist auf den Rand, bei Fig. 13 auf die innere Struktur der Schrift hingearbeitet, beide im durchfallenden Lichte.

5. Fig. 14. Eisengallustinte moderner Art, die einige Tage in Berührung mit einer Stahlfeder an der Luft gestanden hat. Der pulver-

Fig. 12.

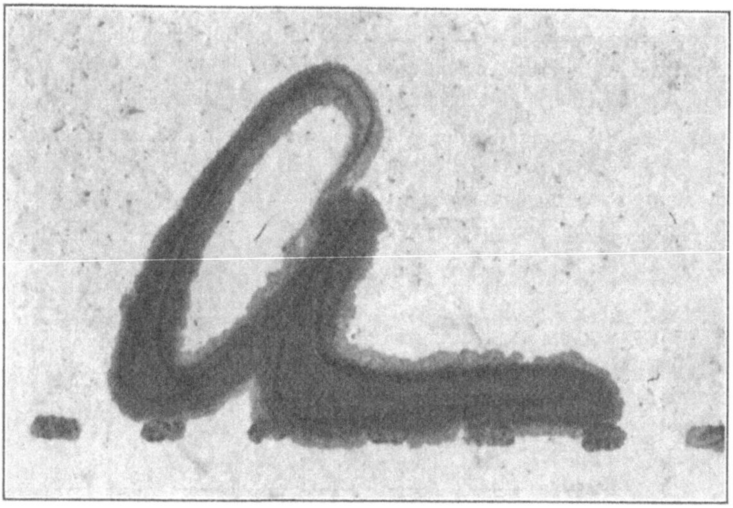

Eisengallustinte alter Art auf schlechtgeleimtem Papier, auf den Rand eingestellt.

Fig. 13.

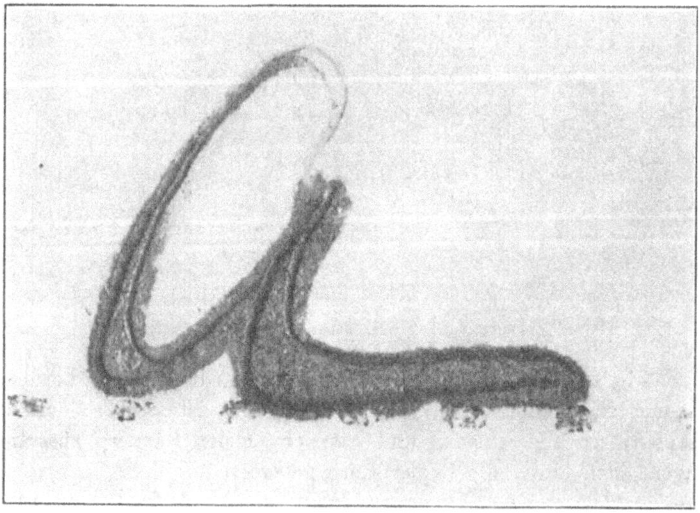

Eisengallustinte alter Art auf schlechtgeleimtem Papier, auf die innere Struktur eingestellt.

förmige Niederschlag hat sich an den querliegenden Papierfasern angehäuft. Der Farbstoff war zerstört, so daß das Papier weiß hervorsieht. Lange Exposition im auffallenden Lichte.

Fig. 14.

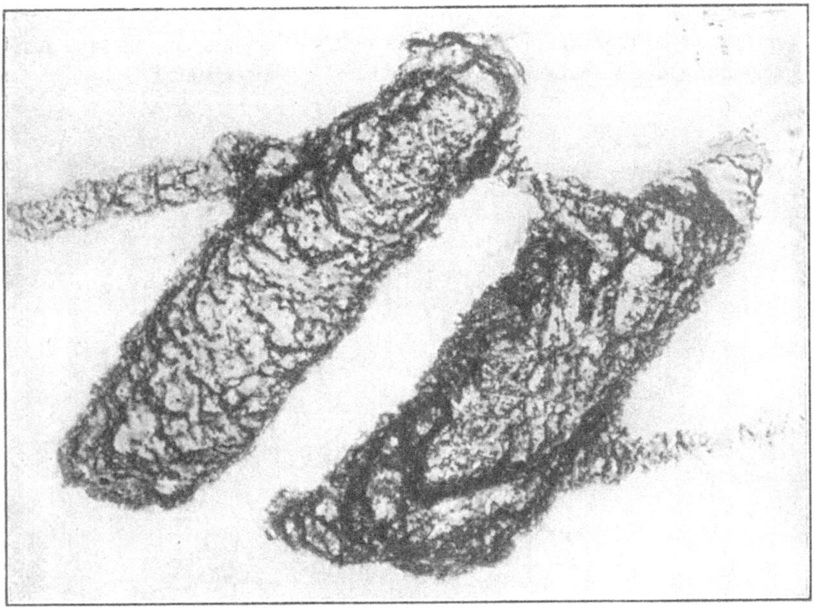

Mit einer rostigen Feder in Berührung gewesene Eisengallustinte moderner Art.

Fig. 15.

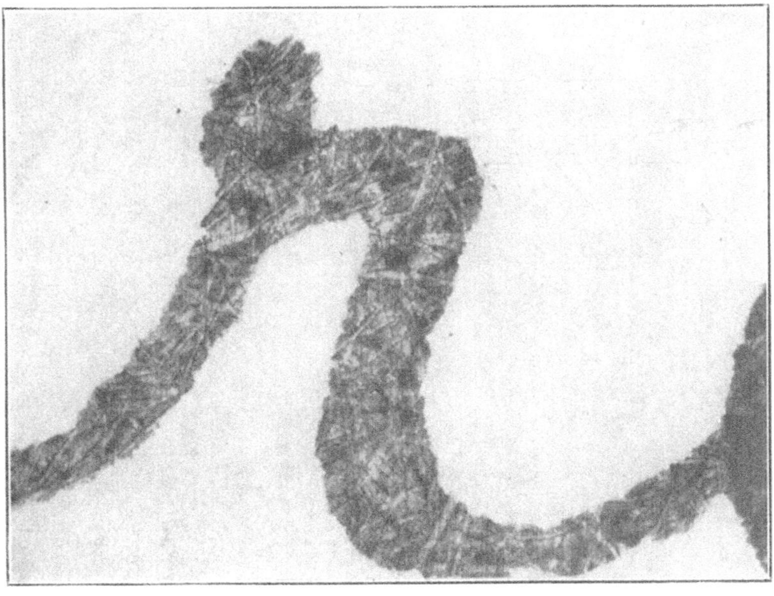

Eisengallustinte moderner Art, normales Bild.

6. Fig. 15 (a. v. S.). Eisengallustinte moderner Art, im durchfallenden Lichte. Der blaue Farbstoff zeigte sich unter dem Mikroskope gleichmäßig über den Schriftzug verteilt. Dies und die flockige Abscheidung des Eisentannats charakterisiert das normale Bild.

Fig. 16.

Moderne Eisengallustinte bei schräger Beleuchtung.

Fig. 17.

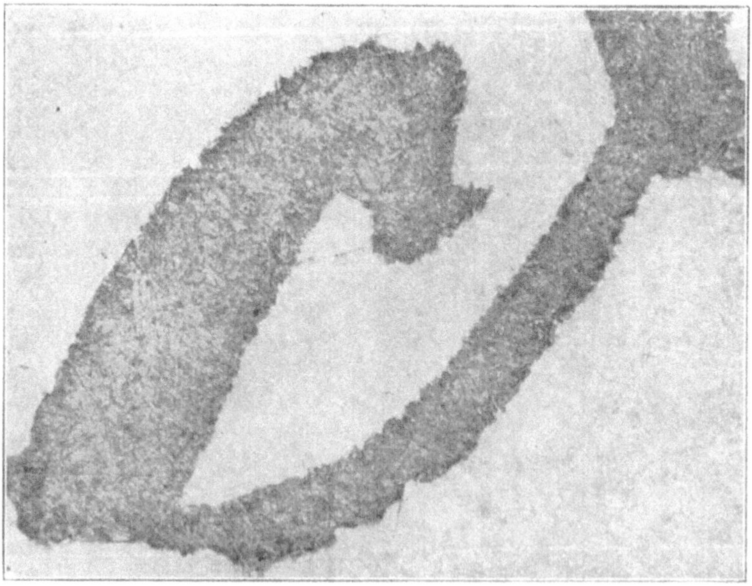

Moderne Eisengallustinte mit abgeschiedenem Farbstoff.

7. Fig. 16. Eisengallustinte moderner Art im auffallenden Lichte bei schräger Beleuchtung.

Fig. 18.

Moderne Eisengallustinte mit teilweise zersetztem Eisensalz.

Fig. 19.

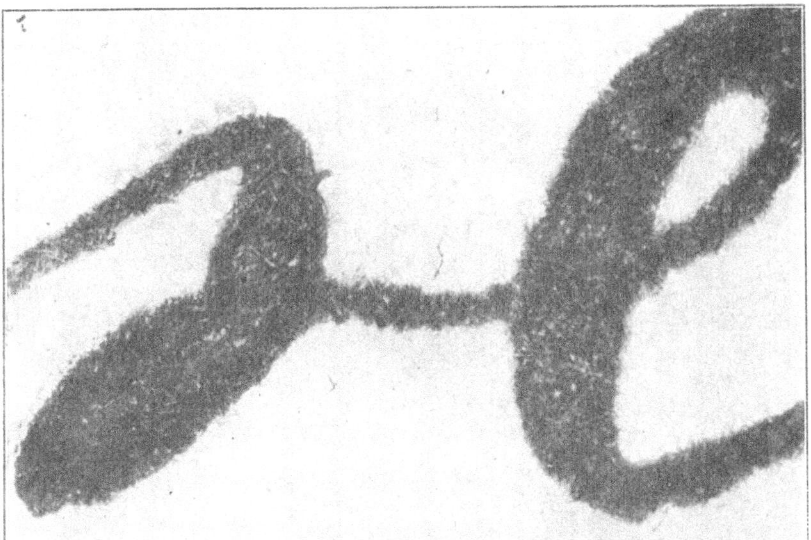

Moderne Eisengallustinte, 20 Jahre alt.

Fig. 20.

Eisengallustinte mit grünem Farbstoff.

Fig. 21.

Eisengallustinte mit blauem Farbstoff.

8. Fig. 17 (a. S. 46). Eisengallustinte moderner Art mit blauem Farbstoff. Schwache Abscheidung des Eisentannats. Der Farbstoff hat sich körnig abgeschieden und an den Rändern abgelagert.

9. Fig. 18 (a. S. 47). Eisengallustinte moderner Art. Das zum Teil zersetzte Eisengallat lückenhaft abgeschieden; charakteristisch ist seine kreuzweise Lagerung.

10. Fig. 19 (a. S. 47). Zwanzig Jahre alte Schrift einer modernen Eisengallustinte, der blaue Farbstoff ist wohl erhalten, das Eisensalz hat sich dick und flockig, namentlich an den Rändern, abgeschieden.

Fig. 22.

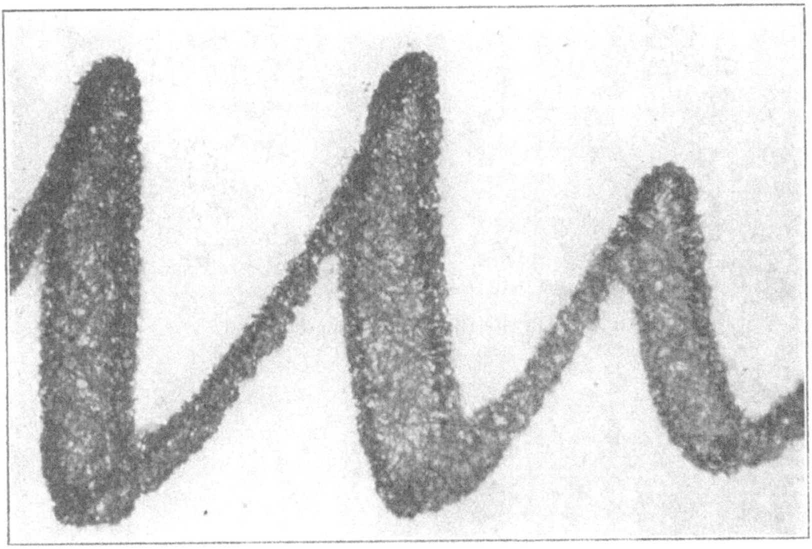

Grauschwarze Eisengallustinte.

11. Fig. 20 (a. S. 48). Eisengallustinte mit grünem Farbstoff; das Eisengallat hat sich körnig abgeschieden, so daß auch die Ränder der Schrift zackig erscheinen.

12. Fig. 21 (a. S. 48). Dünne transparente Schrift einer Eisengallustinte mit blauem Farbstoff. Normales Bild, die Papierfasern deutlich erkennbar.

13. Fig. 22. Grauschwarze Tinte mit blauem Farbstoff, das sonst normal abgeschiedene Eisengallat an den Rändern angehäuft.

14. Fig. 23 (a. f. S.). Eisengallustinte mit rotem Farbstoff. Aufnahme mit farbenempfindlicher Platte; das flockig abgeschiedene Eisengallat in Häufchen angeordnet.

15. Fig. 24 (a. f. S.). Schrift einer durch Aufbewahren im offenen Tintenfaß teilweise oxydierten Eisengallustinte mit rotem Farbstoff. Das

Fig. 23.

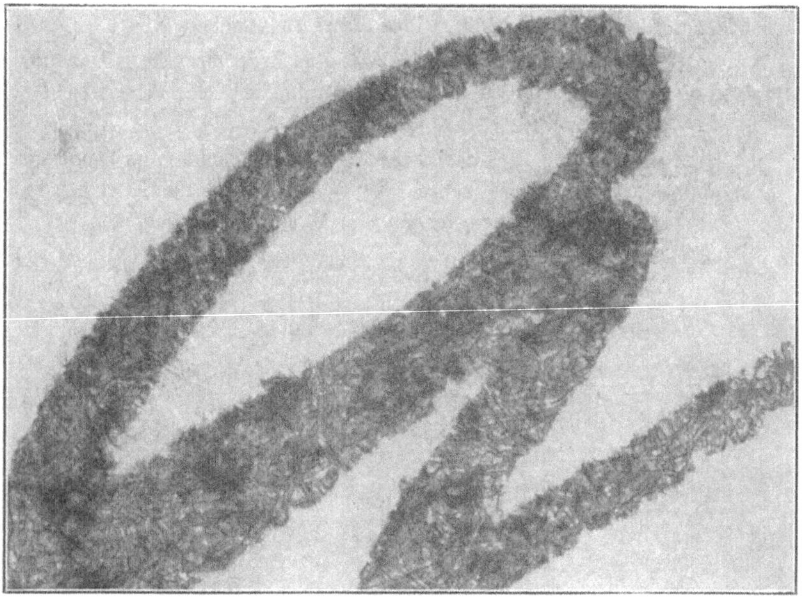

Eisengallustinte mit rotem Farbstoff.

Fig. 24.

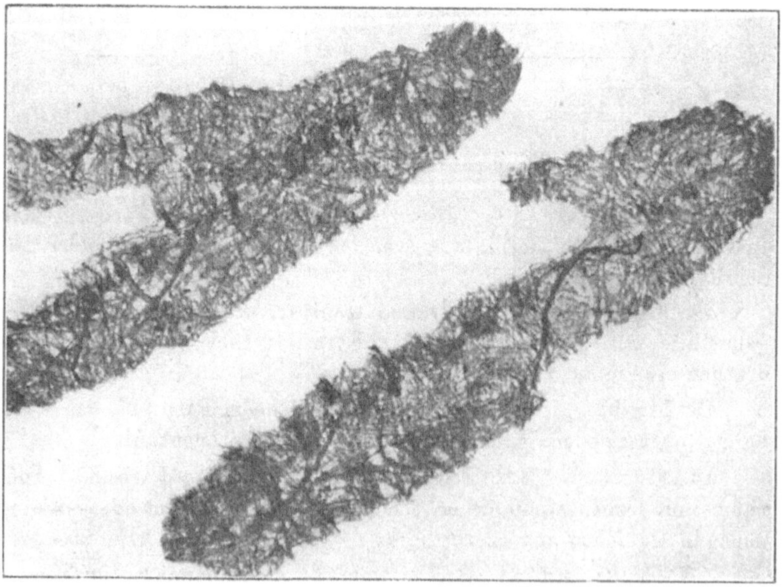

Teilweise oxydierte Eisengallustinte mit rotem Farbstoff.

schon in der Flüssigkeit abgeschieden gewesene Eisentannat hat sich an den querliegenden Papierfasern angehäuft.

16. Fig. 25. Normales Bild einer stark aufgetragenen Kopiertinte bei seitlicher Beleuchtung. Wegen der Dicke der Schicht zum Teil unscharf.

17. Fig. 26 (a. f. S.). Moderne, das Papier zum Teil sehr dicht bedeckende Eisengallustinte bei Oberflächenbeleuchtung. Die weißen Stellen sind nicht das durchscheinende Papier, sondern bei auffallendem Lichte stets auftretende Reflexe.

Fig. 25.

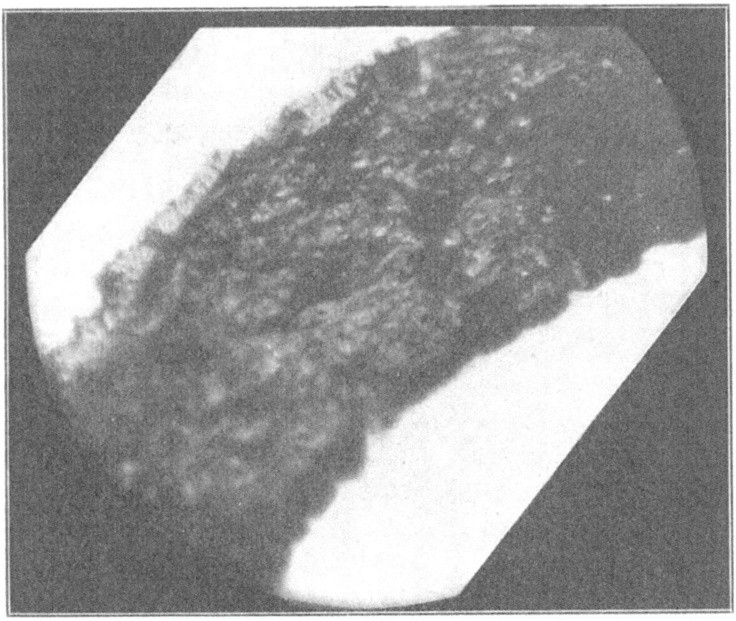

Kopiertinte bei starker Vergrößerung.

18. Fig. 27 (a. f. S.). Dasselbe Bild im durchfallenden Lichte, hier schimmert an den dünnen Stellen das weiße Papier durch.

Die weiße Zeichnung korrespondiert daher in beiden Abbildungen nicht.

19. Fig. 28 (a. S. 53). Frische Schrift einer normalen Blauholz-(Chrom-) Tinte im durchfallenden Lichte; die Ablagerungen sind im allgemeinen weniger scharf markiert als bei den Gallustinten.

20. Fig. 29 (a. S. 53). Frische, glanzlose, dumpfe Schrift normaler Blauholztinte im auffallenden Lichte bei starker Vergrößerung. Die weißen Flecke sind schuppige, glänzende Abscheidungen.

Fig. 26.

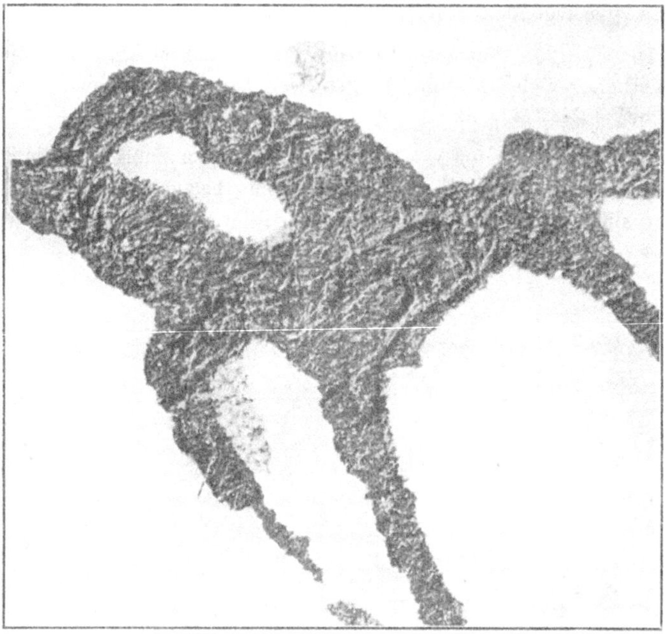

Sehr dichte Eisengallustinte im auffallenden Lichte.

Fig. 27.

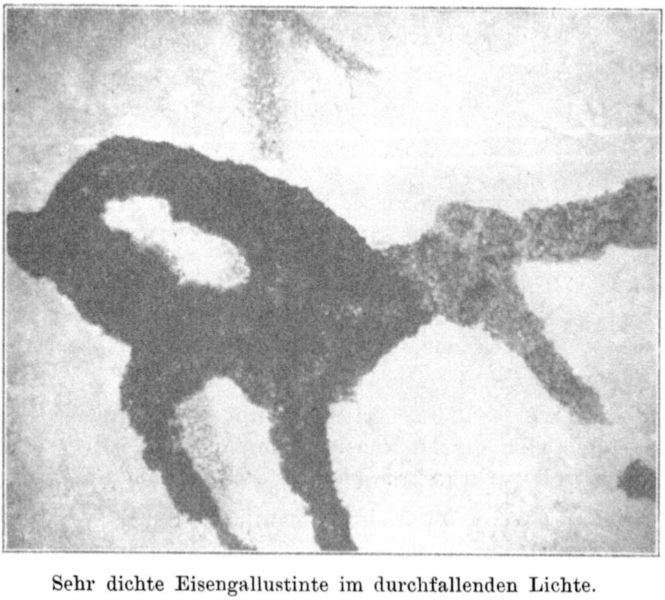

Sehr dichte Eisengallustinte im durchfallenden Lichte.

Fig. 28.

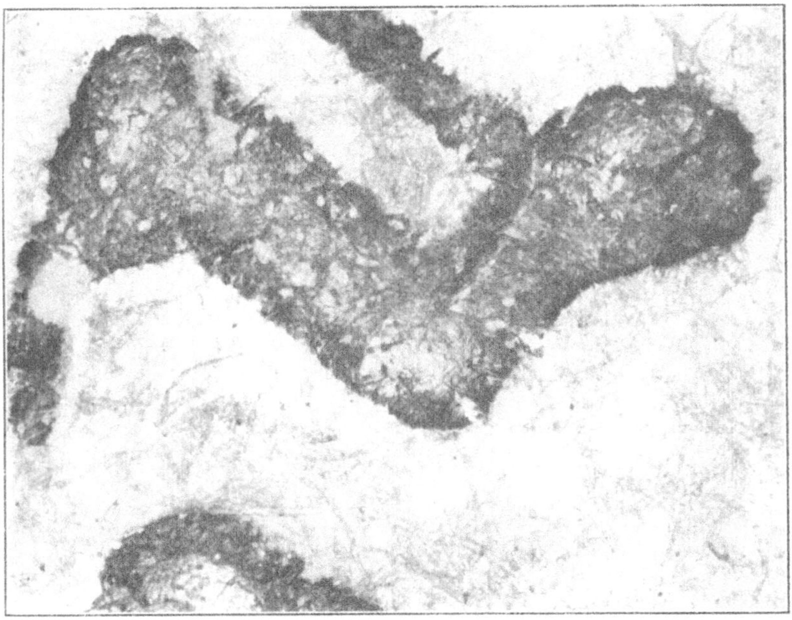

Blauholztinte im durchfallenden Lichte.

Fig. 29.

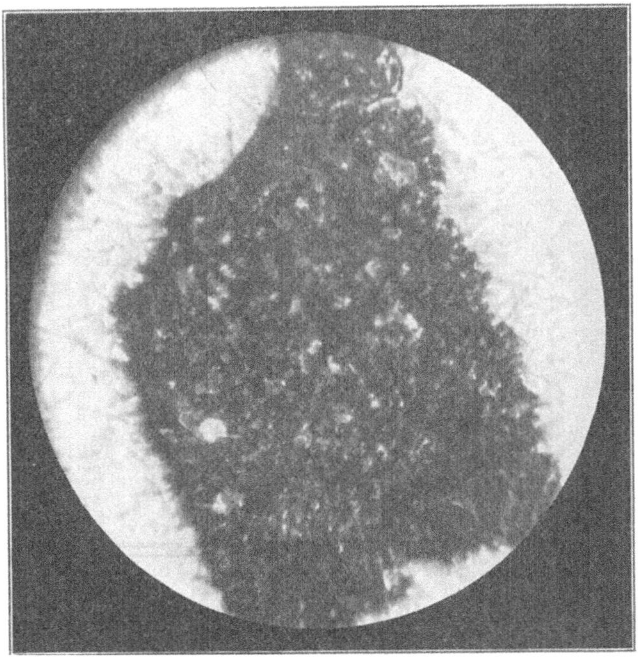

Blauholztinte im auffallenden Lichte in starker Vergrößerung.

Fig. 30.

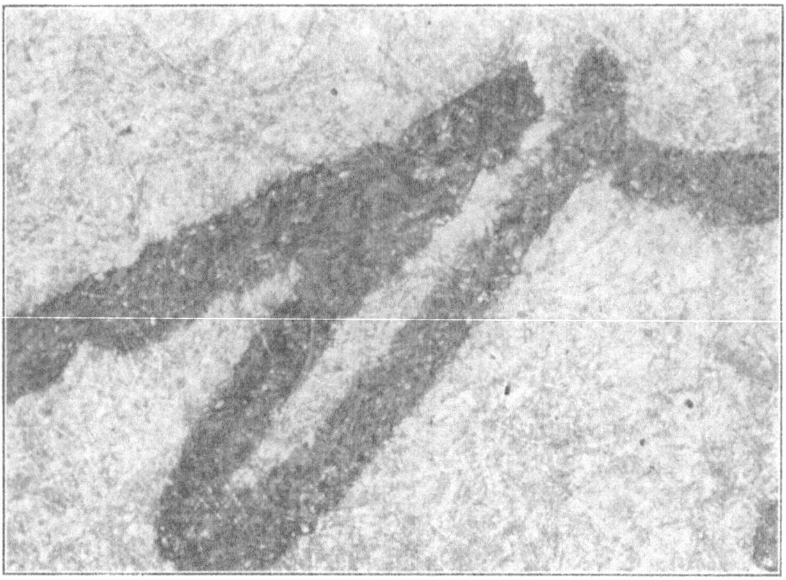

Verblichene Blauholztinte.

Fig. 31.

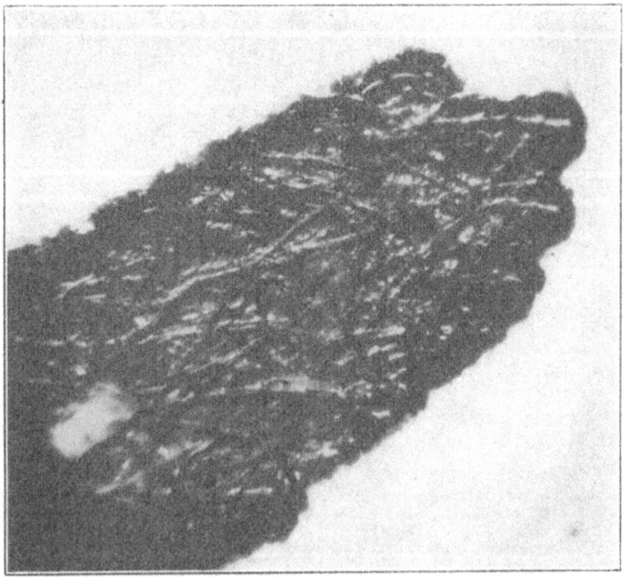

Blauholzkopiertinte in starker Vergrößerung.

Fig. 32.

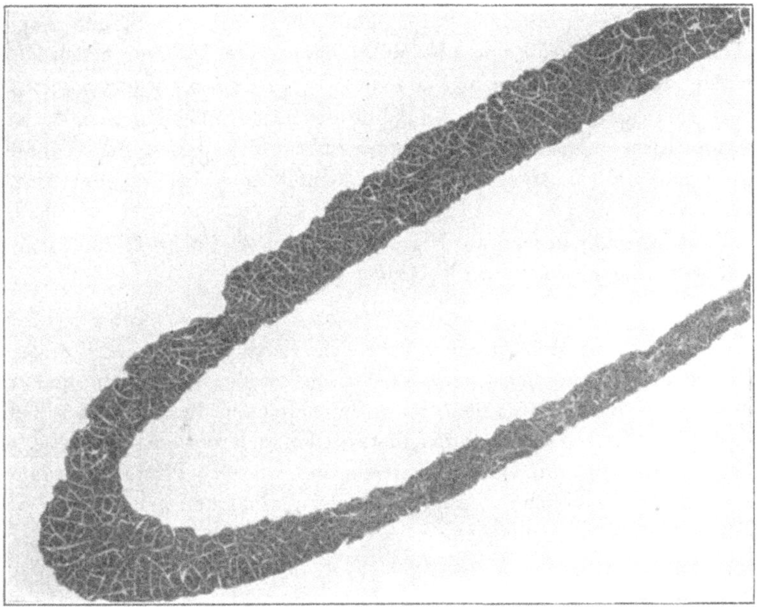

Vanadintinte.

Fig. 33.

Nigrosintinte.

21. Fig. 30 (a. S. 54). Alte, verblichene Schrift einer Blauholztinte; der Tintenkörper schon teilweise zersetzt.

22. Fig. 31 (a. S. 54). Stark glänzende Schrift einer Blauholzkopiertinte; starke Vergrößerung, bei auffallendem Lichte. Durch den Glanz werden die Papierfasern in charakteristischer Weise wiedergegeben.

23. Fig. 32 (a. v. S.). Vanadintinte im auffallenden Lichte; lackartige Risse. Diese mosaikartige Struktur ist jedoch der Vanadintinte nicht allein eigentümlich, sie kommt auch bei anderen Tintenarten vor.

24. Fig. 33 (a. v. S.). Nigrosintinte. Der Farbstoff hat sich in unregelmäßiger Weise an die Ränder gezogen.

Handelt es sich um den Vergleich vieler Reihen und Worte, so wird man zwei möglichst charakteristische Stellen auswählen und von ihnen vergrößerte Aufnahmen im auffallenden und durchfallenden Lichte herstellen. Lassen sich zwei geeignete Stellen finden, die nahe beieinander liegen, so wird man versuchen, beide auf dieselbe Platte zu bringen; ist das nicht möglich, so muß man zwei Aufnahmen genau unter denselben Bedingungen machen.

Finden sich die Änderungen oder Zusätze an demselben Worte oder derselben Zahl, so wird dadurch die Aufgabe vereinfacht, weil alle Verschiedenheiten der Aufnahme, die man auf Platte, Exposition, Beleuchtung, Entwickelung usw. schieben könnte, wegfallen.

Auch der vorsichtigste Fälscher, der die zu einer Änderung zu benutzende Tinte mit aller Sorgfalt prüft, wird fast immer nur mit dem bloßen Auge, höchstens mit der Lupe, kaum je mit dem Mikroskope seine Vorstudien ausführen; man kann daher sehr wohl hoffen, bei der geschilderten mikroskopischen Prüfung auf Unterschiede zu stoßen, die dem Fälscher entgangen sind, selbst wenn er sein Geschäft verstand und mit allem Raffinement vorgegangen ist.

Gewöhnlich sind solche Änderungen und Zusätze mit der Entfernung von Schriftzeichen, sei es auf chemischem oder mechanischem Wege, verbunden, wir werden daher an anderer Stelle noch einmal auf diese Art der Fälschung zurückzukommen haben.

Es kommen jedoch auch oft Fälschungen vor, bei denen nur Zusätze vorgenommen sind, z. B. zwischen dem echten Texte der Urkunde und der Unterschrift, oder es ist ein zweiter Name hinzugefügt oder, was noch häufiger ist, man hat eine Zahl durch Vorsetzen einer Ziffer erhöht, oder endlich man hat eine Zahl durch Anbringung eines Striches, eines Hakens oder dgl. in eine andere verwandelt, z. B. eine 1 in eine 4 oder 7, eine 0 in eine 9 oder 6, eine 3 in eine 8.

Hier leistet das Mikroskop im Vereine mit der Photographie wichtige Dienste, selbst wenn eine sehr ähnliche oder gar dieselbe Tinte verwendet wurde; meist sind diese Fälschungen leicht und sicher nachzuweisen, besonders wenn, wie es gewöhnlich der Fall ist, die Fälschung an die schon getrocknete ursprüngliche Schrift angefügt wurde.

Soll zu einer vorhandenen Ziffer eine Zahl, sei es vorn oder hinten, ohne von vornherein Verdacht zu erwecken, zugesetzt werden, so ist vor allem der richtige Abstand zu treffen. Meist rückt jedoch der Fälscher, besonders wenn genügend Raum vorhanden ist, zu weit ab. Dieser unharmonische Abstand fällt oft schon beim einfachen Betrachten der Schrift auf, ohne daß andererseits selbst exakte Messungen etwas sicheres beweisen könnten, weil man zum Vergleich andere Ziffern heranziehen müßte und zwar möglichst die gleichen, diese aber auf derselben Urkunde — gewöhnlich ist die verdächtige Zahl sogar die einzig vorhandene — nicht vorkommen. Man wäre somit am Ende seiner Kunst angelangt, wenn nicht die Photographie helfend einspränge, denn ein solcher anormaler Zwischenraum wird ganz augenfällig, wenn man die verdächtige Zahl stark vergrößert. Man wirft zunächst zu seiner eigenen Belehrung das Negativ mit dem Scioptikon vergrößert an die Wand, und wenn dadurch der Verdacht bestätigt wird, so stellt man eine Vergrößerung auf Bromsilberpapier für die Akten her.

Für die Vergrößerung benutzt man entweder die Aufnahme, die man gleich zu Beginn der Untersuchung in natürlicher Größe, oder auch die direkt vergrößerten Aufnahmen, die man vielleicht schon zum Erkennen etwa vorhandener Strukturunterschiede hergestellt hatte. Diese Vergrößerungen auf Bromsilberpapier sind jedoch weniger geeignet, selbst starke Strukturunterschiede sichtbar zu machen, dazu ist ihr Korn zu grob und die Zeichnung wird durch die starke Vergrößerung zu sehr auseinandergerissen. Für diesen Zweck ist die direkt vergrößerte Aufnahme unentbehrlich.

Hat der Fälscher eine sehr ähnliche Tinte gegriffen, oder hat ihm gar dieselbe Tinte zur Verfügung gestanden, so daß auf der Photographie weder in Struktur noch in Farbe, d. h. Intensität, ein wesentlicher Unterschied auftritt und bleibt als verdächtiger Umstand nur eine mehr oder weniger auffällige Disharmonie in den Zahlenabständen, so ist der Nachweis der Fälschung problematisch und das Ergebnis kann dem Richter nur zur Verstärkung schon vorhandener Verdachtsmomente dienen; immerhin hat schon mancher Fälscher eingestanden, wenn ihm eine solche Vergrößerung mit auffälligen Abnormitäten vorgewiesen wurde.

Aber zum Glück erfordert solche Fälschung, selbst wenn dieselbe Tinte zur Verfügung stand und obendrein der richtige Abstand getroffen wurde, zur tadellosen Vollendung doch noch immer eine nur selten vorkommende Geschicklichkeit und Überlegung. Wenn man ein Schriftstück fließend niederschreibt, so taucht man gewöhnlich die Feder tief in die Tinte ein, und schreibt damit so lange, wie die Tinte vorhält. Naturgemäß nimmt mit der Tinte die Intensität der Schrift allmählich ab, und wenn sie zu hell zu werden beginnt, so taucht man die Feder wieder ein. Daraus folgt, daß nahe beieinanderstehende Buchstaben oder Zahlen annähernd dieselbe Intensität aufweisen müssen, höchstens in der Schreibrichtung also von links nach rechts allmählich abnehmend, bis mit einem Sprunge wieder stärkere Schrift einsetzt.

Auf jeden Fall muß daher der Fälscher die hinzuzufügende Ziffer mit ihrer Umgebung auf das genaueste in Harmonie bringen; das ist gewöhnlich sehr schwer, um so schwerer, je weniger stark die vorhandenen Schriftzüge geschrieben sind.

Der erfahrene Fälscher, aber nicht jeder, der fälscht, hat darin Erfahrung, wird daher eine Änderung nicht mit voller Feder vornehmen, er wird vielmehr zuerst auf einem anderen Stück Papier so lange die zu fälschende Zahl üben, bis sie ihm die gleiche Intensität wie die Nach-

Fig. 34.

Rasur, Übermalung und Hinzufügung einer Ziffer.

barschaft zu haben scheint, dann erst wird er sie einfügen. Frisch geschriebene Schrift sieht aber immer, besonders bei den modernen Gallustinten, etwas anders aus als nach dem Trocknen und daher ist es verständlich, daß auch der Geübte die richtige Intensität nur selten genau treffen wird.

Er wird dann zu einem Mittel greifen, das ihn unfehlbar dem Verderben entgegenführt, nämlich durch Überfahren der Schrift, auch der echten, die fehlende Harmonie herzustellen versuchen. Für das Auge gelingt das manchmal, aber dem Mikroskop und der vergrößerten photographischen Aufnahme hält keine dieser Fälschungen stand. Um sie zu entdecken, braucht es bei Anwendung dieser Hilfsmittel nicht einmal besonderer Kunst; sie treten ganz von selbst zutage.

Die beigegebene Abbildung (Fig. 34) zeigt die so hergestellte Fälschung einer Quittung; sie bedarf kaum einer Erläuterung. Die ursprüngliche Zahl 25 ist in eine 520 umgewandelt worden, und zwar nicht in 525, was leichter gewesen wäre, sondern in 520, um auch die Abänderung der in Worten gegebenen Zahl zu erleichtern. Diese zweite Abänderung

Fig. 35.

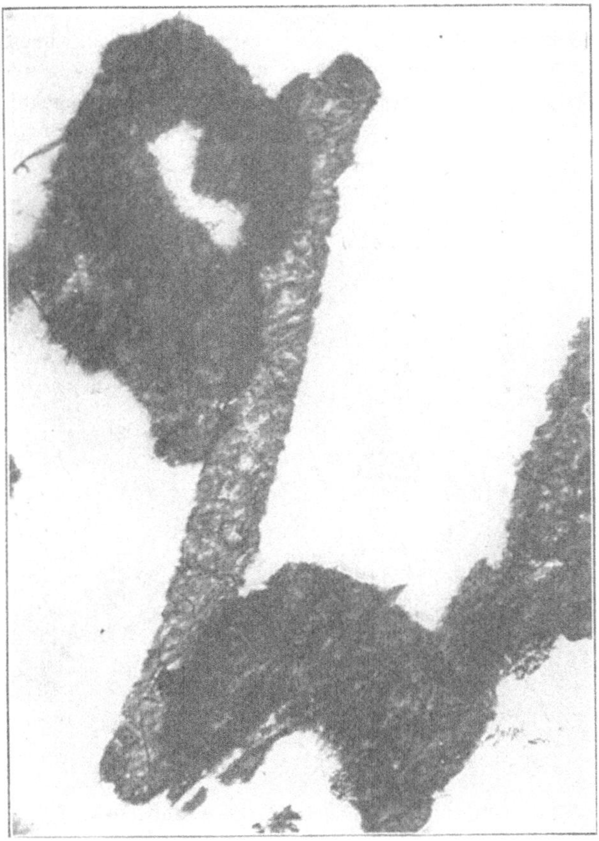

Umwandlung einer 1 in eine 2, im durchfallenden Lichte.

war in der Tat durchaus gelungen und wurde erst durch die gefälschte Ziffer offenbar. Der Fälscher hatte mit derselben Tinte gearbeitet, trotzdem erkennt man deutlich die ursprüngliche 5 in der 0 und man sieht, wie die 2 noch einmal mit Tinte überfahren ist. Die Abbildung gibt uns gleichzeitig ein Beispiel, wie schwer der richtige Abstand einer hinzuzufügenden Ziffer zu treffen ist; auf der Vergrößerung sieht man auf den ersten Blick, daß die 5 viel zu weit von der 2 entfernt liegt.

Nicht minder oft wird die Abänderung einer vorhandenen Ziffer durch Hinzufügung eines Striches oder Häkchens versucht, gewöhnlich um eine höherwertige Zahl zu erzeugen. Hier ist es noch ein anderer Umstand, der die Entdeckung selbst der geschicktesten Fälschung erleichtert und der fast niemals von dem Fälscher berücksichtigt wird.

Wenn man beispielsweise eine 4 schreibt, gleichgültig, ob man erst den Strich der 1 oder den Haken ∠ der 4 schreibt, so fließt die frische Tinte an der Kreuzungsstelle ineinander und es ist nicht immer mit Sicherheit festzustellen, welcher Teil zuerst geschrieben wurde. Anders wenn der eine Teil schon getrocknet war, dann sieht man deutlich den wagerechten Strich auf dem senkrechten liegen oder umgekehrt.

Fig. 36.

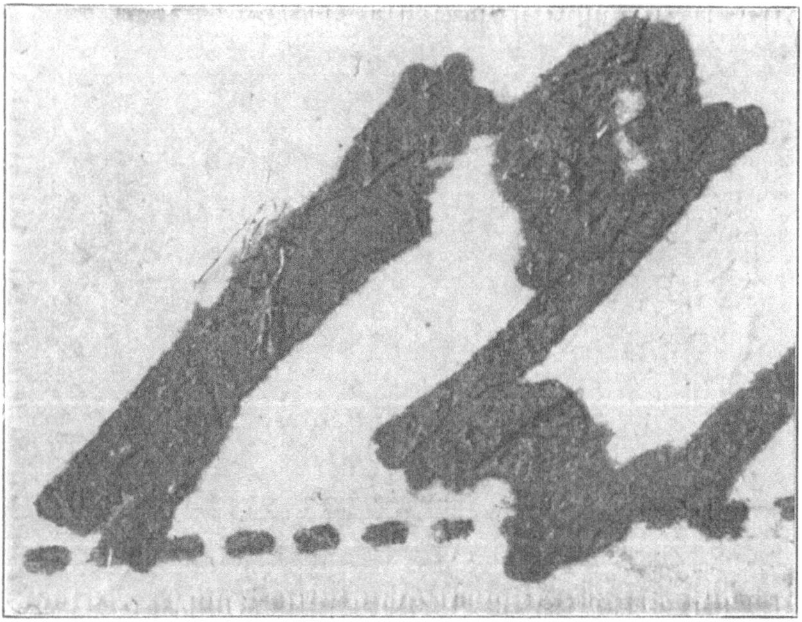

Umwandlung einer 1 in eine 2, im auffallenden Lichte.

Wir werden später sehen, von welcher Wichtigkeit dieser Umstand ist, wenn es sich darum handelt, festzustellen, welches von sich kreuzenden Schriftzeichen zuerst geschrieben wurde, hier genügt es, darauf hinzuweisen, daß er auch fast immer mit Deutlichkeit einen später gemachten Zusatz zu erkennen gestattet. Es ist dabei nicht einmal nötig, daß sich die Zeichen durchschneiden, es genügt schon, wenn sie sich berühren, berühren sie sich aber nicht, was manchmal erst bei starker Vergrößerung erkennbar wird, dann ist die Fälschung erst recht offenbar, denn kein Mensch schreibt eine einzelne Ziffer kaum je in Absätzen, etwa eine 7 in der Weise ⁊/.

Die beigegebene Abbildung (Fig. 35 a. S. 59) zeigt die Umwandlung einer 1 in eine 2 im durchfallenden Lichte; man sieht den hinzugefügten Kopf der 2 deutlich umgrenzt auf der 1 liegen und ebenso ist es mit dem angesetzten Schwanz.

Fig. 36 zeigt dieselbe Fälschung im auffallenden Lichte. Wenn auch weniger deutlich, sind doch die Zusätze schon durch die starke Vergrößerung allein erkennbar.

In allen diesen Fällen läßt sich die Fälschung immer so deutlich vor Augen führen, daß man von einer nachträglichen chemischen Prüfung, wie sie nunmehr beschrieben werden soll, absehen kann. Diese ist meist nicht nur überflüssig, sondern sogar schädlich, denn fällt sie positiv aus, d. h. läßt sich auch wirklich eine Verschiedenheit der benutzten Tinten feststellen, so wird dadurch nichts Neues erwiesen; fällt sie aber negativ aus, d. h. zeigen die Tinten gleiche Reaktionen, so kann in die an sich schon sichere Feststellung scheinbar eine nicht vorhandene Unsicherheit hineingetragen werden.

Die chemische Prüfung.

Wie schon erwähnt, rechnen wir zur chemischen Prüfung jede Operation, mit der eine Veränderung der Urkunde verbunden ist oder sein kann. Man wendet sie daher nur dann an, wenn mit der physikalischen Untersuchung eine sichere Entscheidung nicht getroffen werden konnte und immer nur auf bestimmte Anordnung oder nach ausdrücklicher Zustimmung des Auftraggebers. Man beginnt mit den Prüfungen, die voraussichtlich die geringste Änderung oder gar Beschädigung des Schriftstücks verursachen werden.

Verhalten gegen Wasser und Kopierfähigkeit mit Wasser oder verdünnter Salzsäure.

Bestehen die zu vergleichenden Schriften aus mehreren Zeilen oder wenigstens einigen Worten, so daß die Gefahr, das Objekt wesentlich zu verändern oder zu beschädigen, nicht vorliegt, so bringt man auf zwei, in Dicke der Schrift möglichst ähnliche Stellen je eine Spur reinen Wassers. Dazu, ebenso wie zum Aufbringen der später noch zu benennenden Chemikalien benutzt man einen zu einer Spitze ausgezogenen Glasstab oder einen Stift aus Achat, wie sie zum Durchpausen von Schriften üblich sind. Auch kapillar ausgezogene Glasröhrchen und endlich sorgfältig geschnittene Gänsefedern eignen sich sehr gut.

Nachdem man die Flüssigkeit aufgebracht hat, beobachtet man mit der Lupe oder mit dem Mikroskop unter schwacher Vergrößerung.

In den meisten Fällen wird keine Veränderung eintreten, denn einige Tage alte Schrift einigermaßen guter Tinte beliebiger Art ist wasserbeständig. Nur Kopiertinten geben auch nach langer Zeit noch

Farbstoff ab, der sich allmählich löst und in den Wassertropfen diffundiert. Tritt die Erscheinung bei der einen Schrift deutlich ein, bei der andern nicht, so weist das schon mit einiger Sicherheit auf verschiedene Tinte oder es deutet an, daß die eine Schrift sehr frisch niedergeschrieben ist, oder wenn es sich um Kopiertinte handelt, daß die eine kopiert wurde, die andere nicht.

Die in den Tinten enthaltenen Farbstoffe werden zum Teil von der Papierfaser fixiert derart, daß selbst eben niedergeschriebene Schrift, sogar solche eines reinen Farbstoffs, nicht mehr ganz mit Wasser auszuwaschen ist. Offenbar wirken die dem Papier zugesetzten Leimsubstanzen und Beschwerungsmittel als Beizen, zum Teil wirkt aber auch die Zellulose selbst, denn reines Fließpapier hält ebenfalls etwas Farbstoff zurück. Endlich wird in der Tinte auch der Farbstoff durch das abgeschiedene Eisensalz geschützt, denn löst man davon durch kurzes Betupfen mit Säure etwas auf, so geht nunmehr mit Wasser von neuem Farbstoff in Lösung, aber auch so kann er nicht vollständig gelöst und entfernt werden.

Wenn sich bei der Behandlung mit reinem Wasser irgend ein, wenn auch geringfügiger Unterschied ergeben hat, so wird man das ganze Schriftstück in der Presse kopieren.

Die Technik des Kopierens setzen wir als bekannt voraus, nur wollen wir darauf aufmerksam machen, daß man das angenäßte Seidenpapier mit Fließpapier gut wieder abdrücken muß, um ihm die überschüssige Feuchtigkeit zu nehmen; die Schrift kann sonst auslaufen oder verschmieren. Das Kopierbuch wird in der Presse möglichst stark zusammengedrückt und mindestens fünf Minuten unter Druck belassen.

Unter Umständen gibt die Kopie wesentliche Aufschlüsse, nämlich wenn die eine Schrift deutlich, die andere gar nicht kopiert hat, wenn z. B. bei einer kleinen Änderung etwa einer Zahl oder eines Wortes gerade die vermutete Änderung scharf kopiert ist, alles übrige aber nicht. Man kann in solchem Falle mit einiger Bestimmtheit auf Verschiedenheit der Tinte und folglich nach Sachverhalt auf eine Fälschung schließen.

Wenn jedoch beide Schriften kopiert haben, sei es auch die eine im allgemeinen schwächer als die andere, so vergleiche man genau die kopierten Worte, man wird dann fast immer finden, daß es die am stärksten geschriebenen Zeichen sind, die sich am deutlichsten abgedrückt haben und daß vielleicht die eine Schrift im allgemeinen dicker oder mit vollerer Feder geschrieben wurde; jeder Schluß auf Verschiedenheit der Tinte wäre verfehlt.

Hat das Kopieren mit Wasser gar keinen oder nur Spuren eines Abdrucks gegeben, so kann man das Verfahren wiederholen, wenn man statt Wasser 1 proz. Salzsäure anwendet. Die meisten Schriften geben hierbei, wenn auch mehr oder weniger mangelhafte, Abdrücke, es ist daher hier noch mißlicher als bei reinem Wasser, von einer geringen

Verschiedenheit des Abklatsches auf eine Verschiedenheit der Tinten zu schließen. Nur bei ganz schroffen Unterschieden zwischen einzelnen verdächtigen Stellen und der übrigen Schrift ist man berechtigt, Schlüsse zu ziehen, die, wenn sie mit anderen Beobachtungen im Einklange stehen, vielleicht zur Bestätigung mit herangezogen werden können.

Um das mit Salzsäure kopierte Schriftstück wieder von der Säure zu befreien und um einer möglichen Beschädigung vorzubeugen, zieht man das Papier erst durch ganz schwach ammoniakalisches Wasser und läst es dann einige Zeit auf reinem Wasser schwimmen. Es wird dann durch Abpressen zwischen reinem Fließpapier getrocknet.

An Stelle von Salzsäure findet man in der Literatur auch Flüssigkeiten anderer, oft wagehalsiger Zusammensetzung zum Kopieren alter Schriften angegeben, z. B. von Rogers[1]). Vor allen diesen sei der Gerichtschemiker gewarnt, weil er damit in das Schriftstück Substanzen bringen kann, die sich ohne Schädigung des Papiers nicht wieder entfernen lassen. Im übrigen haben sie sämtlich keine bessere, meist sogar schlechtere Wirkung, als die verdünnte Salzsäure, selbst wenn sie, wie die eben angegebene Mischung, patentiert sind.

Verhalten gegen Chemikalien.

Den Erscheinungen und Unterschieden, die an Schriftzügen durch Betupfen mit gewissen Chemikalien hervorgerufen werden, wird gewöhnlich vom Richter und Sachverständigen ein übergroßer Wert beigelegt. Man findet daher in den einschlägigen Lehrbüchern die Reaktionen, die die verschiedensten Reagenzien mit den verschiedenen Tinten geben sollen, meist in Tabellen, wie sie in der analytischen Chemie üblich sind, zusammengestellt.

Das erweckt den Anschein, als ob mit derselben Sicherheit und Zuverlässigkeit, mit der die verschiedenen chemischen Stoffe an den ihnen eigentümlichen Reaktionen erkannt und unterschieden werden, auch an Schriftproben Beschaffenheit und Natur der Tinten erkannt werden könnte.

Das ist nicht der Fall, im Gegenteil, Tinten ganz ähnlicher Art und Beschaffenheit können mit demselben Reagens ein deutlich verschiedenes Verhalten in der Färbung, auf die es hauptsächlich ankommt, zeigen, während Tinten ganz verschiedener Art dieselben Reaktionen geben. Außerdem sind manche dieser Färbungen ephemer, verändern sich schnell, und werden daher von verschiedenen Beobachtern verschieden wahrgenommen und beschrieben. Diese Reaktionen sollen sogar noch nach Tagen und Wochen fortschreiten[2]) und sich weiter entwickeln können.

Hieraus folgt, daß auch die viel gepriesenen und oft als einzig ausschlaggebend angesehenen chemischen Reaktionen durchaus nicht

---

1) Pharmazeutische Zentralhalle 1888, S. 192, s. a. S. 97.
2) Thomsen, Zeitschrift für analytische Chemie **21**, 624.

immer zu einwandfreien Resultaten, wohl aber manchmal zu schwerwiegenden Irrtümern führen können.

Ebenso wie die physikalischen Prüfungen, sind sie für sich allein nur in seltenen Fällen ganz zweifelfrei, sie werden jedoch, einander ergänzend, zusammen mit jenen zumal in schwierigen Fällen das Endergebnis bestätigen und festigen und die letzten etwa noch vorhandenen Zweifel aufheben oder verstärken können.

Aus allen diesen Gründen nehmen wir daher auch davon Abstand, eine der üblichen Tabellen hier abzudrucken, denn für den Juristen haben sie keinen Zweck, sie könnten ihn höchstens verleiten, selbst Prüfungen vorzunehmen, der Chemiker aber, der sich mit solchen Untersuchungen befassen will, muß die Reaktionen durch eigene Anschauung genau kennen lernen, an Tinten der verschiedensten Art bekannter Zusammensetzung, solchen des Handels und solchen eigener Herstellung. Dann mag er wohl seine Resultate für sich selbst tabellarisch ordnen.

Ein großer Teil der angepriesenen Reagenzien ist überflüssig, weil sie mit keiner Tinte charakteristische, sondern nur dem allgemeinen chemischen Charakter entsprechende Erscheinungen geben.

Die gebräuchlichsten Reagenzien sind entweder Säuren oder Basen oder Bleichmittel.

Die sauren Reagenzien.

Alle Säuren und dazu rechnen wir auch die nur mit Säure in Lösung zu bringenden Salze, z. B. Zinnchlorür, wirken gleich, die organischen Oxal-, Wein- und Zitronensäure im allgemeinen schwächer und langsamer, die anorganischen Salz-, Schwefel- und Salpetersäure energischer. Die mit Säure entstehenden Färbungen zeigen jedoch selbst bei der gleichen Tinte manchmal in der Nuance geringfügige Unterschiede, so daß man daraus nicht immer auf verschiedene Tinten mit Sicherheit schließen darf. Noch viel weniger aber von gleicher Färbung auf gleiche Tinte, weil zahllose Tinten ähnlicher Zusammensetzung und doch verschiedener Herkunft existieren, die dieselben oder ähnliche Reaktionen geben. Wichtig ist zuweilen das Verhalten gegen konzentrierte Salpetersäure, die sonst ähnliche Farbstoffe in verschiedener Weise oxydiert.

Das in der Schrift abgeschiedene gerb- oder gallussaure Eisen ist in Säure löslich. Wenn daher die Schrift einer Gallustinte mit einer Säure betupft wird, so wird sie, wenn es sich um eine Tinte alter Art, also ohne Farbstoffzusatz handelt, verschwinden, vielleicht etwas langsamer oder schneller, je nach der Natur der Säure oder der Dicke und dem Alter des Schriftzuges, vielleicht eine gelbliche Färbung zurücklassend, wenn die Tinte sehr eisenreich ist, zumal bei Salz- und Salpetersäure. Die Erscheinungen sind also nicht qualitativ, sondern quantitativ verschieden und die Unterschiede hängen nicht nur von der Beschaffenheit der Tinte, sondern auch von der in einzelnen Schriftzügen wechselnden Konzentration und anderen Umständen ab.

Liegt eine Gallustinte moderner Art, d. h. mit Farbstoff vor, so wird dieser, da er der Natur der Sache nach säurebeständig sein muß, beim Betupfen mit Säure, die das den Farbstoff verdeckende Eisengallat löst, wieder zum Vorschein kommen. Die Schrift wird daher beim Betupfen mit Säure je nach dem zugesetzten Farbstoff blau, rot, grün oder violett werden. Die grünen Farbstoffe sind gegen starke Mineralsäuren weniger beständig und gehen in Gelb über. Am energischsten wirkt Salpetersäure, am schwächsten schweflige Säure, bei der ersten kann die oxydierende, bei der anderen die reduzierende Eigenschaft von Bedeutung sein.

In ähnlicher Weise, wie die Gallustinten moderner Art, werden die Blauholztinten (Kaisertinten) von Säuren verändert, sie werden rot bis rotviolett gefärbt in Tönen, die auch manchen den Gallustinten zugesetzten Farbstoffen eigentümlich sind und daher auch bei Gallustinten in genau derselben Weise vorkommen. Man sieht, daß man in die Versuchung kommen kann, sogar Tinten verschiedener Gattung für identisch zu halten.

Im allgemeinen ist jedoch Kaisertinte gegen Säuren beständiger als Gallustinte. Das zeigt sich besonders auch gegenüber verdünnter Schwefelsäure. Während bei Gallustinten die zugesetzten Farbstoffe alsbald auslaufen, ebenso wie bei Salzsäure, tritt das bei Kaisertinte nicht oder doch weniger deutlich und langsamer ein. Läßt man die Säure längere Zeit auf der Schrift stehen, so verblaßt Eisengallustinte immer mehr, auch wenn der Farbstoff nicht ganz verschwindet, Kaisertinte dagegen verblaßt nur wenig, die rote oder blauviolette Färbung bleibt bestehen. Es gibt sogar Kaisertinten, die sich selbst bei langer Berührung mit Säure überhaupt nicht verändern, das unterscheidet sie sicher von allen Gallustinten, dagegen kann Verwechslung mit Nigrosintinte vorkommen.

Die Nigrosintinte, die man in der Schrift ihren physikalischen Eigenschaften nach mit Gallustinte verwechseln könnte, ist durch ihre Beständigkeit gegen Säuren gekennzeichnet. Die selten verwendete, schon durch ihr Aussehen auffallende Vanadintinte wird mit Salzsäure gelbgrün.

Liegen die zu vergleichenden Schriftzüge dicht nebeneinander, so daß man sie schnell abwechselnd unter das Objektiv schieben kann, so benutzt man am besten das Mikroskop, liegen sie aber weit voneinander oder gar auf verschiedenen Schriftstücken, so ist die Lupe vorzuziehen, aber zum Schluß sind die bewirkten Veränderungen noch mit dem Mikroskope nachzuprüfen, um etwa auftretende Eigentümlichkeiten in der Struktur sicher zu erkennen.

Immer ist nach beendeter Beobachtung die Säure mit etwas Fließpapier vorsichtig wegzunehmen, dann mit einem Tropfen Wasser zu waschen, wieder mit Fließpapier abzudrücken und endlich mit einem Tropfen verdünnten Ammoniak zu neutralisieren. Die Wirkung des

Ammoniaks ist ebenfalls mit der Lupe oder dem Mikroskope zu beobachten, denn sein Verhalten ist oft besonders geeignet, Gallus- von Blauholztinten zu unterscheiden, besonders wenn die ersten mit roten Farbstoffen versetzt sind und sich daher den Blauholztinten ähnlich verhalten. Hier, wie bei allen chemischen Einwirkungen überhaupt, ist es nötig, die beschädigten Stellen auf dem Schriftstücke mit Bleistift zu numerieren und auf einer besonderen Liste unter der entsprechenden Nummer die vorgenommene Behandlung zu beschreiben.

Während die den Gallustinten zugesetzten Säurefarbstoffe mit Ammoniak meist eine braune Färbung annehmen, erhält der durch Säure gerötete Blauholzfarbstoff seine ursprüngliche Färbung zurück, indem er sich wieder mit dem zurückgebliebenen Chromsalz verbindet und die Schrift regeneriert.

Die Kaisertinte und Gallustinte mit rotem Farbstoff oder Farbstoffgemisch, z. B. Rot und Blau, die beide mit Salzsäure rotviolett werden und mit Ammon eine dunkle Färbung annehmen, kann man oft nur unter dem Mikroskop unterscheiden, dadurch, daß die Farbe bei der Kaisertinte blauviolett, wie ursprünglich, bei der Gallustinte aber mehr braun erscheint.

Wenn man die mit Ammon regenerierte Schrift von neuem mit Salzsäure behandelt, so wechselt die Kaisertinte wieder die Farbe wie vorher, die Gallustinte dagegen wird mehr grünlich. Wiederholt man dasselbe Spiel, indem man nun wieder mit Salzsäure beginnt, so werden die Schriftzüge immer schwächer, wenn es auch kaum gelingt, sie vollständig zum Verschwinden zu bringen.

Ersetzt man schließlich das Ammoniak durch Gerbsäure, so bleibt Kaisertinte unverändert, Gallustinte wird dagegen wieder schwarz mehr oder minder, je nachdem man länger oder weniger lange die Säure einwirken ließ. Hat man aber das Verfahren mit Säure und Ammon sehr oft wiederholt, so wird die fast verschwundene Schrift zuletzt kaum noch durch Gerbsäure verstärkt, da das Eisen bis auf Spuren entfernt ist, trotzdem bleibt die Schrift nach dem Trocknen immer noch deutlich lesbar. Die Kaisertinten werden bei der abwechselnden Behandlung mit Säure und Ammoniak zwar heller, sie behalten aber mehr den Charakter der Tintenschrift.

Ebenfalls zu den sauren ist ein Reagens zu rechnen, das oft empfohlen wird und manchmal brauchbar ist, nämlich Ferrocyankalium und Salzsäure. Seine Wirkung beruht darauf, daß die Säure in den Gallustinten zunächst das Eisengallat zerstört und nun das gelöste Eisenoxyd mit dem Ferrocyankalium Berliner Blau bildet.

Auf Kaisertinten wirkt, wenn sie eisenfrei sind, nur die Salzsäure des Reagenzes ein, enthalten sie Kupfer, so kann durch Bildung des roten Ferrocyankupfers die entstehende Rotfärbung in ihrer Nuance modifiziert werden.

Gallustinten von alter Art werden daher rein blau, ebenso solche moderner Art, die einen blauen Farbstoff enthalten. Andere Farbstoffe, auch Farbstoffgemische, können die Blaufärbung anfangs mehr oder weniger verdecken, indem sie Mischfarben geben, schließlich wird die Schrift aber immer blau, selten ins Violette spielend. Ein Teil des Farbstoffs geht manchmal in den aufgesetzten Tropfen über.

Kaisertinte wird mit Ferrocyankalium und Salzsäure je nach ihrer Natur rot bis rotviolett oder bleibt fast unverändert. Wie der Gehalt der Tinte an Kupfer wirkt, ist schon erwähnt. Ist die Tinte jedoch eisenhaltig, so wird die Schrift blau. Diese Blaufärbung verschwindet mit Ammoniak und die Schrift nimmt ihr ursprüngliches Aussehen wieder an, während die mit dem Reagens blau gefärbten Gallustinten mit Ammoniak rostbraun werden.

Die Reaktion kann manchmal dazu dienen, eine eisenhaltige Chromtinte von einer eisenfreien zu unterscheiden und dadurch möglich machen, Schriften als von verschiedenen Blauholztinten herrührend zu erkennen. Man muß jedoch in Betracht ziehen, daß die sauren Tinten aus der Stahlfeder Eisen aufnehmen, namentlich wenn die Tinte einmal auf der Feder eingetrocknet war, so daß man dann auch mit ursprünglich eisenfreien Tinten die Eisenreaktion bekommen kann.

Wolframtinte, Nigrosintinte und Vanadintinte bleiben mit Ferrocyankalium und Salzsäure unverändert.

Die alkalischen Reagenzien.

Von diesen kommen nur Natronlauge und Ammoniak in Betracht. Man benutzt 4 proz. Natronlauge, tropft mit spitzem Glasstab oder Kapillarröhrchen auf, beobachtet mit Lupe oder Mikroskop, neutralisiert mit Salzsäure in derselben Weise, beobachtet wieder und behandelt schließlich noch ebenso mit Ammoniak.

Eisengallustinte alter Art wird sofort rostbraun, die so braun gefärbte Schrift wird von Salzsäure schneller aufgelöst, als die nicht vorher mit Natronlauge behandelte. Ammoniak wirkt wie Natronlauge, nur etwas weniger energisch. Eisengallustinte moderner Art zeigt verschiedenes Verhalten je nach der Natur des zugesetzten Farbstoffs. Das vielgebrauchte Phenolblau (Wasserblau) wird mit Alkali, auch mit Ammoniak braun, ähnlich wie ungefärbte Gallustinte alter Art. Man kann beide aber dadurch unterscheiden, daß bei der ersten der braune Farbstoff in die Flüssigkeit geht. Tupft man das Alkali ab, und setzt einen Tropfen Salzsäure auf, so wird die Schrift rein blau, da der Farbstoff regeneriert, das Eisentannat aber aufgelöst wird, auch das Papier, soweit es vom Alkali benetzt war, wird bläulich.

Die mit roten Farbstoffen versetzten Tinten zeigen beim Betupfen mit Alkali im ersten Augenblick ganz vorübergehend rote Färbung, dann werden sie braun wie gewöhnliche Eisengallustinte, mit Salzsäure wird die Schrift nur rein rot, da sich der Farbstoff zurückbildet, das Eisensalz aber in Lösung geht, mit Ammoniak wird die Schrift bräunlich.

Alizarintinte (Indigokarmin) wird mit Alkali oder Ammon braun, dann mit Salzsäure zeisiggrün. Vanadintinte wird mit Kalilauge gelbbraun, verblaßt darauf mit Salzsäure und wird mit Ammoniak wieder dunkler.

Bei Gallustinten mit Farbstoffgemischen wird die Schrift zunächst braun wie gewöhnlich, auf Zusatz von Salzsäure entsteht eine entsprechende Mischfarbe, wobei sich rot am deutlichsten bemerkbar macht. Manchmal kann man sogar die verschiedenen Farbstoffe nebeneinander erkennen, z. B. zeigt rote oder rotviolett gewordene Schrift einen blauen Rand, wenn Phenolblau vorhanden war. Beim Betupfen mit Ammoniak wird die Schrift braun.

Die Schrift der Kaisertinten wird mit Natronlauge ebenfalls braun, wenn sie, was selten ist, Eisen und nur wenig Farbstoff enthält. Ist sie, wie gewöhnlich, eisenfrei, so wird sie deutlicher blau und verblaßt allmählich, ist viel Farbstoff vorhanden, wie bei Kopiertinten, so diffundiert er blauviolett in den Tropfen. Nach dem Abtupfen wird die Schrift immer rot bis rotviolett und nimmt nun, mit Ammoniak behandelt, die ursprüngliche Färbung, wenn auch stark verblaßt, wieder an.

Die seltene Wolframtinte, der meist Blauholzextrakt zugesetzt wird, verhält sich dementsprechend gegen Alkali, Salzsäure und Ammoniak wie eisenhaltige Kaisertinte, d. h. sie wird mit Alkali braun, mit Salzsäure rotviolett und erhält mit Ammoniak die ursprüngliche Färbung wieder.

Der oft empfohlene Zusatz von Glyzerin (20 Proz.) zu der 4 proz. Natronlauge verlangsamt die geschilderten Reaktionen und erleichtert daher die Beobachtung, auch diffundiert weniger Farbstoff in das Papier. Wir ziehen trotzdem reine Natronlauge vor, weil die Reaktionen schärfer sind, außerdem treten manche charakteristische Nebenerscheinungen, z. B. der blaue Rand der Schrift, wenn die Tinte neben rotem Farbstoff auch Phenolblau enthielt, deutlicher auf.

Die Bleichmittel.

Als Bleichmittel werden vorgeschlagen und verwendet: Chlorwasser, klar filtrierte Chlorkalklösung und die unterchlorigsauren Alkalien, Eau de Javelle und Eau de Labarraque. Auf die Konzentration kommt es weniger an, doch empfiehlt es sich, die Lösungen nicht zu konzentriert zu nehmen, um den Verlauf nicht zu sehr zu beschleunigen.

Chlorwasser ist wegen des nicht zu vermeidenden Salzsäuregehaltes sauer, die übrigen alkalisch, die Reagenzien werden daher neben der bleichenden auch die Wirkung der Säuren oder Alkalien zeigen.

Gallustinte alter Art. Chlorwasser wirkt kaum ein, allmählich verbleicht die Schrift, weil die stets vorhandene Salzsäure das Eisentannat auflöst. Chlorkalklösung wirkt ebenfalls schwach bleichend, gleichzeitig wird durch das Alkali die Schrift allmählich gelbbraun. Die unterchlorigsauren Alkalien wirken ebenso, vielleicht etwas energischer.

Gallustinte moderner Art. Hier kommt neben der Wirkung auf das Eisentannat der zugesetzte Farbstoff zur Geltung.

Tinten, die Phenolblau, Wasserblau oder ähnliche Farbstoffe enthalten, werden durch Chlorwasser erst blau, zumal die dünnen Schriftzüge, dann tritt unter Bräunung allmähliches Verbleichen ein. Bei starken Schriftzügen beobachtet man das Blau nur vorübergehend an den Rändern, dann diffundiert der Farbstoff braungelb in die Flüssigkeit, die Schrift wird allmählich schwächer bis blaßgelb. Die alkalischen Flüssigkeiten wirken ähnlich, nur diffundiert der Farbstoff kaum.

Schriftzüge von Alizarintinte (Indigokarmin) verbleichen mit Chlorwasser anfangs bläulich, dann allmählich zeisiggrün, wahrscheinlich durch gelöstes Eisenoxyd. Die alkalischen Flüssigkeiten bleichen die Schrift zuerst, dann wird sie braun.

Tinten mit roten Farbstoffen werden mit Chlorwasser zunächst deutlich rot, dann verbleichen sie; die Schrift hinterbleibt schwach gelblich. Die alkalischen Flüssigkeiten wirken ähnlich, die Schrift wird dann aber braun, allmählich schwächer und hinterbleibt braungelb.

Sind den Tinten verschiedene Farbstoffe zugesetzt, so erhält man mit Chlorwasser erst Mischfarben, das Endergebnis ist aber mit diesem und den alkalischen Flüssigkeiten dasselbe. Schwarze Farbstoffe, z. B. Naphtolschwarz, werden mit Chlorwasser sofort gelbbraun, mit den alkalischen Flüssigkeiten braunschwarz, die Schriftzüge werden gelb bis braungelb.

Die Kaisertinten, saure wie alkalische, werden mit Chlorwasser sofort entfärbt, die Schrift verschwindet schließlich ganz. Die alkalischen Flüssigkeiten wirken ebenso, nur im allgemeinen etwas langsamer.

Schriftzüge von Nigrosintinte werden mit den Bleichmitteln erst schmutzigbraun, dann verschwinden sie; bei den alkalischen Flüssigkeiten etwas langsamer. Ganz ähnlich Vanadintinte, nur anfangs deutlicher braun. Bei Wolframtinte lösen die Bleichmittel erst violetten Farbstoff, dann werden die Schriftzüge allmählich bräunlich und verblassen.

Von den sonst vorgeschlagenen Reagenzien, wie Zinnchlorür, Natriumthiosulfat und Ammoniak, Goldchlorid, Jodsäurelösung, ammoniakalisches Wasserstoffsuperoxyd u. a. m., kann abgesehen werden; nach unseren Erfahrungen gibt keins von ihnen mit irgend einer der gebräuchlichen Tinten besonders charakteristische Erscheinungen.

Überblickt man noch einmal die beschriebenen chemischen Reaktionen, so wird man zur Überzeugung gelangen, daß sie zu kompliziert sind, um sich in einfache Tabellen übersichtlich zusammenstellen zu lassen. Überhaupt ist nur bei großer Erfahrung eine Täuschung durch ähnliche Reaktionen nicht zu befürchten. Wenn sehr eklatante Unterschiede auftreten, wird man zwar mit Sicherheit verschiedene Tinten unterscheiden, niemals aber mit gleicher Sicherheit die Gleichheit zweier Tinten behaupten können, zumal wenn, was meistens der Fall ist, nur wenige Schriftzüge für diese Reaktionen zur Verfügung stehen.

Wir selbst greifen zu diesen chemischen Hilfsmitteln gewöhnlich nur dann, wenn es vom Auftraggeber ausdrücklich gewünscht wird und wenn genügend Material vorhanden ist, um alle drei Reaktionen, die mit Säuren, Alkalien und Bleichmitteln, anstellen zu können, niemals verlassen wir uns auf eine allein.

Daß bei Anstellung der chemischen Reaktionen das Mikroskop unentbehrlich ist, lehrt der folgende Fall:

Es war die Frage nach Übereinstimmung oder Verschiedenheit einer Tinte im Akzept und dem übrigen Text eines Wechsels gestellt. Optische wie chemische Untersuchung ließ keinerlei Unterschiede erkennen, so daß wir, da außerdem beide Schriften nur eine sehr schwache, charakteristisch hellblaue Färbung beim Betupfen mit Säuren gaben, geneigt waren, beide Tinten für identisch zu halten.

Erst die mikroskopische Prüfung bei starker Vergrößerung ergab das überraschende Resultat, daß zwei verschiedene Tinten vorlagen, indem nur die eine einen blauen Farbstoff enthielt, die andere aber farbstofffrei war. Die Blaufärbung dieser zweiten Tinte war dadurch vorgetäuscht worden, daß das ganze Wechselformular mit schwachen blauen Wellenlinien durchzogen war, von zufällig genau demselben Farbton, wie ihn die andere Tinte besaß. Beim Behandeln mit Säuren, wodurch das Eisengallat zerstört, auch eine gewisse Reinigung des Papiers bewirkt wurde, traten die feinen blauen Linien wie eine gleichmäßige Färbung hervor.

Bleistiftschrift.

Alle sogenannten Bleistifte bestehen jetzt aus einer in Holz gefaßten etwa in folgender Weise hergestellten Graphitmasse.

Möglichst reiner Graphit wird gepulvert, geschlämmt und mit den seine spätere Härte bedingenden Zutaten, wozu fast ausschließlich reiner Pfeifenton dient, gemischt, auf Glasurmühlen mit Wasser aufs feinste gemahlen, wobei er je nach dem beabsichtigten Feinheitsgrade 10 bis 24 mal durch die Steine geht. Nachdem die so gewonnene Masse bis zur Konsistenz eines steifen Tons eingetrocknet ist, wird sie auf maschinellem Wege zu Stäbchen geformt, die in Tonkapseln gebrannt und schließlich in Holzhülsen gefaßt werden. Während der reine, leicht abfärbende Graphit eine so weiche Masse ist, daß er auf dem Papiere beim Schreiben kaum einen Eindruck hinterläßt, bewirkt der Tonzusatz je nach seiner Menge, nach Dauer und Art des Brennens in verschiedenem Maße die Abscheidung harter mehr oder weniger scharfer Partikelchen. Diese verändern beim Schreiben und zwar wiederum verschieden je nach der Art des Schreibens, z. B. dem angewendeten Druck, der Beschaffenheit der Spitze, der Art des Papiers und der Unterlage u. a. m., die Oberfläche des Papieres. Die Schrift setzt sich zusammen aus mosaikartig abgesetzten schwarzen Partikelchen, die von der Papierfaser festgehalten werden. Die Beschaffenheit der Schrift ist daher nicht nur von der Bleistiftmasse, sondern auch von der Papieroberfläche abhängig. Je weicher ein Bleistift ist, desto mehr Graphitmasse läßt er selbst bei schwachem Drucke zurück, je härter, desto weniger, um so mehr, wenn man ihn selbst oder das Papier etwas anfeuchtet.

Je härter und schärfer ein zugespitzter Bleistift ist, mit je stärkerem Druck geschrieben wurde, je dünner das Papier, desto schärfer wird die Schrift auch auf der Rückseite des Papiers hervortreten. Dieser, wie wir später sehen werden, auch in anderer Beziehung äußerst wichtige Umstand kann zur Unterscheidung verschiedener Schriften herangezogen werden.

Natürlich ist auch die Unterlage von Einfluß, ob hart, ob weich, selbst deren Struktur; ein jeder weiß, daß sich die Oberfläche eines Gegenstandes, z. B. einer Münze, indem man ihn mit Papier bedeckt und mit einem Bleistift überfährt, abbilden läßt.

Immer ist die beim Schreiben auf dem Papier zurückbleibende Bleistiftmasse so geringfügig, daß der Versuch, etwa auf chemischem Wege Unterschiede festzustellen, scheitern muß, zumal da es sich nur um die beiden Substanzen Graphit und Ton, wenn auch in wechselnder Menge, handelt.

Auch sonst in sehr schlechten Bleistiften manchmal als Beschwerungsmittel enthaltene Stoffe, wie Ruß, Kolophonium, Schwefel, kommen für einen chemischen Nachweis nicht in Betracht. Es bleiben daher für den Vergleich von Bleistiftschriften nur die physikalischen Methoden. Wenngleich man bei der Beobachtung mit der Lupe wohl in Farbe und Struktur oft Unterschiede erkennen kann, indem harte Bleistifte meist hellere Färbung und weniger pulverige, mehr glänzende Ablagerungen aufweisen, so sind diese Unterschiede doch immer so gering, besonders wenn man ähnliche Striche heraussucht, daß an eine Unterscheidung von Bleistiftschriften auf diese Weise nicht gedacht werden kann. Etwas mehr leistet die mikroskopische Prüfung; deutlich erkennt man die faserige Struktur des Papiers und wie die Bleistiftschrift von dieser abhängig ist. Die quer zur Schreibrichtung liegenden Fasern streifen den Graphit vom Stifte ab und der Graphit bleibt in den Vertiefungen liegen; in dieser Weise sind Schrift und Gefüge des Papiers voneinander abhängig.

Auch die Farbe ist unter dem Mikroskope deutlich erkennbar, oft tief schwarz sammetartig, oft mehr grau, wobei einzelne Partikelchen deutlich den charakteristischen Glanz des Graphits zeigen. Aber wie groß diese Unterschiede auch manchmal zu sein scheinen, so wird man doch bald einsehen, wenn man sich mit demselben Bleistifte bald stark, bald schwach aufdrückend, bald anfeuchtend usw., selbst Schrift herstellt, daß alle diese Verschiedenheiten mit demselben Bleistift auftreten.

Man wird daher eine sichere Unterscheidung nur in den seltensten Fällen vornehmen können und sich meist auf einzelne Anhaltepunkte beschränken müssen.

Wer eine Bleistiftschrift fälscht, wird ebenfalls, wenn er Worte und Zeichen hinzufügen will, einen möglichst ähnlichen Stift wählen, dann ist natürlich wenig Hoffnung, charakteristische Unterschiede zu finden. Es kommt aber auch vor, uns selbst haben solche Fälle vorgelegen, daß an einer mit weichem Stift geschriebenen Schrift Änderungen mit hartem Bleistifte vorgenommen werden. Dann hat man an Glanz und Farbe der Partikelchen immerhin einen Anhalt, auch an den auf der Rückseite von dem harten Stift durchgedrückten Spuren, die manchmal auf photographischem und chemischem Wege deutlicher sichtbar gemacht werden können, was zumal dann von Wichtigkeit ist, wenn eine ausgelöschte Schrift wieder hergestellt werden soll. Zuweilen sucht der Fälscher nicht gut gelungene Änderungen oder Zusätze durch wiederholtes Überfahren mit der Umgebung in Einklang zu bringen; das ist bei schwacher Vergrößerung stets erkennbar.

Noch eine andere ebenfalls unter dem Mikroskope sichtbar werdende Eigentümlichkeit der Bleistiftschrift ist für uns von besonderer Bedeutung; das sind die stark glänzenden, perlschnurartig angeordneten Striche, die die ganze Schrift in parallelen Linien durchziehen und die sichtbar werden, wenn man das Licht sehr schräg und senkrecht zur Schreibrichtung auffallen läßt. Sie werden vermutlich von den äußerst kleinen, in der Graphitmasse enthaltenen, harten und scharfkantigen Tonpartikelchen in das Papier eingeritzt.

Wir werden später sehen, welche Wichtigkeit diese Linien bei gewissen Feststellungen für uns haben.

Außer der Bleistiftschrift kann auch die Schrift von Bunt- und Fettstiften in seltenen Fällen bei Fälschungen eine Rolle spielen. Hier ist die Frage, ob Schriftzeichen mit einem bestimmten oder ob zwei Schriftzeichen mit demselben Stift geschrieben sind, nur selten zu beantworten. Die gewöhnlichsten Farben, Blau und Rot, finden sich fast immer in derselben Nuance und die Struktur der Schriftzüge zeigt meist nichts charakteristisches; die Farbmasse lagert sich in die Poren des Papiers und spiegelt daher einfach dessen Struktur wieder, gewöhnlich nur auf den dichtesten Ablagerungen findet man auch eine strichförmige Anordnung.

Wenige Worte nur sind über die Schreibmaschinenschrift zu sagen.

Die Schreibmaschinen haben zwar in den letzten Jahren immer mehr Verbreitung gefunden, trotzdem werden sie für die Herstellung wichtiger Dokumente kaum benutzt. Immerhin kann die Frage, ob eine Schrift von einer bestimmten Maschine herrühre, sehr wohl gestellt werden, z. B. zur Feststellung des Urhebers anonymer Briefe. Zu ihrer Beantwortung kann die Beschaffenheit der Schreibfarbe, vorausgesetzt, daß nach Sachlage dasselbe Farbband benutzt worden sein muß, dienen, und die Form der Buchstaben. Für die Beurteilung der Farbe ist das Auge das beste und zuverlässigste Instrument. Ist die Farbstoffnuance verschieden — was etwa bei Änderungen oder Zusätzen kaum vorkommen wird, da natürlich der Fälscher für die Benutzung eines möglichst ähnlichen Farbtones bedacht sein wird —, so ist damit die Frage schon beantwortet, nur hat man, falls die Schrift sich auf verschiedenem Papier befindet, auch den Einfluß, den dessen Farbe etwa ausüben kann, mit zu berücksichtigen.

Ist oder scheint die Schrift der Farbe nach identisch, so können trotzdem verschiedene Farbstoffe vorliegen, man kann dann nach den für Tintenschrift gegebenen Vorschriften durch zweckentsprechende photographische Aufnahmen eine etwa vorhandene Verschiedenheit noch festzustellen oder wahrscheinlich zu machen versuchen.

Endlich bleibt, wenn auf andere Weise keine Entscheidung zu treffen war, noch die chemische Untersuchung, die mit denselben Reagenzien und in derselben Weise wie bei der Tintenschrift vorzunehmen ist, auch die dabei auftretenden Erscheinungen sind ähnlich, so daß auf die dort gegebene Beschreibung verwiesen werden kann. Die Fettsubstanz der Schreibfarbe ist jedoch vorher durch Behandlung mit Alkohol, Äther, Petroläther oder dergleichen zu entfernen, weil sonst die Chemikalien von der Schrift nicht angenommen werden.

Eine sicherere Unterscheidung gewährt Form, Art und Größe der Buchstaben. Zwar wird auch hier der Fälscher sich nach möglichst ähnlichen Typen umsehen, aber bei gewöhnlicher Betrachtung können scheinbar sehr ähnliche Formen doch wesentliche Unterschiede aufweisen, die erst bei starker Vergrößerung und genauer Messung kenntlich werden.

Man wird von den verdächtigen Buchstaben möglichst charakteristische aussuchen, wenn vorhanden, zwei oder drei gleiche nebeneinanderstehende, weil auch der Abstand der Buchstaben für eine Maschine charakteristisch ist; jedenfalls darf immer nur der Abstand zwischen gleichen Buchstaben gemessen werden, also z. B. zwischen n und e, l und a usw., manchmal findet man in einer Schrift, daß gewisse Buchstaben einen sehr engen, andere wieder einen sehr weiten Zwischenraum haben.

Hat man die Buchstaben gewählt, so macht man am besten auf derselben Platte eine etwa 20- bis 30fach vergrößerte Aufnahme, oder wenn das aus irgend welchen Gründen nicht angängig ist, eine nur schwach vergrößerte Aufnahme, die dann auf Bromsilberpapier weiter vergrößert wird. An dieser Vergrößerung lassen sich leicht die nötigen Messungen mit Zirkel und Maßstab vornehmen, noch genauer direkt unter dem Mikroskop.

Bleiben Zweifel, so werden einzelne Buchstaben, wenn vorhanden, mehrere gleiche, also dieselben Silben oder Worte, in genau derselben Größe aufgenommen und zwei Diapositive hergestellt; durch Übereinander legen kann man dann leicht und sicher Identität oder Verschiedenheit feststellen.

Beim Vergleiche der Buchstaben ist auch besonders auf Form und Lage der i-Punkte und der Tüpfelchen bei den Zwielautern ä, ü und ö zu achten.

Oft finden sich auch bei einzelnen Maschinen ganz charakteristische Fehler, z. B. Verletzungen an bestimmten Buchstaben oder Deformationen, die an den Maschinen bei langem Gebrauche sich einstellen; solche Fehler sind für die Entscheidung der gestellten Frage von ganz besonderem Werte.

Auf der anderen Seite darf nicht verhehlt werden, daß auch mit derselben Maschine Zeichen von verschiedenem Aussehen erzeugt werden können, z. B. wenn einmal ein Farbband, das andere Mal ein Farbkissen benutzt wurde. Selbstverständlich ist für die Schrift auch die Beschaffenheit des Papiers und die Art des Schreibens, z. B. die Stärke des beim Schreiben ausgeübten Druckes, von Einfluß.

Daß endlich auch der ganze Charakter des Schriftstückes etwas von der Person des Schreibers abhängig ist, soll hier, als mehr in das Gebiet des Graphologen fallend, nur angedeutet werden. Sehr wohl wird man z. B. die Schrift eines geübten von der eines ungeübten Maschinenschreibers unterscheiden können, oft wird auch der ungeübte charakteristische Fehler begehen.

Sind auf einem Schriftstücke Schriftzeichen entfernt und eventuell an deren Stelle andere gesetzt worden? Worin bestanden die entfernten Schriftzeichen?

Die Beseitigung von Schriftzeichen kann auf mechanischem oder chemischem Wege geschehen.

Die mechanische Entfernung der Tintenschrift.

Man benutzt hierzu von jeher entweder harten Radiergummi oder scharfe Messer. Um mit diesen Hilfsmitteln eine Schrift vollständig zu beseitigen, so daß bei der Betrachtung auch nur mit bloßem Auge nichts auffälliges wahrgenommen wird, ist sehr schwierig, selbst wenn die entfernten Schriftzeichen nur dünn geschrieben waren und das Papier widerstandsfähig ist. Schriften von Gallustinte alter Art lassen sich mechanisch gewöhnlich leichter entfernen, als solche von Tinte moderner Art, denn die erste lagert das in ihr bereits abgeschiedene Eisentannat auf der Oberfläche des Papiers ab, selbst wenn es nur mangelhaft geleimt ist und deshalb die Flüssigkeit etwas eindringen läßt. Die zweite jedoch enthält das Eisensalz noch in Lösung, dieses dringt mit der Flüssigkeit etwas in das Papier ein und erst durch Oxydation bildet sich dort das schwarze Eisensalz zum Teil etwas innerhalb der Papiermasse; es muß daher, um die Schrift zu entfernen, etwas mehr von dem Papier abgetragen werden. Auch die Beschaffenheit des Papiers kann die mechanische Entfernung von Schriftzügen erleichtern oder erschweren; einem festen, starken durch die Masse geleimten Papiere kann man mehr zumuten, als einem dünnen, morschen, nur oberflächlich geleimten. Es ist daher ein leider nicht immer befolgter Grundsatz, für solche Urkunden, die erfahrungsgemäß besonders der Verfälschung ausgesetzt sind, ein nicht zu gutes, namentlich zu starkes Papier zu wählen.

Aber selbst wenn das Papier außergewöhnlich gut, wenn die Schrift nur dünn ist und selbst aus Tinte alter Art besteht und selbst wenn der Fälscher über eine außergewöhnliche Fertigkeit verfügte, so läßt sich die Rasur, wenn auch zuweilen nicht mit der Lupe, so doch sicher mit dem Mikroskope und auf photographischem Wege erweisen.

In den meisten Fällen gelingt die Erkennung schon, wenn man das Papier gegen das Licht hält; an den abgeschabten, dünner gewor-

Fig. 37.

Rasur im auffallenden Lichte.

Fig. 38.

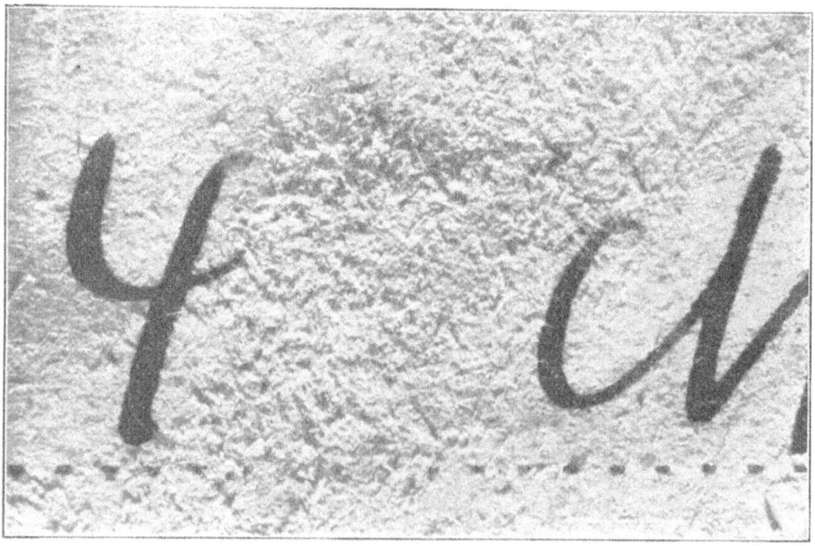

Rasur im auffallenden sehr schrägen Lichte.

denen Stellen scheint das Licht deutlicher durch. Gewöhnlich sieht man schon mit der Lupe, daß die Oberfläche des Papiers aufgerauht ist, die regelmäßige Struktur ist zerstört und einzelne Fasern ragen aus der Oberfläche, auch wenn diese sorgfältig wieder geglättet wurde. Es ist überflüssig, auf diese Veränderungen näher einzugehen, da selbst der Laie sie leicht deutlich erkennen kann.

Wenn man auf diese Weise nicht zum Ziele gelangt, so bleibt noch die Photographie und zwar mikrophotographische Aufnahmen im auffallenden Lichte unter verschiedener, mehr oder weniger schräger Beleuchtung und auch im durchfallenden Lichte.

Fig. 39.

Rasur im durchfallenden Lichte.

Diese Aufnahmen können unter Umständen mehr wiedergeben und erkennen lassen, als Betrachtung mit der Lupe, weil der Glanz der Oberfläche, namentlich der einzelnen Fasern, in sehr charakteristischer Weise wiedergegeben wird und Veränderungen hervortreten läßt, die sonst schlecht sichtbar sind.

Als Beispiel fügen wir einige solcher Aufnahmen bei, die keiner weiteren Erläuterung bedürfen (Fig. 37 bis 39).

Ist hiermit die physikalische Prüfung beendet, so kann man, besonders wenn das Resultat negativ ausgefallen ist, noch eine andere Prüfung folgen lassen, die gewöhnlich nur zur Bestätigung des Gefundenen dienen wird. Man beginnt damit, einen Wassertropfen auf die verdächtige und einen anderen ebenso großen auf eine sicher unbeschädigte Stelle des Papiers mit einem Kapillarröhrchen vorsichtig aufzusetzen, und beobachtet mit der Lupe. Auf unbeschädigter Papierfläche bleibt der

Tropfen fast kugelrund, nur etwas abgeplattet minutenlang unverändert stehen, auf einer radierten Stelle dagegen tritt das Wasser allmählich in die bloßgelegten Kapillaren des Papiers ein, es durchfeuchtend, so daß man sogar nicht selten imstande ist, die Grenzen der radierten Stelle festzulegen.

Die Erscheinung tritt selbst, wenn auch langsamer, ein bei durch die Masse geleimtem Papier, weil sie nicht nur durch die beschädigte Leimung, sondern auch durch die Lockerung der Fasern verursacht wird.

Fig. 40.

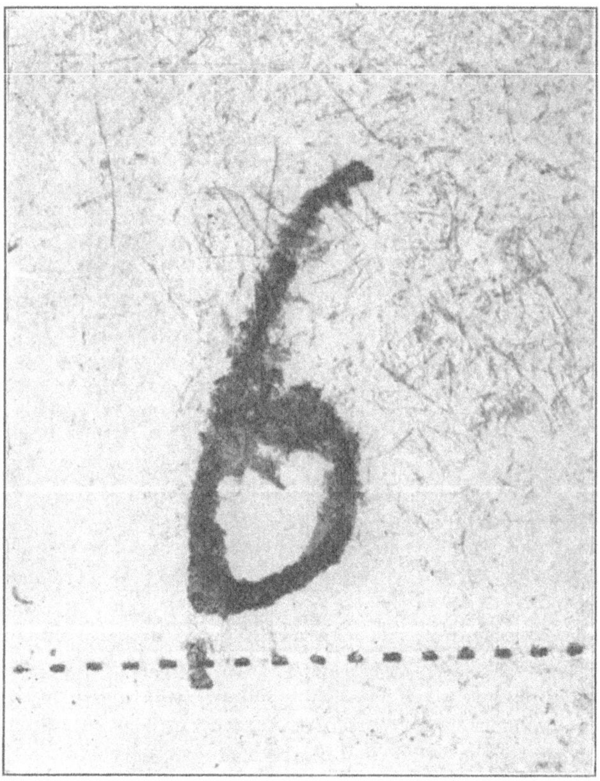

Umwandlung einer 5 in eine 6 nach voraufgegangener Rasur im auffallenden Lichte.

Diese übrigens allgemein bekannte Veränderung des Papiers ist für den Fälscher noch besonders dann von Wichtigkeit, wenn er auf die radierte Stelle neue Schrift setzen will. Denn ebenso wie auf ihr Wasser ausläuft, tut es auch Tinte, die Schrift bekommt daher zackige Ränder um so deutlicher, je poröser das Papier und je voller die Feder war.

Ist der Fälscher gewitzt und vorsichtig, so wird er immer nur mit ganz schwach gefüllter Feder schreiben, so daß er eine möglichst dünne Schrift erzielt. Aber auch dann ist die Fälschung unter dem Mikroskope noch immer sicher erkennbar, noch sicherer auf den wie eben geschildert hergestellten Mikrophotogrammen (Fig. 40 u. 41), die, wie die beigegebenen Abbildungen zeigen, jeden Zweifel ausschließen.

In sehr ähnlicher Weise, wie durch Radieren, wird das Papier an seiner Oberfläche durch scharfes Knicken beschädigt, besonders wenn das Zusammenknicken oft wiederholt und mit dem zusammengefalteten Papier in diesem Zustande viel manipuliert, oder es in einer Tasche getragen wurde u. ähnl. Das Papier verliert in den Knicken seine Glätte und saugt hier wie Löschpapier oder radiertes Papier Flüssigkeit

Fig. 41.

Umwandlung einer 1900 in 1902 nach der Rasur im durchfallenden Lichte.

auf. Schreibt man über einen solchen Knick, so erhält man gezackte Schriftränder, wie auf den durch Rasur beschädigten Stellen. Dieser Umstand dient nicht selten zum Nachweise von solchen Fälschungen, wo zu einer alten Urkunde unrechtmäßig neue Zusätze gemacht wurden.

Um das Ausfließen auf radiertem Papier zu vermeiden, kann der Fälscher auf den Gedanken kommen, die beschädigte Leimung des Papiers wieder herzustellen. Tatsächlich findet man auch dazu verschiedentlich Rezepte angegeben, nämlich Bestreichen mit Gelatinelösung, mit Harzseife oder mit einer Lösung von Harz in Alkohol.

Selbst angenommen, daß eine so wiederholte Leimung wirklich gelang, so ist sie, wenn auch jetzt wirklich das Zerfließen der Schrift ausbleiben sollte, leicht zu erkennen. Zunächst wird das Aufbringen irgend einer Lösung der beschriebenen Art den Farbenton des Papiers ändern, meist dunkler machen und wenn ein geringer Unterschied vielleicht dem Auge nicht besonders auffällt, die photographische Aufnahme bringt ihn zutage.

Ist das Papier weiß und namentlich, wie meist die heutigen guten Papiere, mit Ultramarin gebläut, so erscheint die dunklere, d. h. gelbliche Stelle schon deutlich auf der gewöhnlichen Platte, zum Überfluß kann man auch noch ein Blaufilter einschalten. Ist das Papier schon an sich gelblich, dann ist die Erkennung gewöhnlich schwieriger, man kommt dann aber oft zum Ziele, wenn man mit farbenempfindlicher Platte und Gelbfilter arbeitet.

Mit einem von Ferd. Jean[1]) angegebenen Verfahren, Ultramarin über das Papier gleiten zu lassen und dadurch die radierte Stelle blau zu färben, haben wir niemals Erfolg erzielen können. Da das Schriftstück dadurch nicht beschädigt wird, mag man auch dieses Mittel gelegentlich anwenden. Von anderer Seite wird für denselben Zweck feingepulverter Graphit empfohlen. Versagt auch das, dann bleiben nur noch die chemischen Methoden und wenn es sich nur um den Nachweis einer Rasur überhaupt, nicht aber um Wiederherstellung der entfernten Schrift handelt, die Jodmethode. Da die Jodmethode leicht eine dauernde Beschädigung des Schriftstücks bewirken kann, so ist sie immer nur als letztes Auskunftsmittel anzuwenden, besonders dann, wenn die entfernte Schrift wieder lesbar gemacht werden soll, die dazu brauchbaren später zu beschreibenden Methoden gehen daher der Jodmethode stets voran, trotzdem sei diese schon hier beschrieben.

Über die Jodmethode ist unseres Wissens zuerst von G. Bruylants[2]) etwas veröffentlicht worden, sie war aber schon lange vor dieser Zeit im Chemischen Staats-Laboratorium in Hamburg in verzweifelten Fällen in Gebrauch; sie bringt in der Tat manches zutage, was sich sonst nicht mit solcher Sicherheit erkennen läßt; wir werden sie daher noch oft zu erwähnen haben.

Wir stellen sie in folgender Weise an: In eine entsprechend große Entwicklerschale aus Glas, damit man die entstehenden Joddämpfe von außen beobachten kann, streut man etwas Jod, legt das zu prüfende Schriftstück auf den oberen Rand, so daß die ganze Schale damit bedeckt ist und darauf eine saubere Glasplatte. Man umspült nunmehr den Boden der Schale mit dem Bunsenbrenner, was vorsichtig geschehen muß, damit die Schale nicht springt, so lange, bis man im Innern die violetten Joddämpfe bemerkt. Dann entfernt man die Flamme und zieht von Zeit zu Zeit das Schriftstück unter der Platte hervor, um zu beobachten, ob sich irgend eine Veränderung zeigt. Ist das der Fall,

---

[1]) Zeitschrift für Nahrungs- und Genußmittel 1902, S. 332.

[2]) Pharmazeutische Zentralhalle 1891, S. 228.

so hört man zunächst mit der weiteren Behandlung auf, weil durch zu langes Einwirken des Jods die Erscheinungen oft wieder undeutlicher werden; es ist Sache der Erfahrung, den günstigsten Moment der Einwirkung abzupassen. Langsamer, aber ebenso sicher treten dieselben Erscheinungen ein, wenn man nur schwach oder gar nicht erwärmt.

Unverändertes Papier färbt sich gewöhnlich ziemlich gleichmäßig gelb bis braun, mit dem Messer radierte Stellen zeigen oft aber nicht immer deutliche Streifen, so daß man die Bahn des Messers verfolgen kann, treten diese charakteristischen Streifen aber auf, so ist die Rasur sicher erwiesen. Vollkommen deutlich treten ferner die Stellen, und zwar als braune, streifige Flecke auf, wo mit Gummi radiert wurde. Das ist auch deshalb wichtig, weil ein geschickter Fälscher mit Hilfe eines guten Gummis auf standhaftem Papier zumal dünne Schriftzüge so entfernen kann, daß die Verletzungen des Papiers bei nicht sehr scharfer Beobachtung, selbst bei Vergrößerung übersehen werden können.

Nach der Rasur mit Leim oder Gelatine wieder geleimte Stellen bleiben heller als das übrige Papier, auch wenn nachträglich mit Alaun gehärtet wurde, mit Harzleim geleimte werden dunkel braunschwarz.

Die mit Joddämpfen entstandene Färbung verschwindet allmählich wieder, manchmal nicht vollständig, beim Liegen an der Luft, wenn sie nicht zu dunkel war. Schneller gelingt die Entfernung mit Fixiernatronlösung oder mit gasförmiger schwefliger Säure. Die harzgeleimten, braunschwarzen Stellen lassen sich nicht wieder beseitigen.

Von anderen bei der Behandlung mit Joddämpfen auftretenden Erscheinungen seien noch die folgenden erwähnt.

Naß gewesene und wieder getrocknete Stellen treten gewöhnlich sehr auffallend dunkler hervor, sehr deutlich ferner Fettflecke, Schweiß und Schmutzflecke, oft kann man die Papillarlinien der Finger deutlich erkennen.

Eine zweite Jodmethode, nämlich die Behandlung mit einer Lösung von Jod in Jodkalium, wir wollen sie die nasse Jodmethode nennen, soll später beschrieben werden.

Die chemische Entfernung der Tintenschrift.

Die Kunst, auf chemischem Wege Schriftzüge zu entfernen, hat durch die Entwickelung der Wissenschaft keine besondere Förderung erfahren, denn im wesentlichen ist das älteste Mittel, das, solange man schon die modernen Tinten hat, benutzt wird, noch immer das einzige, das billig zu stellenden Anforderungen einigermaßen genügt; es sind die Bleichmittel in Gemeinschaft mit Säuren.

Das Mittel wird heutzutage, die beiden Lösungen in besonderen Fläschchen elegant ausgestattet zu verhältnismäßig hohem Preise, unter der marktschreierischen Bezeichnung „Tintentod“ in den Handel gebracht. Leider erfreut sich dieser einer weiten Verbreitung, z. B. bei Buchhaltern, Rechnungsführern, ja sogar Schulkindern.

Die sonst noch vorgeschlagenen, zum Teil recht abenteuerlichen chemischen Mittel, die alle das gemeinsam haben, daß sie mehr oder weniger oder völlig untauglich sind, sollen nur kurz erwähnt werden. Es sind: Wasserstoffsuperoxyd mit und ohne Ammoniak, Ozon, schweflige Säure und ihre Salze, Natriumpyrophosphat, Salzsäure. An einen Fastnachtsscherz erinnern die folgenden Rezepte, die wir nur deshalb erwähnen, weil sie manchmal ernsthaft genommen werden, z. B. in dem ausgezeichneten Handbuch für Untersuchungsrichter von Groß; hier werden aufgeführt:

„Galmei, Kochsalz und Bergalaun, in weißem Wein gekocht — ein Gemisch von Salpeter und Vitriol — und endlich ein Gazebällchen, das mit feingepulvertem Alkalischwefel gefüllt ist.“ Dieses bequeme Mittel soll nach der Ansicht des Erfinders der Fälscher, um nicht in Verlegenheit zu geraten, stets in der Tasche mit sich führen.

Das einzige, wirklich brauchbare chemische Mittel ist Chlorkalklösung, womöglich mit Soda stark alkalisch gemacht und dann filtriert entweder zum Gebrauche versetzt oder besser abwechselnd verwendet mit einer Säure, wozu gewöhnlich die organischen Säuren Essig-, Wein-, Zitronen- oder Oxalsäure benutzt werden, die das Papier weniger angreifen als die Mineralsäuren.

Die auch für den „Tintentod“ gegebene Vorschrift geht dahin, daß die zu entfernende Schrift zuerst mit der Säurelösung betupft und diese nach kurzer Einwirkung mit etwas Fließpapier wieder weggenommen werde. Danach betupft man in gleicher Weise auch mit der Bleichflüssigkeit, die ebenfalls nach kurzer Einwirkung zu entfernen ist. Dieses Spiel wiederholt man abwechselnd so lange, bis von der Schrift nichts mehr wahrgenommen wird. Zum Schluß wird noch einige Male reines Wasser aufgetupft und jedesmal nach einiger Zeit mit Fließpapier entfernt, getrocknet und entweder durch starkes Pressen oder durch Überfahren mit einem mäßig warmen Plätteisen geglättet.

Das ist die rationelle Methode, die sich natürlich mehr oder weniger modifizieren läßt. Aus Kreisen der Praxis[1]) stammt die folgende, von einem namhaften Fälscher gegebene Vorschrift, zu der man kein kompliziertes Handwerkszeug und nur leicht und unauffällig für wenige Pfennige zu beschaffendes Material braucht, hier werden die beiden wirksamen Substanzen gleichzeitig angewendet.

„In einem Blechlöffel wird eine kleine Messerspitze Chlorkalk mit einem oder zwei Tropfen Essigsäure in Wasser angerührt; hat sich alles schön gelöst und vermengt, so wird mit einer Stahlfeder oder einem spitzen Streichholz die zu vertilgende Schrift sauber mit dieser Flüssigkeit nachgezogen und sobald ein Strich verschwunden ist, die ätzende Feuchtigkeit mit einem weißen Löschblatt abgetupft, damit sie das Papier selbst nicht mehr angreift. Sodann wird das ganze Blatt mit Talkum

---

[1]) S. Groß, Archiv für Kriminalanthropologie 12, 176.

und einem reinen Lappen abgerieben, wobei natürlich die wunde Stelle besonders bedacht wird und möglichst mit einer weichen, nicht hakenden Feder und genau passender Tinte der neue Eintrag gemacht, den man solange trocknen läßt und mit dem Löschblatt verschont, bis er die gleiche Dunkelheit hat, wie sie die übrige Schrift aufweist. Wer ganz sicher gehen will, fährt noch mit der feucht angehauchten Hand über den staubig schmutzigen Fußboden der Penne und dann über das Papier, dem nun besonders nach ein paar Tagen Aufenthalt in der Rocktasche kein Mensch mehr etwas verdächtiges ansieht.“

In diesem letzten Punkte hat der ausgezeichnete Fachmann zwar recht, seine weiteren Schlußfolgerungen aber, daß die Entdeckung auf diese Weise gut ausgeführter Fälschungen kaum möglich sei, ist ein arger Irrtum. Gerade das Gegenteil ist der Fall, gerade diese Fälschungen, und seien sie mit vollendeter Kunst und Sorgfalt ausgeführt, so daß man ihnen wirklich bei aufmerksamster Prüfung nichts verdächtiges ansieht, halten der mikroskopischen und photographischen Untersuchung nicht stand, ja es gelingt sogar fast immer, auch wenn die Schrift scheinbar bis auf die letzte Spur vertilgt war, die ursprüngliche Schrift deutlich lesbar wieder herzustellen.

Ehe wir uns der Beschreibung der hierzu dienenden Verfahren zuwenden, ist es nötig, die Wirkung der anzuwendenden Chemikalien auf die verschiedenen Tinten, die sich natürlich einigermaßen verschieden verhalten, etwas näher ins Auge zu fassen.

Bei Galläpfel- und Gallustinten besteht die Einwirkung darin, daß zunächst die Säure das Eisentannat oder -gallat zerlegt, die freigewordene Gerb- oder Gallussäure und das neugebildete Eisensalz der angewendeten Säure gehen dann in Lösung, der etwa vorhandene Farbstoff wird bloßgelegt. Die jetzt nach dem Abtupfen mit Fließpapier aufgebrachte Bleichflüssigkeit zerstört den Farbstoff und die noch vorhandene Gallus- und Gerbsäure, während das Eisen vollständig in Eisenoxyd verwandelt wird. Bei den Wiederholungen tritt immer wieder dieselbe Wirkung ein, die Wiederholung ist nur deshalb nötig, weil Eisensalz und Farbstoff verschiedene Widerstandsfähigkeit gegen diese Chemikalien besitzen und sich gegenseitig durchdringen; durch die wiederholte Behandlung werden immer neue Stellen bloßgelegt und der Einwirkung zugänglich gemacht. Da das Bleichmittel hauptsächlich für die Zerstörung des Farbstoffes nötig ist, wenn es auch bei der Beseitigung der Gerbsäure mitwirkt, so kann man Galläpfeltinte alter Art, wenn auch nicht so glatt und vollständig, auch durch Säure allein beseitigen.

Während sich schlechte Gallustinten ziemlich leicht austilgen lassen, widerstehen gute, d. h. solche mit viel Gerbstoff und hohem Eisengehalt, selbst einer oftmaligen Behandlung, besonders nicht zu frische Schrift. Nach einem Jahre und darüber ist vollständiges Vertilgen nur bei sehr dünnen Schriftzügen möglich, die stärkere Schrift bleibt immer blaßgelb erkennbar.

Die Kaisertinten widerstehen der gleichen Prozedur kaum weniger gut, ja es gibt sogar Blauholztinten, die besser standhalten als gewisse Gallustinten. Auch hier wirkt die Säure hauptsächlich zur Lösung der Mineral-, die Bleichflüssigkeit zur Zerstörung der organischen Substanz. Oft ist jedoch die Schrift schon nach der ersten Behandlung verschwunden.

Obwohl sich Nigrosintinte schon in Wasser löst, so daß der größte Teil des Farbstoffes ausgewaschen werden kann, so bleibt die durch Säure und Bleichflüssigkeit gelbbraun gewordene Schrift doch noch lange lesbar.

Vanadintinte wird zwar sofort gelbbraun und widersteht ziemlich lange, doch im allgemeinen weniger als Nigrosintinte.

Wolframtinte ist ziemlich widerstandsfähig, man muß daher das Verfahren oftmals wiederholen. Trotzdem bleiben immer noch bräunliche Spuren zurück, die eine Wiederherstellung der Schrift auf photographischem Wege ermöglichen.

Von den sonst noch zur Entfernung von Tintenschrift vorgeschlagenen Mitteln, deren Wirkung wie gesagt nicht die der Bleichmittel erreicht, ist nur noch Wasserstoffsuperoxyd und Ammoniak der Erwähnung wert. Es wirkt bei Chromtinten leicht und gut, schwieriger, langsamer und weniger vollständig bei Eisentinten, und zwar um so schwieriger, je mehr Eisen vorhanden ist.

Der Nachweis, daß mit chemischen Mitteln auf einer Urkunde Schriftzüge entfernt sind, gelingt fast immer ohne Schwierigkeit. Bei allen chemischen Verfahren wird die Leimung des Papiers zerstört, während die Struktur an sich wenig geändert wird. Lassen sich außerdem Veränderungen mit Hilfe des Mikroskops nachweisen, so wird dadurch die vorgenommene Beseitigung von Schriftzügen um so sicherer bestätigt.

Ein Wassertropfen, wie früher beschrieben, auf eine chemisch behandelte Stelle aufgesetzt, fließt auseinander. Ebenso zeigt neu auf die beschädigte Stelle geschriebene Schrift die schon bei den Rasuren erwähnten, auf mikroskopischem und photographischem Wege leicht erkennbaren Auszackungen.

In den meisten Fällen wird durch chemische Behandlung auch die Farbe des Papiers verändert, sei es gebleicht oder gelb gefärbt, Änderungen, die sich besonders gut mit der photographischen Platte kenntlich machen lassen, wenn sie auch dem Auge entgehen sollten. Das moderne weiße Schreibpapier enthält fast immer Ultramarin, um ihm den letzten gelben Schimmer zu nehmen, durch die Behandlung mit Säuren wird das Ultramarin zerstört und dadurch die bläulichweiße in gelblichweiße Färbung umgewandelt. Umgekehrt werden die gelblichen Papiere durch die Behandlung mit Bleichmitteln gebleicht, das Papier wird daher, soweit es damit behandelt wurde, heller als die Umgebung.

Da nun Gelb sehr wenig auf der photographischen Platte zeichnet, so muß im ersten Falle der Fleck, im zweiten Falle die Umgebung deutlich dunkler auf dem Positiv erscheinen; man kann diesen Unterschied noch verstärken, wenn man ein Blaufilter einschaltet, das die gelben und roten Strahlen verschluckt und so auch die schwache Einwirkung dieser ganz eliminiert.

Flecke, die mit bloßem Auge gar nicht oder nur sehr schwach sichtbar sind, kommen oft so deutlich, daß jeder Zweifel behoben wird. Die auf der Platte vorhandenen ganz schwachen Unterschiede können überdies immer noch durch Kopieren unter der Gelbscheibe oder gelbem Seidenpapier oder durch Verwendung eines hart kopierenden Papiers weiter verstärkt werden.

Die Entfernung der Bleistiftschrift.

Die Bleistiftschrift läßt sich, da ihr Hauptbestandteil, der Graphit, allen in Betracht kommenden Chemikalien Widerstand leistet, nur auf mechanischem Wege entfernen.

Als Mittel dazu wird weicher Gummi, seltener, wenn dieser nicht zur Verfügung steht, Brotkrume benutzt. War der Bleistift nicht zu hart und nicht zu weich, war der Gummi ebenfalls weich, namentlich frei von eingelagerten harten Substanzen, wie sie z. B. dem Radiergummi für Tinte absichtlich zugesetzt werden, war er endlich vollständig sauber, so daß keine Schmutzstreifen entstehen, so kann das Papier, besonders wenn es stark und gut geleimt ist, gänzlich unverändert bleiben, so daß weder auf mikroskopischem, noch auf photographischem Wege irgend etwas zu entdecken ist.

War der Gummi jedoch hart oder schmutzig, das Papier dünn und weich, der Bleistift sehr hart oder sehr weich, der Fälscher ungeschickt oder unvorsichtig, dann lassen sich Graphitrückstände im Papier, eingeritzte Rillen oder aufgerauhte Fasern oder Schmutzstreifen usw. wohl erkennen. Die Schmutzstreifen, meist schon mit bloßem Auge oder Lupe sichtbar, werden durch die photographische Aufnahme im stark schrägen Lichte noch deutlicher.

Haben alle diese Mittel keinen Erfolg gehabt, so kann man durch die schon (S. 80) beschriebene Einwirkung von Joddämpfen jedenfalls mit Sicherheit erweisen, daß überhaupt radiert wurde, gleichgültig, ob das mit Gummi oder mit Brotkrume oder sonst wie ausgeführt wurde, immer treten die Radierstreifen gelb bis braun hervor.

Da alle diese Färbungen bei langem Liegen wieder verschwinden oder wenigstens verblassen und undeutlich werden, ist es gut, sie photographisch zu fixieren. Da Rotbraun wie Schwarz wirkt, macht die Wiedergabe keine Schwierigkeit.

Die Wiederherstellung beseitigter Schriftzeichen.

Sehr oft wird vom Sachverständigen verlangt, eine auf beliebige Art beseitigte Schrift wieder herzustellen. Hierunter ist natürlich nicht verstanden, daß die Schrift genau in der ursprünglichen Beschaffenheit wieder hervorgerufen werde, sondern nur so, daß sie wieder leserlich wird.

Die Aufgabe ist nicht immer leicht und spottet oft allen Bemühungen, besonders wenn die betreffende Stelle mit einem neuen Text überschrieben wurde, oft aber gelingt sie leicht, sei es auf photographischem, sei es auf chemischem Wege oder sei es endlich durch Vereinigung beider Verfahren.

Beginnen wir mit der Tintenschrift.

Ist die Schrift auf rein mechanischem Wege mit dem Radiergummi oder mit dem Messer, und zwar so gründlich beseitigt worden, daß keinerlei Reste mehr vorhanden sind, dann ist alle aufgewendete Mühe vergeblich, denn wo nichts ist, da hat auch der Chemiker sein Recht verloren.

Glücklicherweise trifft das nur selten zu, denn da sich eine Beschädigung des Papiers auf keinen Fall vermeiden läßt, so wird der Fälscher, nach seiner Meinung das kleinere Übel wählend, mit dem Radieren lieber aufhören, wenn auch noch geringe Spuren der Schrift vorhanden sind, als sich der Gefahr aussetzen, die Beschädigung des Papiers zu offensichtlich zu machen. Man kann daher hoffen, bei der Durchsuchung der fraglichen Stelle mit Lupe und Mikroskop noch immer Reste der Schrift vorzufinden.

Aber von dem Auffinden solcher Reste bis zur Wiederherstellung der Schrift ist noch ein weiter Schritt.

Wenn überhaupt, so gelingt die Aufgabe nur auf photographischem Wege, weil auch hier manche Spuren deutlicher wiedergegeben werden, als sie das Auge sieht. Bei sehr großer Schrift führt manchmal verkleinerte Aufnahme zum Ziel, gewöhnlich wird man jedoch in natürlicher Größe aufnehmen; Vergrößerung schadet, weil man die so wie so nur vereinzelt vorhandenen Reste nur noch weiter auseinanderreißt. Alle zur Verstärkung vorgeschlagenen chemischen Mittel, wie Gerbsäure, Ferrocyankalium oder Rhodankalium und Salzsäure, Schwefelammonium, Silbernitrat usw., versagen nach unseren Erfahrungen durchaus, nur in ganz seltenen Fällen hat gasförmige Rhodanwasserstoffsäure etwas mehr herausgebracht, aber wirklich leserlich wird eine gut radierte Schrift nie, auch dann nicht, wenn man in später zu beschreibender Weise mehrere Diapositive übereinanderlegt.

Noch viel weniger als Tintenschrift läßt sich radierte Bleistiftschrift auf chemischem Wege regenerieren. Denn erstens ist der Graphit ein chemisch gänzlich indifferenter Körper und zweitens wird Bleistiftschrift meist höchst gründlich beseitigt, weil das ohne besondere Schädigung des Papiers möglich ist. Sind dagegen überhaupt Reste, seien es auch nur Spuren, geblieben, so liegen sie nicht wie bei der Tinte nur vereinzelt, sondern man kann dann gewöhnlich die ganze Schrift, wenn auch stark verblaßt, noch erkennen.

Es ist dann möglich, auf photographischem Wege zum Ziele zu gelangen, durch Aufnahmen im auffallenden Lichte, gewöhnlich unter schräger Beleuchtung von beiden Seiten, um alle durch die Unebenheit und den Glanz des Papiers verursachten Schatten zu vermeiden. Wenn es sich um große Schriftzüge handelt, kann angemessene Verkleinerung von Nutzen sein, gewöhnlich wird man in natürlicher Größe, kaum je vergrößert aufnehmen. Auch hier kann durch forziertes Entwickeln der Platte, durch Verstärken und endlich durch hartes Kopieren manchmal etwas erreicht werden.

Aber bei der Bleistiftschrift hat man noch ein anderes Mittel, das bei der Tintenschrift nicht besteht. Während selbst eine schlechte Feder nur leicht über das Papier gleitet, ohne die Oberfläche irgendwie zu beschädigen, ist das beim Bleistift je nach der Härte mehr oder weniger nicht der Fall.

Diese Eindrücke in das Papier, bei gewöhnlicher Beobachtung kaum auffällig, treten jedoch meist schon deutlich zutage, wenn man das Papier im Dunkelzimmer bei sehr schräger Beleuchtung betrachtet. Oft findet man diese Eindrücke deutlich erhaben auf der Rückseite, manchmal sogar deutlicher als auf der Vorderseite, was sich unter anderem nach der Beschaffenheit der Unterlage, auf der geschrieben wurde, richtet.

Befindet sich die Schrift in einem Hefte oder Buche, wie z. B. in den bekannten Kopierheften der Kaufleute oder dergleichen, wo allerdings absichtlich stark aufgedrückt wird, so findet man die Schrift oft noch auf dem nächsten, manchmal sogar noch auf dem zweiten und dritten Blatt deutlich eingedrückt.

Oft erkennt man nur, daß etwas, aber nicht was eingepreßt ist; da leistet wieder die Photographie unschätzbare Dienste, denn bei schräger einseitiger Beleuchtung aufgenommen, wird die Schrift fast immer leserlich. Ist das nicht der Fall, dann versucht man noch die schon beschriebene Verstärkung der eingepreßten Schriftzeichen durch Einwirkung von Joddämpfen von der Rückseite. Die Verstärkung wird hierdurch manchmal so deutlich, daß das Entziffern schon mit bloßem Auge gelingt; immer wird die Photographie noch mehr zutage bringen. Man unterlasse daher nie die photographische Aufnahme, schon um das allmählich wieder verblassende Bild festzuhalten.

Sehr viel günstiger als bei der wegradierten ergeben sich die Aussichten für die Wiederherstellung einer auf chemischem Wege getilgten Tintenschrift. Hier handelt es sich nicht wie bei jener um den Aufbau etwa zurückgebliebener mosaikartiger Reste, sondern, wenn überhaupt etwas vorhanden, so ist es gleichmäßig in der ganzen Schrift vorhanden, und wenn es sich überhaupt sichtbar machen läßt, so wird auch fast immer die ganze Schrift sichtbar. Auch bei der Beseitigung einer Schrift auf chemischem Wege hat der Fälscher, da das

Papier von den Chemikalien angegriffen wird, das Bestreben, seine Operationen nach Möglichkeit abzukürzen und zu unterbrechen, sobald nur immer der beabsichtigte Zweck annähernd erreicht ist. Er hält daher gewöhnlich mit seinen Manipulationen inne, sobald die betreffenden Schriftzüge bei gewöhnlicher Betrachtung verschwunden scheinen; dann sind aber, je nach der Beschaffenheit und Zusammensetzung der benutzten Tinte, mehr oder weniger noch Substanzen im Papier vorhanden, die einer Verstärkung auf chemischem Wege fähig sind. Auch das Papier kann durch die Einwirkung der Tinte eine Veränderung erfahren haben, die sich auf irgend eine Weise sichtbar machen läßt.

Man erkennt, daß je nach der Art der Tinte sehr verschiedene Substanzen zurückbleiben können und daß sich daher die Wiederherstellung der Schrift verschieden gestalten wird; in einem Falle wird man mit einem Mittel Erfolg haben, das in einem anderen versagt.

Bei den nun zu beschreibenden Operationen ist es Grundsatz, nur solche Maßnahmen zu treffen und solche Chemikalien anzuwenden, die das Papier in keiner Weise beschädigen und die sich in einfacher Weise wieder entfernen lassen. Daher wird man, wenn ein Reagens flüssig und gasförmig zur Verfügung steht, immer das Gas vorziehen, zumal die Gase außerdem reinlicher sind und deutlicher wirken.

Die Gallustinten lassen sich, wie schon geschildert, auf chemischem Wege zwar entfernen, immer aber bleiben Reste des Eisens als Eisenoxyd zurück, im allgemeinen um so mehr, je eisenreicher die Tinte war und je älter die Schrift ist. Das Eisen läßt sich aber auf verschiedene Weise in gefärbte Verbindungen überführen. Tatsächlich findet man denn auch für die Wiederherstellung gebleichter Schrift empfohlen: Gerbsäure, Ferrocyankalium mit und ohne Salzsäure, Schwefelammonium, Rhodankalium, und zwar sollen die betreffenden Lösungen mit einem Pinsel oder dergleichen auf die zu untersuchende Stelle aufgetragen werden.

Sämtliche Reagenzien zeigen in der Tat guten Erfolg, wenn noch reichlich Eisen im Papier zurückgeblieben ist, ist das aber nicht der Fall, so wird die Schrift nur undeutlich wieder hergestellt, eine weitere Verstärkung auf photographischem Wege ist nur selten erfolgreich, weil das Papier durch alle diese Chemikalien eine gelbliche Färbung annimmt und dadurch auf der Platte die Kontraste abgeschwächt werden. Doch wirken diese Reagenzien nicht gleich kräftig; allen überlegen ist Rhodankalium. Während Gerbsäure und gelbes Blutlaugensalz mit Eisensalzen in einer Verdünnung von 1 : 100 000 noch deutliche Färbungen geben, liegt die Grenze ihrer Empfindlichkeit — beide Reaktionen sind ungefähr gleich empfindlich — etwa bei 1 : 400 000. Weit überragt wird diese Empfindlichkeit durch die des Rhodans; sie liegt etwa bei 1 : 2 000 000.

Die durch Ferrocyankalium erzeugte Blaufärbung kann sich auf dem Positiv nur hell auf dunklerem Grunde abheben, die mit Rhodan erzeugte wirkt umgekehrt dunkler auf hellem Grunde.

Ist die chemisch entfernte Schrift von neuem schwarz überschrieben, dann ist die Wiederherstellung in Blau des Kontrastes wegen vorzuziehen.

An Stelle der mit Salzsäure angesäuerten Ferrocyankalium- oder Rhodankaliumlösung wirken diese Chemikalien besser in rein wässeriger Lösung, wenn man die betreffende Stelle des Papiers beiderseits damit bestreicht, auf dem Wasserbade trocknet und nun gasförmige Salzsäure darauf einwirken läßt.

Während aber nach den bis jetzt beschriebenen Methoden die Schrift immer nur dann deutlich wieder ersteht, wenn mit bloßen Augen wenigstens noch Spuren zu entdecken waren, erhält man, selbst wenn das nicht zutrifft, und nur überhaupt noch etwas vorhanden ist, mit den gasförmigen Reagenzien allein weit deutlichere Wiederbelebung der Schrift, so daß sie entweder unmittelbar gelesen, fast immer auf photographischem Wege lesbar gemacht werden kann.

Diese gasförmigen Reagenzien sind Schwefelammonium und Rhodanwasserstoffsäure.

Schwefelammon existiert zwar im Gaszustande nicht, aber eine konzentrierte wässerige Lösung, die Schwefelwasserstoff und Ammoniak ausstößt, wirkt so, als ob Schwefelammon gasförmig vorhanden wäre. Die Schrift wird dadurch schwarz infolge der Bildung von Schwefeleisen.

Man gießt die Flüssigkeit in ein flaches Glasgefäß, bedeckt mit einer Glasplatte und schiebt die zu untersuchende Urkunde darunter. Man läßt solange einwirken, bis das Maximum der Schwarzfärbung erreicht ist, was durch Herausziehen des Papiers von Zeit zu Zeit festgestellt werden muß. Zu lange Einwirkung macht die entstandene Schrift wieder undeutlicher. Da die regenerierte Schrift aber beim Liegen an der Luft allmählich wieder verblaßt, verschwindet dieser Fehler wieder.

Ganz analog wird angestellt und verläuft die Reaktion mit gasförmiger Rhodanwasserstoffsäure. Das Gas wird aus festem Rhodankalium und Salzsäure entwickelt. Die Schrift wird rotbraun, allerdings wird auch das Papier selbst, das stets schwach eisenhaltig ist, ebenfalls rötlich gefärbt. Das stört jedoch nicht wesentlich, weder bei der gewöhnlichen Betrachtung, noch bei der Photographie. Der Natur der Sache nach benutzt man dabei gewöhnliche Platten, deren Wirkung man durch Einschaltung eines Blaufilters, wenn nötig, noch etwas verstärken kann.

Für alle Fälle gültige Vorschriften für Expositionszeit, Konzentration des Entwicklers usw. lassen sich nicht geben; oft bedarf es langwieriger und mühsamer Versuche, bis man zu einem befriedigenden Resultate gelangt.

Während bei Eisengallustinten der Erfolg fast ausnahmslos gewährleistet ist, kann man bei den Kaisertinten weniger sicher darauf rechnen.

Viele Blauholztinten enthalten wenigstens Spuren von Eisen und dann tritt die Reaktion ein, wenn auch manchmal nur schwach, aber auch bei den ganz eisenfreien kann man noch Erfolg haben, weil die saure

Tinte aus der Stahlfeder etwas Eisen auflöst. Das ist offenbar der Grund, warum z. B. auch die Nigrosintinte, die im wesentlichen nichts anderes ist, als eine schwach saure, wässerige Lösung von Anilinschwarz, die Reaktion gibt. Man kann sogar mit manchen Federn mit reinem Wasser eine natürlich unsichtbare Schrift herstellen, die mit Rhodanwasserstoff schwach rötlich erscheint.

Da diese Reaktion allen anderen, wie man sieht, an Empfindlichkeit überlegen ist, so benutzen wir sie ausschließlich. Läßt sich mit ihrer Hilfe nichts erreichen, so kann man zwar, um nichts zu versäumen, auch noch mit Schwefelammonium versuchen, zumal dadurch kein Schade angerichtet werden kann, man wird aber nur selten Erfolg haben.

Die mit Rhodanwasserstoffsäure wieder erzeugte Schrift verblaßt ebenfalls allmählich an der Luft, schneller, wenn man sie Ammoniakdämpfen aussetzt. Man kann daher der Urkunde nach Schluß der Untersuchung ihr ursprüngliches Aussehen wiedergeben.

Die beigegebene Abbildung (Fig. 42) zeigt einen Krankenschein, auf dem der Strich unter dem Worte „geheilt" und das Datum „5/III" auf chemischem Wege geschickt entfernt und nicht mehr erkennbar war. An ihrer Stelle ist das Wort „gebessert" unterstrichen und dasselbe Datum an eine richtiger erscheinende Stelle gerückt worden. Verstärkung durch gasförmige Rhodanwasserstoffsäure und schwach vergrößerte Aufnahme mit Blaufilter hat die beseitigten Worte deutlich wieder zum Vorschein gebracht. Durch die Vergrößerung treten die zackigen Ränder der neu aufgesetzten Schrift dort, wo die Leimung des Papiers durch die angewandten Chemikalien beschädigt wurde, deutlich zutage.

Ist es nun endlich mit Hilfe der eben geschilderten schönen Reaktion nicht gelungen, die beseitigte Schrift wieder hervorzubringen, so gibt es noch ein anderes Mittel, das aber nur dann verfängt, wenn das Papier der Urkunde mit Stärke appretiert ist.

Die Verwendung von Stärkekleister, meist als Zusatz zu vegetabilischem Leim, ist augenblicklich in der Papierfabrikation außerordentlich verbreitet; wir schätzen, daß von den jetzt im Handel befindlichen guten Schreibpapieren mindestens 90 Proz. stärkehaltig sind. Manchmal kommt die Stärke dem Fabrikanten unbewußt in das Papier, z. B. durch Verwendung stärkehaltiger Harzseife.

Das älteste stärkehaltige Papier, das uns vorgekommen ist, stammte aus dem Jahre 1839, doch wurde es bei der Behandlung mit Jodlösung nicht wie die modernen Papiere rein und gleichmäßig blau, sondern ungleichmäßig und schmutzig; unter dem Mikroskope waren zahlreiche unbeschädigte Körner von Weizenstärke erkennbar.

Legt man das zu untersuchende Papier, nachdem man es vorher mit reinem Wasser durchtränkt hat, in eine verdünnte Lösung von Jod in Jodkalium, indem man dabei, wie bei der Entwickelung einer photographischen Platte, das Gefäß hin und her bewegt, so färbt sich das Papier je nach der Menge der vorhandenen Stärke mehr oder weniger, aber vollkommen gleichmäßig blau, manche Papiere werden dunkel schwarzblau, andere bleiben ziemlich hell. Unter dem Mikroskope sind unverletzte Stärkekörner nur vereinzelt zu erblicken.

Die Blaufärbung kann durch Natriumthiosulfatlösung sofort wieder beseitigt werden, doch wird das besser vermieden und ist auch entbehrlich, weil die Färbung, wenn man das Papier in reinem Wasser liegen läßt, von selbst allmählich wieder verschwindet.

Ist das Papier mit einer durch „Tintentod" oder ähnliche chemische Mittel entfernten Tintenschrift bedeckt gewesen, so erscheint die Schrift wieder weiß auf blauem Grunde mehr oder weniger deutlich. Diese Erscheinung beruht offenbar darauf, daß die in der Tinte enthaltene Säure

Fig. 42.

Wiederherstellung chemisch entfernter Schrift.

die in dem Papier vorhandene Stärke, so weit sie damit in Berührung kommt, invertiert, d. h. in Zucker verwandelt; dieser gibt die blaue Jodreaktion nicht.

Man erkennt, daß das Eintreten und die Stärke der Reaktion abhängig sein wird von dem Stärkegehalte des Papiers und von der Menge und von der Art der in der Tinte vorhandenen Säure.

Tatsächlich geben verschiedene Tinten auf demselben Papiere die Reaktion in verschiedenem Maße. Sie tritt zwar schon bald nach der Niederschrift, wenn auch nicht sehr deutlich ein, wird mit der Zeit immer deutlicher und erreicht ihr Maximum etwa nach einer Woche. Die Fähigkeit, die Reaktion zu geben, bleibt dann, wie es scheint, unbegrenzt erhalten, wenn das Papier trocken aufbewahrt wird.

Die Wiederherstellung der Schrift tritt bei den stärkereichen Papieren gewöhnlich deutlicher ein, als bei den stärkearmen, bei diesen wird überdies die Schrift bei längerem Verweilen in der Jodlösung immer undeutlicher. Man verfährt dann am besten so, daß man durch lange Einwirkung des Jods das Maximum der Blaufärbung zu erreichen trachtet und dann das Papier in reines Wasser legt. Beim Verblassen der Blaufärbung tritt dann ein Moment ein, wo die Schrift am deutlichsten hervortritt. Dieser wird zur Entzifferung und photographischen Aufnahme benutzt. Übrigens läßt sich die Blaufärbung durch Behandlung mit Jodlösung immer wieder neu erzeugen, so daß man mit dem Abpassen des richtigen Momentes nicht zu ängstlich zu sein braucht.

Da die Reaktion durch den vorher angestellten Versuch, mit gasförmiger Rhodanwasserstoffsäure, selbst wenn die entstandene Rotfärbung durch Ammoniakdämpfe wieder beseitigt wurde, nicht beeinträchtigt wird, so stellen wir die beschriebenen Reaktionen immer in folgender Reihenfolge an: erst gasförmiger Rhodanwasserstoff, dann Versuch mit Jodlösung — natürlich nur, wenn die Prüfung an einer indifferenten Stelle ergeben hat, daß das Papier stärkehaltig ist — und dann endlich, wenn so das Ziel nicht erreicht wurde, Einwirkung von Schwefelammon im Gaszustande.

Ist auch das vergeblich gewesen, dann gibt es noch ein letztes, aber heroisches Mittel, das unter allen Umständen die Urkunde beschädigt, wenn nicht zerstört, und daher nur mit besonderer Zustimmung des Gerichts angewendet werden darf; es ist das die Wiederherstellung der entfernten Schrift durch Erhitzen bis zur beginnenden Verkohlung des Papiers.

Diese Prozedur gelingt nicht immer, offenbar beruht sie aber darauf, daß durch die in der Tinte enthaltene Säure die Zellulose des Papiers in Dextrin und andere einfachere, schon bei niedrigerer Temperatur sich bräunende Kohlenhydrate gespalten wird, so daß dieses dort, wo die Schrift gestanden hatte, eher verkohlt, als das übrige Papier. Wir werden aber später sehen, daß auch die Gegenwart beliebiger Salze wahrscheinlich durch ihre Zersetzung ganz ähnlich wirkt.

Es scheinen aber auch noch andere Umstände förderlich zu sein, so der Eisengehalt der Tinte, wenigstens wirken Gallustinten im allgemeinen sicherer als Kaisertinten, auch die Beschaffenheit des Papiers spielt eine Rolle, so begünstigt z. B. ein Stärkegehalt das Entstehen der braunen Schrift.

Man kann das Verfahren so ausüben, daß man das Papier direkt in einiger Entfernung über dem Zylinder einer brennenden Lampe hin und her bewegt. Es verlangt das jedoch eine ziemliche Geschicklichkeit und Übung, wenn man eine einigermaßen gleichmäßige Bräunung des Papiers erzeugen will.

Leichter und sicherer erreicht man dasselbe, wenn man das Schriftstück mit einem heißen Bügeleisen bearbeitet; man legt es zu dem Zwecke auf einige Bogen reinen Fließpapiers, darüber ein Blatt Asbestpapier und bewegt nun die gut abgewischte Plätte darauf hin und her, läßt wohl auch nach Bedürfnis einen Augenblick darauf verweilen, bis die Schrift deutlich dunkelbraun auf lichterem Grunde erschienen ist. Das Papier wird nach dieser Behandlung immer spröde und brüchig und es empfiehlt sich, es nun zwischen Glasplatten aufzubewahren. Will man ganz vorsichtig verfahren, so kann man das Papier auch im Trockenschrank allmählich bis zur beginnenden Verkohlung erhitzen.

Eine sehr merkwürdige Erscheinung ist zuerst von A. Bertillon[1]) beobachtet und dann von R. A. Reiss[2]) näher untersucht worden, eine Erscheinung, die offenbar mit der eben beschriebenen Wiedererzeugung einer chemisch entfernten Schrift auf dieselben Ursachen zurückzuführen ist.

Es ist das die latente Schrift, die auf einem Papier entstehen kann, wenn es auch nur kurze Zeit unter mäßigem Druck mit einer Tintenschrift in Berührung bleibt, z. B. findet man auf einem nur zur Hälfte beschriebenen Briefbogen, der einige Zeit zusammengefaltet gelegen hat, auf der leeren Seite den latenten Abdruck, ebenso auf der inneren Seite eines Kuverts den Teil des Briefes, der mit ihm unmittelbar in Berührung war. Auch hier wird das latente Bild, wie eben geschildert, mit dem heißen Bügeleisen hervorgerufen. Die Erscheinung beruht auch hier, wie schon Reiss erkannt hat, auf der in der Tinte enthaltenen freien Säure.

Die Sache würde von größerer Bedeutung sein, wenn so stark saure Tinten, die mit Sicherheit wirken, häufiger wären, zumal da sich, wie auch Reiss gezeigt hat, Rasuren usw. auf dem latenten Bilde ebenfalls kenntlich machen. Immerhin empfiehlt es sich, die Reaktion im Auge zu behalten, denn es lassen sich viele Fälle denken, wo sie vom Gerichtschemiker mit Vorteil benutzt werden kann.

Nach den neuesten Untersuchungen von A. Reiss sollen solche unsichtbare latente Bilder auch durch Berührung der Schrift mit photographischem Papier sichtbar gemacht werden, wenn man danach das Papier sich am Licht schwärzen läßt; mit Natriumthiosulfat läßt sich das Bild fixieren.

Will man zum Schluß noch andere Reaktionen zur Wiederherstellung chemisch entfernter Schriftzüge versuchen, Angaben dazu findet man genügend in der Literatur, z. B. ein von J. J. Hofman offenbar am Schreibtisch erdachtes, theoretisch sehr schönes, praktisch unbrauchbares Verfahren[3]), so stelle man sie nicht vor den hier empfohlenen an, weil durch die zur Verwendung kommenden Reagenzien die geringen Spuren Eisen, auf denen das Gelingen der Reaktionen beruht, entfernt werden und man sich so selbst um den Erfolg bringt.

[1]) Revue scientifique 1898, p. 72.

[2]) Näher beschrieben in seinem schönen Buche „La Photographie judiciaire", Paris.

[3]) Pharmazeutische Zentralhalle 1898, S. 134.

Bei Anwendung der nassen Jodmethode kann man unter Umständen noch nebenbei manchmal nützliche Beobachtungen machen. So werden schon beim Einlegen in Wasser mit Gelatine nachgeleimte Stellen glasig durchsichtig, während Harzleim sich nicht weiter bemerkbar macht.

Ist das Papier stärkefrei, bleibt das Papier also beim Einlegen in die Jodlösung weiß oder wird es höchstens schwach bläulich, so treten die mit Harzleim nachträglich geleimten Stellen etwas heller hervor, feuchte und wieder getrocknete Stellen werden dunkler gelb als die Umgebung, ebenso, wenn auch noch schwächer, Rasuren mit Messer oder Gummi, Schmutzflecken usw., alles aber bei weitem nicht so in die Augen springend wie mit dampfförmigem Jod.

Ist das Papier stärkehaltig, so treten die mit Gelatine nachgeleimten Stellen gewöhnlich anfangs noch heller hervor, als die Umgebung, werden aber später dunkler als diese. Nachträgliche Harzleimung macht sich auch hier nicht kenntlich.

Messerrasuren werden ungleichmäßig streifig dunkler, Gummirasuren gelbfleckig, vorher mit Wasser befeuchtete und dann getrocknete Stellen dunkler, mit Brotkrume geriebene ganz dunkel.

Schweiß-, Schmutz- und Fettflecke bleiben erst heller, weil sie die Flüssigkeit schlechter annehmen, später werden sie blaufleckig.

Sind Schriftzüge meist derselben Urkunde zu gleicher oder zu verschiedener Zeit geschrieben; wenn das zweite zutrifft, welche sind älter?

Tintenschrift.

Keine Frage wird häufiger an den Sachverständigen gestellt, als diese, und keine läßt sich oft schwieriger beantworten. Die dafür zu Gebote stehenden Methoden sind mit gewissen Unsicherheiten behaftet, die der Experte kennen und berücksichtigen muß, will er sich nicht zu argen Irrtümern verleiten lassen. Von der an sich richtigen Annahme ausgehend, daß die auf dem Papiere niedergeschriebene Schrift anfangs noch wenig beständig ist und erst allmählich durch den Einfluß der atmosphärischen Luft den höchsten Grad ihrer Widerstandsfähigkeit erreicht, kam man zu dem übereilten Schluß, daß von dem Grade der Beständigkeit auf das Alter einer Schrift geschlossen werden könne. Man übersah dabei, daß es mehr und weniger widerstandsfähige Tinten gibt, daß die Menge der aufgetragenen Tinte, der Druck und die Art der Feder, ob spitz oder ob stumpf, von Einfluß ist, und daß endlich auch das Papier, die Art und Natur der verwendeten Faser, und die Stärke der Leimung, wodurch die Porosität und damit die Aufsaugefähigkeit für die Tinte beeinflußt wird, und mancher andere Umstand eine wichtige Rolle spielt.

Es ist klar, daß eine alte Gallustinte sich hier anders verhalten wird, wie eine moderne und eine Kaisertinte wieder anders als diese.

Endlich ist zu berücksichtigen und von großem Einflusse, was mit der Tinte, nachdem sie in das Tintenfaß eingefüllt wurde, weiter vor sich ging. Viele Menschen, namentlich solche, die wenig schreiben, leisten in diesem Punkte das Unglaublichste. Es ist ein großer Unterschied, ob ein Tintenfaß offen oder geschlossen gehalten wurde, ob Staub und Insekten ungehindert hineingelangen konnten, ob sie durch Stehen an der Luft sich konzentrierte und ob sie endlich, gänzlich eingetrocknet, nun mit Wasser, Kaffee, Tee, Bier oder dergleichen wieder aufgenommen worden ist.

Man sieht, daß man streng genommen nur dann von der Beständigkeit auf das Alter einer Schrift mit einiger Berechtigung und auch dann nur bedingungsweise schließen kann, wenn sicher festgestellt ist, daß die auf demselben Schriftstücke befindliche Schrift mit Tinte aus demselben Tintenfasse hergestellt wurde. Das trifft kaum je zu!

Trotzdem sind nun die folgenden Methoden auf der genannten irrigen Annahme aufgebaut.

So haben J. Habermann und A. Oesterreicher[1]) die Kopierfähigkeit einer Schrift für diesen Zweck herangezogen. Tatsächlich lassen sich die meisten Tinten — abgesehen von den Kopiertinten, die leicht daran zu erkennen sind, daß sie an einen Tropfen Wasser bei ruhigem Stehen Farbstoff abgeben, vorausgesetzt, daß die Schrift nicht kopiert wurde — kurz nach ihrer Niederschrift kopieren, d. h. sie geben im Kopierbuche nach dem allgemein geübten Verfahren mit Wasser einen mehr oder weniger deutlichen Abklatsch. Diese Fähigkeit hört gewöhnlich schon nach wenigen Tagen auf, manche Tinten bewahren sie aber länger, Wochen, ja Monate.

Man könnte nun zu dem Schlusse kommen, daß, wenn zwei auf demselben Schriftstücke befindliche Schriften sehr ungleich kopieren und wenn es feststeht, daß die Tinten identisch sind, daß die gut kopierende jünger sei. Aber der Schluß ist nur dann einigermaßen gerechtfertigt, wenn es sich nicht nur um wenige Buchstaben, sondern um ganze Reihen handelt und wenn der Unterschied sehr hervorstechend ist.

Man kann sich aber leicht durch den Versuch überzeugen, daß sogar Schriften derselben Tinte von sehr verschiedenem Alter, sagen wir z. B. zwei Jahre, gleichzeitig unter denselben Bedingungen auf dasselbe Blatt kopiert, sich genau gleich verhalten, d. h., daß von der alten Schrift ebensoviel abgeklatscht wird, wie von der jüngeren, zumal wenn diese auch ein gewisses Alter erreicht hat. Sind die Tinten verschieden, dann kann sogar unter Umständen die ältere Schrift besser kopieren als die jüngere.

Die Methode schwebt daher ganz in der Luft und kann nur sehr selten unter besonders günstigen Bedingungen zu einem einigermaßen sicheren Schluß berechtigen.

So wurde z. B. im Chemischen Staats-Laboratorium in Hamburg ein Fall bearbeitet, wo in einem Kontobuche nachträglich Änderungen vorgenommen sein sollten. Diese Änderungen erstreckten sich zwar über Jahre, sollten aber erst in jüngster Zeit ausgeführt sein. Beim Kopieren stellte sich heraus, daß die eigentliche Schrift keine Spur eines Abklatsches gab, daß dagegen die Stellen vermuteter Fälschung überall gut kopierten. Hier konnte natürlich mit einiger Sicherheit auf Fälschung geschlossen werden, man würde sich aber wohl gehütet haben, sie mit voller Bestimmtheit zu behaupten, wenn der Befund nicht noch durch andere Umstände bestätigt worden wäre.

Nicht viel besser steht es mit dieser Methode, wenn man statt reinem Wasser andere Flüssigkeiten benutzt. So hat Carré[2]) verdünnte Salzsäure 1 : 12 vorgeschlagen und glaubt, je nach dem Resultate ziemlich sichere Schlüsse auf das Alter einer Schrift ziehen zu können.

---

[1]) Zeitschrift für analytische Chemie **40**, 725.

[2]) Ebenda **9**, 282.

Wir haben seine Versuche wiederholt, können sie aber in keiner Weise bestätigen; auch hier kopieren alte Schriften, sogar derselben Tinte, manchmal besser als jüngere.

Dasselbe gilt von der schon S. 63 erwähnten, sogar patentierten Rogersschen Flüssigkeit, bestehend aus 15 g Alkalioxalat, 0,8 g Kaliumferrocyanid und 0,06 g Ammoniumvanadat in 1 Liter Wasser.

Trotzdem unterlassen wir bei Schriftprüfungen das Kopieren, wenn auch nur mit reinem Wasser, nie, aber aus einem anderen Grunde. Erhält man nämlich einen Abklatsch, so kann man die schon beschriebenen chemischen Prüfungen fast immer ebenso gut mit der Kopie, wie mit dem Originalschriftstücke vornehmen und so das Original schonen.

Auch die chemischen Prüfungen sind für Altersbestimmung einer Schrift, unseres Wissens zuerst von Sonnenschein[1]), herangezogen worden. Nach ihm sollen sogar die durch Chemikalien, Säuren, Bleichflüssigkeit usw. bewirkten Änderungen der Zeit nach mit der Sekundenuhr beobachtet werden.

Wenn auch zugegeben werden muß, daß diesen Chemikalien gegenüber ältere Schriften, namentlich wenn es sich um sehr große Altersunterschiede handelt, im allgemeinen widerstandsfähiger sind, so ist ein Schluß auf das Alter nur dann, und zwar wiederum nur ganz bedingt, zulässig, wenn es sich sicher um dieselbe Tinte handelt. Ist das nicht der Fall, so schwebt auch hier jedes Urteil trotz des wissenschaftlichen Aussehens der Methode und der Sekundenuhr in der Luft. Man wird dieses Verfahren daher auch nur in ganz seltenen Fällen und immer nur mit der größten Vorsicht zu Rate ziehen dürfen.

Auch die Beantwortung der Frage, ob Schriften gleichzeitig niedergeschrieben sind, wird man aus den angeführten Gründen, selbst wenn sich die Schriftzüge gegen Chemikalien der Zeit nach zufällig ganz gleich verhalten, besser ablehnen.

Kann man nun auch auf dem geschilderten Wege nicht zum Ziele gelangen und scheint die Abgabe eines sicheren Urteils unmöglich, so gibt es glücklicherweise wenigstens einen und sogar nicht zu selten vorkommenden Fall, wo sich die gestellte Frage mit voller Bestimmtheit beantworten läßt. Das ist, wenn die zu vergleichenden Schriften sich wenigstens in einem Punkte kreuzen.

Wenn beim Schreiben, wie das bei vielen Buchstaben der Fall ist, Linien sich gegenseitig durchschneiden, so fließt an diesen Stellen, da die untere Linie meist noch feucht ist, die Tinte ineinander und man könnte, wenn man es der Natur des Buchstabens nach nicht wüßte, nicht feststellen, welche Linie unten liegt, also zuerst geschrieben wurde.

Es läßt sich dann der oben liegende Schriftzug nicht über den unteren verfolgen, man findet, daß dort, wo der obere in den unteren eintritt oder ihn verläßt, die von beiden Schriftzügen gebildeten Winkel

[1]) Lehrbuch der gerichtlichen Chemie. 1881, S. 364.

durch Vereinigung der Tinte unscharf geworden sind. Das gleiche tritt ein, wenn sich die beiden Schriftzüge an einer Stelle berühren.

Auf Fig. 43 finden wir beide Erscheinungen; der Buchstabe *k* zeigt in dem Schnittpunkte des unteren Hakens das Auslaufen der Tinte in beiden Winkeln. Oben rechts auf dem *k* liegt der Strich eines viel später geschriebenen Buchstabens, der sich deutlich verfolgen läßt, die ausgelaufenen Winkel fehlen hier. Allerdings ist das gesagte nicht immer in so schroffer Form richtig, wie eben ausgesprochen wurde, da manche Umstände auch hier das Zusammenfließen der Tinte verhindern oder erschweren und oft durch Beschaffenheit der Feder oder die Art der Federhaltung bewirken, daß man den Verlauf des oben liegenden Schrift-

Fig. 43.

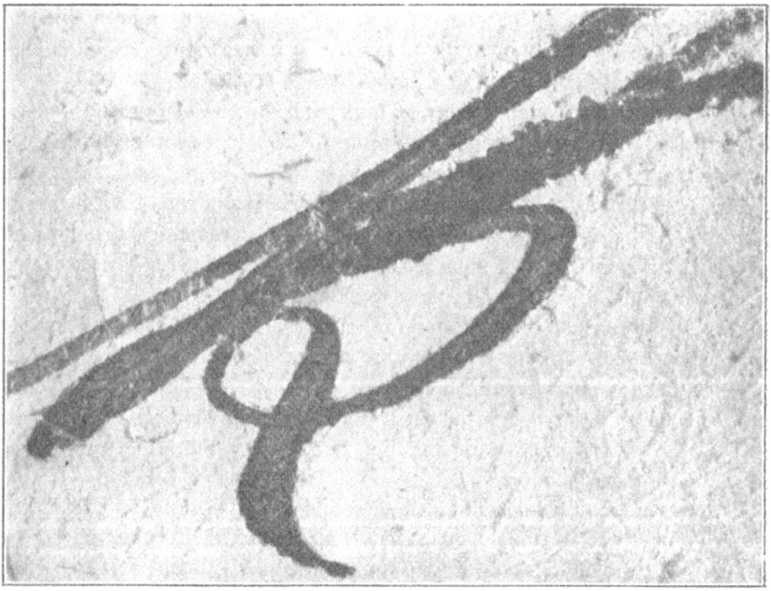

Schnittpunkte frischer und alter Schrift.

zuges auch in demselben Buchstaben verfolgen und so seine Lage feststellen kann. Hier spielt weiter die Natur der Tinte und die Dicke der Schrift, ob ein Haarstrich auf einem Grundstriche lagert oder umgekehrt, ebenfalls eine Rolle. Man hat, um über diese Verhältnisse ein Urteil zu erlangen, gewöhnliche Schrift verschiedenster Herkunft mit Lupe und Mikroskop zu studieren, auch in jedem einzelnen Falle von neuem an der betreffenden Schrift die verschiedensten Kreuzungspunkte auf ihre Eigentümlichkeiten zu untersuchen.

Auch die Frage, ob sich kreuzende Schriftzüge in frischem Zustande übereinandergelegt, also in einem Zuge geschrieben wurden oder ob der untere Schriftzug älter ist, also schon trocken war, als man den zweiten darübersetzte, kann manchmal Gegenstand der Untersuchung werden.

So lagen uns z. B. Kontobücher vor, die in der Weise gefälscht sein sollten, daß die einzelnen Eintragungen nicht an den angegebenen Daten, sondern alle auf einmal gleichzeitig gemacht worden wären.

Auf verschiedenen Seiten fanden sich Kreuzungs-, manchmal auch nur Berührungspunkte von Schriftzügen, deren Niederschrift nach den beigesetzten Daten tage- oder gar wochenlang hätte auseinander liegen müssen.

Die durch photographische Aufnahmen bei sehr schräger Beleuchtung unterstützte mikroskopische Untersuchung zeigte, obgleich sich manch-

Fig. 44.

Dünne Eisengallustinte über Blauholztinte.

mal die obenliegende Schrift durch eine für sie eingeritzte charakteristische Linie deutlich verfolgen und als obenliegend erkennen ließ, daß niemals ein Auslaufen der einen Schrift in die andere hinein, sondern nur das schon geschilderte Vermischen an den Kreuzungspunkten eingetreten war. Daraus ergab sich, daß sämtliche Eintragungen, wie nunmehr auch der Fälscher zugestand, gleichzeitig hintereinander geschehen waren.

Bei dieser Gelegenheit leistete uns auch Zeiss Vertikalilluminator nützliche Dienste. Dieses Instrument gestattet die mikroskopische Betrachtung eines Gegenstandes unter Abblendung des Seitenlichtes bei ausschließlich senkrechter Beleuchtung. Der dadurch hervortretende Oberflächenglanz, die scharfe Markierung der Grenzlinien gibt dann oft den sicheren Beweis, ob eine Schrift über der anderen lagert oder ob beide ineinander geflossen sind.

Wichtiger und häufiger ist der Fall, wo die Schrift bereits eingetrocknet war und erst dann eine zweite darübergesetzt sein soll und wo nun zu beantworten ist, welche Schrift die ältere ist, also unten liegt.

In diesem Falle verbinden sich die beiden Linien nicht mehr so innig, und wenn es auch vorkommen kann, daß eine sehr dick aufgesetzte Linie aus einer darunter liegenden, ebenfalls starken, wieder Tinte auflöst und so eine Art Vermischung eintritt, so kann doch immer nur

Fig. 45.

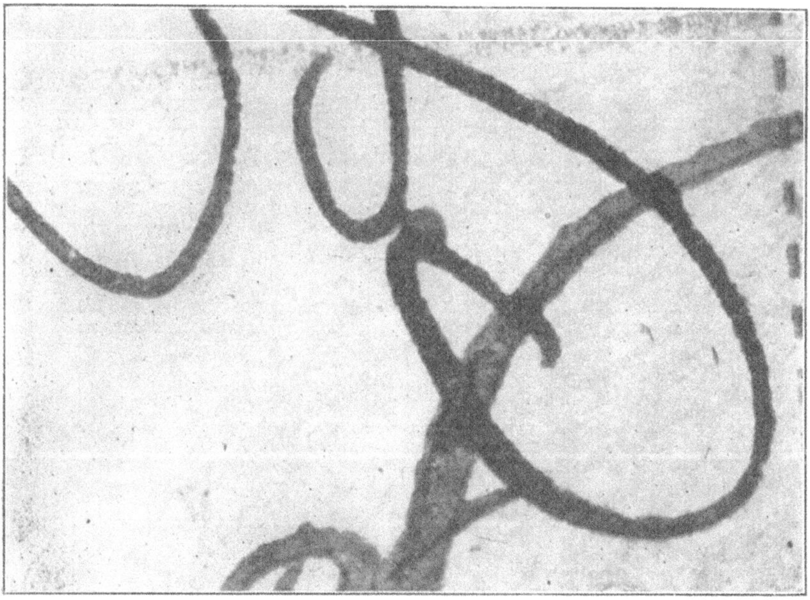

Ausgeflossene Schnittpunkte.

Substanz aus der oberen, noch beweglichen in die untere, schon festliegende hineinfließen. Die obere Schrift nimmt dann, gewöhnlich nur nach einer Seite, eine unregelmäßige, zackige Struktur an mit scharfen Konturen, die sich genau verfolgen lassen. Das ist z. B. deutlich sichtbar auf beigegebener Abbildung (Fig. 44 a. v. S.), wo die Schriftzüge einer sehr dünnen Eisengallustinte über einer starken Blauholztinte liegen. Bei oberflächlicher Betrachtung mit bloßem Auge, mit Lupe und Mikroskop, schien die dickere Schrift oben zu lagern, erst bei sehr schräger Beleuchtung im Dunkelzimmer, und durch die photographische Aufnahme trat das Umgekehrte deutlich zutage; man sieht an fast allen Schnittpunkten, daß die schwache Tinte in die dunklere ausgeflossen ist und wie sich die durch den Schillerglanz charakteristische Oberfläche der helleren Schrift deutlich über die dunklere fortsetzt.

Fig. 45 zeigt besonders schön das Ausfließen der oberen in die untere Schrift, Aufnahme mit Planar in auffallendem Lichte.

Weiter von Wichtigkeit sind die von beiden oder einer der Spitzen der Feder scharf gezogenen Grenzlinien der Schrift, die allerdings manchmal je nach der Federhaltung nur auf einer Seite gut ausgebildet sind. Sie lassen sich aber oft deutlich verfolgen und die Schrift, deren Grenzlinien ununterbrochen sind, liegt oben. (Siehe Fig. 44.) Hier kommen jedoch, wie schon erwähnt, Täuschungen vor, weil auch, wenn beide Schriften noch frisch sind, die eine, obwohl untenliegend, diese Linien erkennen lassen kann, die andere nicht. In solchen Zweifelfällen hilft oft der charakteristische, namentlich durch die Photographie in schräger Beleuchtung kenntlich werdende Oberflächenglanz.

Bei manchen Federn entsteht unter ganz bestimmter Federhaltung, aber fast nur bei Gallustinten alter Art, in der Mitte der Schrift eine scharfe schwarze Linie; auch sie dient dazu, je nachdem man sie ununterbrochen verfolgen kann oder nicht, festzustellen, welcher Schriftzug oben liegt.

So einfach nun, wie in diesen wenigen Worten geschildert, läßt sich nun in Wirklichkeit die Sache doch nicht immer an, denn die Natur der Tinte und des Papiers, die Art der Feder und die Manier des Schreibens verursachen manchmal Abweichungen, über die man sich nicht immer gleich Rechenschaft geben kann. Zumal wenn nur ein einziger Kreuzungspunkt vorliegt, wenn die Tinten identisch und wenn der eine Zug sehr stark, der andere sehr schwach geschrieben wurde, ist besondere Vorsicht am Platze. Man hüte sich vor einer vorschnellen Meinung, von der man sich später nur ungern loswindet, sondern schiebe sein Urteil bis nach der sorgfältig angestellten und mit allen Hilfsmitteln durchgeführten Prüfung auf.

Wir beginnen auch hier die Untersuchung stets mit der Lupe und dem Mikroskope. Die Lupe ist fast vorzuziehen, weil man die Beobachtung bequem unter wechselnder Beleuchtung vornehmen kann und man eine größere Beweglichkeit hat. Hierzu eignen sich besonders die aplanatischen Lupen und bei Mikroskopbetrachtung die Achromate aa und a von Zeiss.

Oft ist es von Vorteil, die Beobachtung in direkter Sonnenbeleuchtung anzustellen, weil darin der Oberflächenglanz besonders grell und deutlich hervortritt. Steht Sonnenlicht nicht zur Verfügung, so muß man sich an einer elektrischen Bogenlampe, zur Not auch an einem Auerbrenner im Dunkelzimmer genügen lassen.

Am wenigsten deutlich treten die zur Feststellung dienenden Merkmale bei Gallustinten alter Art auf, besonders wenn beide Schriftzüge, oder wenigstens der eine, sehr dünn und matt sind und wenn die Schrift schon sehr alt ist.

Obgleich die alte Galläpfeltinte keinen Farbstoff gelöst enthält, und das als Pigment dienende Eisensalz schon fertig gebildet in der Flüssigkeit suspendiert enthalten ist, so hat die Flüssigkeit doch noch immer wenigstens Spuren von Eisenoxydulsalz in Lösung, die sich erst auf dem

Papier allmählich oxydieren und die ganze Schrift mit einem gelblichen Schimmer überziehen, der durch das in der Tinte enthaltene Verdickungsmittel auch noch eine Art Glanz enthält.

Bei den mit Farbstoff versehenen Gallustinten moderner Art und ebenso bei den den Farbstoff des Blauholzes enthaltenden Kaisertinten, ist dieser Glanz noch deutlicher.

Die Erkennung wird um so sicherer, je verschiedener die Farbstoffe sind.

Die Abbildung (Fig. 46), bei der es sich um zwei sehr ähnliche Gallustinten moderner Art handelte, läßt in allen Schnittpunkten nach den gemachten Erörterungen mit Sicherheit die oben liegende Schrift

Fig. 46.

Sich kreuzende Gallustinten.

erkennen. Das auf dem Photogramm fast plastische Hervortreten der oberen Schrift wurde durch sehr schräge Beleuchtung und schiefwinklige Stellung der Kamera erreicht.

Sind die Tinten sehr konzentriert gewesen, dann sieht man oft, namentlich bei schräger Beleuchtung, die eine über die andere reliefartig hervortreten; dann hat man im Mikroskop ein unfehlbares Mittel, festzustellen, welcher Zug oben liegt. Denn indem man bei sehr starker Vergrößerung auf den einen scharf einstellt, wird der andere unscharf und indem man feststellt, ob man sich mit dem Objektive nähern oder entfernen muß, um auf den anderen scharf einzustellen, erkennt man, welcher von ihnen dem Objektiv näher, also oben liegt.

Fig. 47 zeigt eine solche photographische Aufnahme. Um die unscharfe Schrift scharf einzustellen, mußte das Objektiv dem Objekte genähert werden; diese liegt daher unten.

Endlich sei noch eines Falles erwähnt, der den weniger Geübten und Erfahrenen unter Umständen irreführen kann.

Wenn nämlich über eine farbstoffreiche, und zwar roten Farbstoff enthaltende, eben erst oder kaum aufgetrocknete Tinte ein Schriftzug einer farbstoffreien, oder blauen Farbstoff enthaltenden Tinte gezogen wird, so kann es vorkommen, daß aus der unteren Tinte Farbstoff auf-

Fig. 47.

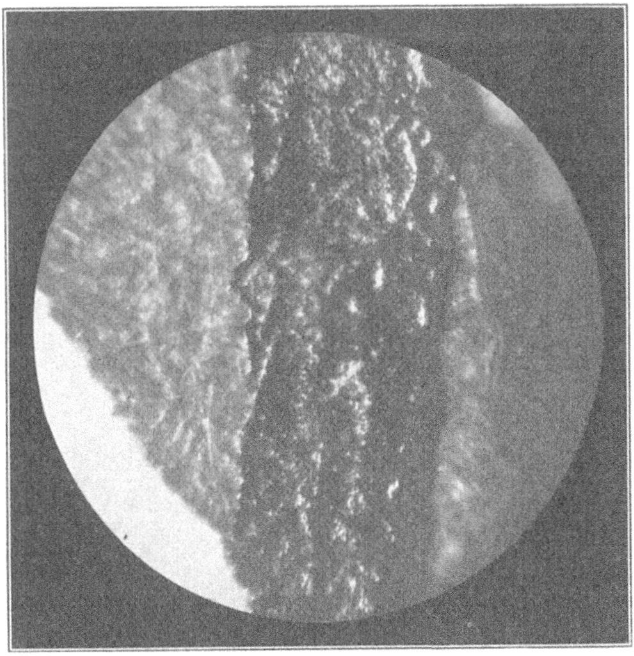

gelöst wird und in die obere hineindiffundiert. Hierdurch kann bei der photographischen Aufnahme mit der gewöhnlichen Platte der Eindruck erweckt werden, als liege eine durch Auslaufen der oberen Tinte verursachte Verstärkung der darunter liegenden vor.

Zwar sind die so erzeugten Verdickungen gewöhnlich weniger stark begrenzt, laufen fast immer nach beiden Seiten aus und lassen sich auch stets durch mikroskopische Betrachtung richtig deuten.

Wir führen dieses Beispiel nur an, um zu betonen, daß man sich bei diesen Untersuchungen nicht auf Lupe oder Mikroskop oder photographische Aufnahme allein verlassen kann, sondern daß man sie alle drei benutzen muß und nur dann sein Ergebnis als sicher ansehen darf, wenn sie übereinstimmend zu demselben Resultate führen.

Bleistiftschrift.

Auch bei der Bleistiftschrift kann die Frage gestellt werden, welche von sich kreuzenden Zügen oben liegen, also jünger sind.

Hier sind die schon erwähnten perlschnurartig eingeritzten Gleitlinien von ausschlaggebender Wichtigkeit. Man erkennt sie schon sicher bei sehr schräger Beleuchtung mit der Lupe oder dem Mikroskope, besonders schön treten sie zutage in darauf hinarbeitenden photographischen Aufnahmen.

Fig. 48.

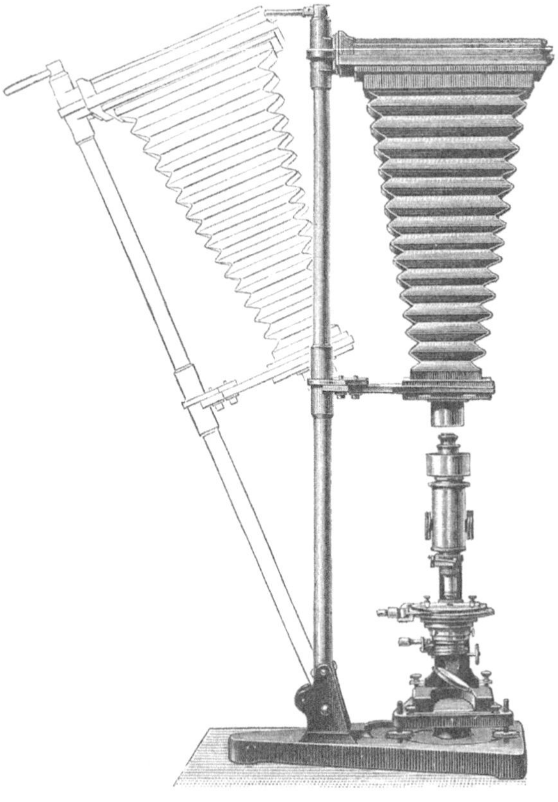

Mikrophotographische Vertikalkamera.

Hierzu eignet sich nur der aufrechtstehende mikrophotographische Apparat und Tageslicht, weil im horizontalen Apparat und bei künstlicher Beleuchtung für diesen Fall störende Schatten und Reflexe auf das Objekt fallen.

Wir benutzen den Fig. 48 abgebildeten vertikalen Apparat von Zeiss, ohne behaupten zu wollen, daß man mit anderen, ähnlichen Apparaten nicht dasselbe erreichen könnte.

Das Mikroskop wird bei wagerecht umgelegter Kamera mit Hilfe einer auf den Objekttisch gestellten Libelle genau horizontal gestellt. Der Apparat steht am Fenster, die oberen Scheiben verhängt, so daß das Licht von der Seite auffällt, die Öffnung des Objekttisches wird mit schwarzem Papier bedeckt. Für Aufnahmen im durchfallenden Lichte wird diese Bedeckung wieder entfernt.

Für schwache Vergrößerungen dienen die schon aufgeführten Planare, mit dem Trichterrohre in den Tubus eingesetzt; für stärkere Ver-

Fig. 49.

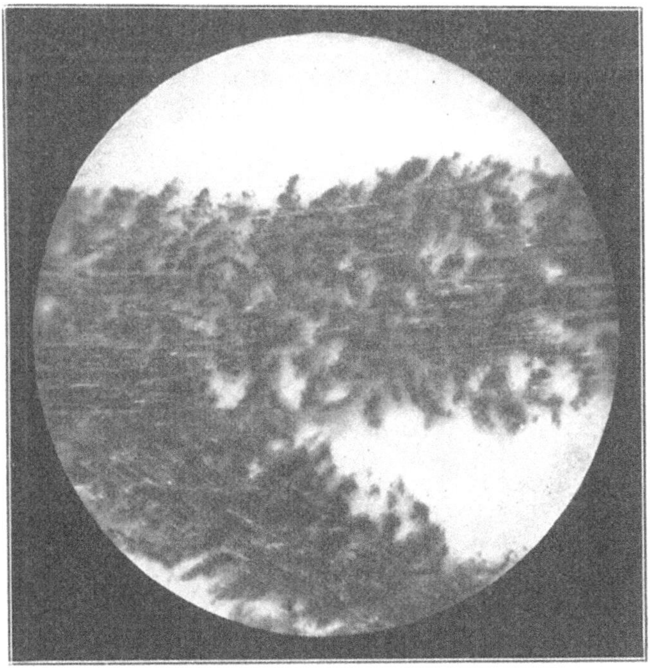

Sich kreuzende Bleistiftschrift.

größerung werden die Apochromate von 8 oder 16 mm Brennweite an den Objektivträger angeschraubt und mit Projektionsokular 2 benutzt.

Man richtet die Kamera auf, verbindet sie lichtdicht mit dem Mikroskope, Kameralänge $^1/_2$ m.

Das Objekt wird, wenn nötig, unter Zuhilfenahme einer Glasscheibe glatt auf den Objekttisch geklemmt, so daß die aufzunehmende Stelle in das Gesichtsfeld gelangt und man sucht bei schwacher Vergrößerung erst mit dem Mikroskope, dann auf der Mattscheibe die für den Fall passende Beleuchtung auf, indem man den ganzen Apparat um seine Vertikalachse dreht. Die genaue Einstellung erfolgt nicht auf der Matt-, sondern auf der Spiegelglasscheibe mit der Einstellupe. Die richtige

Expositionszeit muß durch Probeaufnahmen festgestellt werden; sie kann je nach Wetter, Tages- und Jahreszeit sehr erheblich schwanken.

Zur photographischen Wiedergabe der schon mehrfach erwähnten Gleitlinien muß das Licht annähernd im rechten Winkel gegen die Schreibrichtung einfallen. Sollen diese Linien zur Feststellung dienen, welcher von zwei Schriftzügen oben liegt, d. h. bei welchem die Gleitlinien nicht unterbrochen werden, so kann natürlich das Licht nicht gleichzeitig bei etwa rechtwinkelig sich kreuzenden Linien senkrecht auffallen. Am besten ist es dann, auf einem Photogramm die Gleitlinien des aufliegenden Bleistiftstriches zu zeigen, und auf einem zweiten die Unter-

Fig. 50.

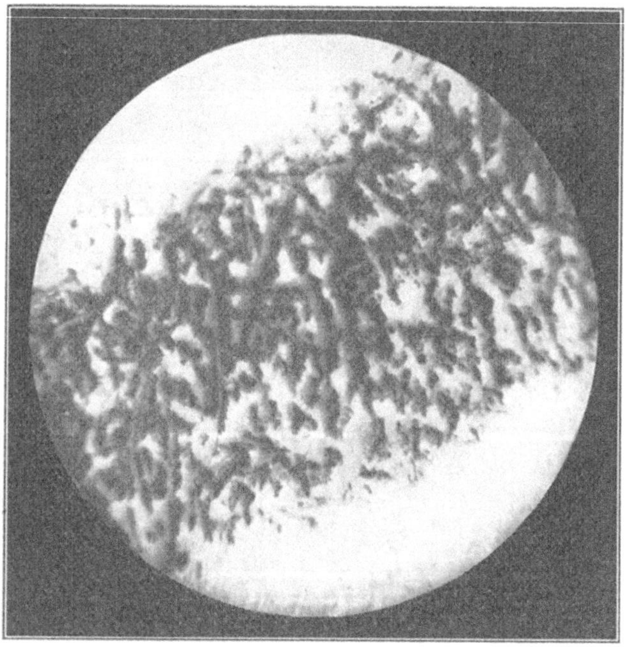

Stark vergrößerte Bleistiftschrift im durchfallenden Lichte.

brechung des Verlaufes der Gleitlinien der unteren Linie. Nur wenn die Kreuzung nicht zu steil ist, kann man die Beleuchtung aufsuchen, wobei der Auffallwinkel bei beiden Linien so groß ist, daß die Gleitlinien auf beiden zutage treten (s. Fig. 49 a. v. S.).

Dieselbe Abbildung gibt neben den Gleitlinien die Struktur der Bleistiftschrift, die Lagerung des Graphits quer der Papierfaser, wieder.

Diese charakteristische Lagerung wird noch deutlicher bei stärkerer Vergrößerung, etwa 100 fach mit Apochromat von 16 mm Brennweite im durchfallenden Lichte, wie in Fig. 50.

Die Fig. 51 und 52 geben Beispiele dafür, daß mit Hilfe der Photographie, ähnlich wie bei der Tintenschrift, auch bei der Bleistift-

Fig. 51.

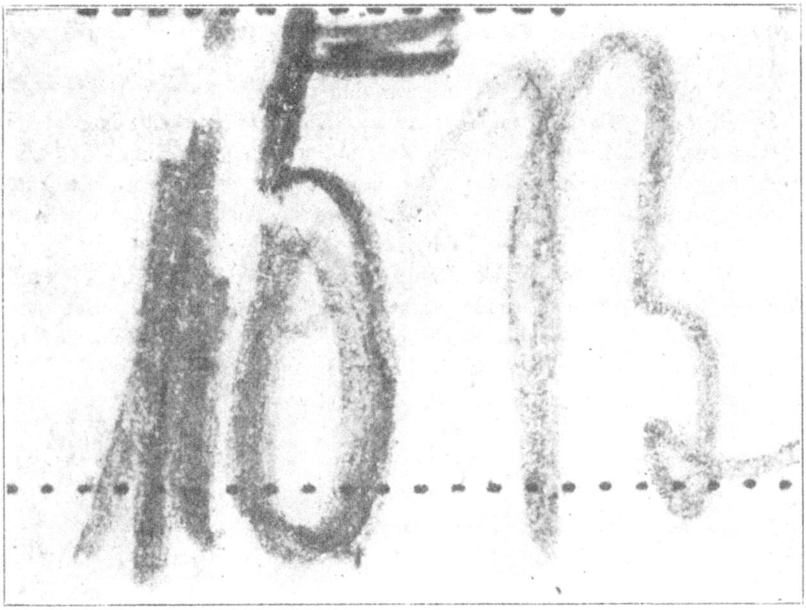

Umwandlung einer 10 in eine 15.

Fig. 52.

Umwandlung des Datums 17./4. in 11./5.

schrift nachträglich mit einem anderen Stifte gemachte Änderungen unter Umständen deutlich herausgeholt werden können, indem man durch entsprechende Exposition bei angemessener Beleuchtung und hartes Kopieren die Kontraste zu verschärfen versucht.

Fig. 51 (a. v. S.) zeigt die Umwandlung einer 10 in eine 15 bei etwa 20 facher Vergrößerung mit Planar von 35 mm Brennweite im durchfallenden Lichte. Die mehrfach überfahrene ursprüngliche 1 und die im Bogen der 5 befindliche 0 sind erst durch die etwas überexponierte, dann verstärkte, unter der Gelbscheibe kopierte Aufnahme deutlich hervorgetreten.

Fig. 52 (a. v. S.), Umwandlung eines Datums 17./4. in 11./5. Aufnahme im auffallenden Lichte bei sehr schräger Beleuchtung; auch hier wurden die untenliegenden sehr schwachen Ziffern erst durch die wie oben geschilderte photographische Behandlung leserlich.

Sind Schriftzüge, meist Namensunterschriften, aus freier Hand geschrieben oder sind sie nach einer Vorlage durchgezeichnet oder mechanisch durchgepaust?

Obwohl die Beantwortung dieser Frage meist dem Graphologen zugeschoben wird, so kann doch auch der Gerichtschemiker nicht nur jenem helfend an die Hand gehen, sondern auch in vielen Fällen selbständig zu einer Lösung kommen, die sicherer ist und mehr Vertrauen verdient, als die immer auf subjektiver Anschauung fußende Entscheidung des Schreibsachverständigen.

Ist eine Handschrift aus freier Hand nachgezeichnet, ist der Fälscher ein Mann von Geschicklichkeit und Talent und hat er seine Kunst mit Überlegung geübt, dann läßt sich die Fälschung mit Sicherheit nicht feststellen; denn dieser Künstler wird die Handschrift nicht ohne weiteres sklavisch nachahmen, sondern er wird sie sorgfältig und eingehend studieren, bis er in ihr Wesen eingedrungen und imstande ist, sie fließend und ohne Stocken in richtiger Form niederzuschreiben.

Das ist natürlich außerordentlich schwer, wenn es sich um die Herstellung eines langen Schriftstückes handelt, denn da werden auch dem Geschickten und Überlegten kleine Unachtsamkeiten und Anomalien unterlaufen, die mit der nachgeahmten Schrift im Widerspruch und vielleicht mit seiner eigenen im Einklange stehen.

Handelt es sich aber, und das ist gewöhnlich der Fall, nur um die Nachahmung einer Namensunterschrift, dann ist es schon bei geringer Handfertigkeit nicht schwer, in kurzer Zeit die nötige Übung zu erlangen, um die Schrift in einem Zuge ohne Stocken oder Zögern mit vollendeter Kunst niederzuschreiben. In solchem Falle ist der Beweis der Fälschung nicht zu erbringen, oft genug erklärt der Geschädigte selber, er habe zwar die Unterschrift nicht geschrieben, es sei aber trotzdem seine Handschrift.

Glücklicherweise sind Fälscher, die ihr Gewerbe mit solcher Kunst ausüben, dünn gesät, viel häufiger kommen die vor, die nicht über eine solche Geschicklichkeit und Übung verfügen, auch im Augenblicke der Not nicht lange Zeit haben, um sich auf die Nachahmung einzuüben.

Diese nehmen sich eine echte Unterschrift vor und malen ängstlich jeden Buchstaben einzeln nach. Auch dann kann unter Umständen noch ein befriedigendes Werk zustande kommen, das bei oberflächlicher Betrachtung täuschen kann; bei sorgfältiger Prüfung aber ist die Fälschung fast immer zu erkennen.

Hierzu dient eine vergrößerte Aufnahme; jede Unsicherheit, jedes Stocken bei der Niederschrift, jeder fehlerhafte Ansatz der Feder, jedes nachträgliche Nachziehen eines auf den ersten Hieb nicht gut gelungenen

Fig. 53.

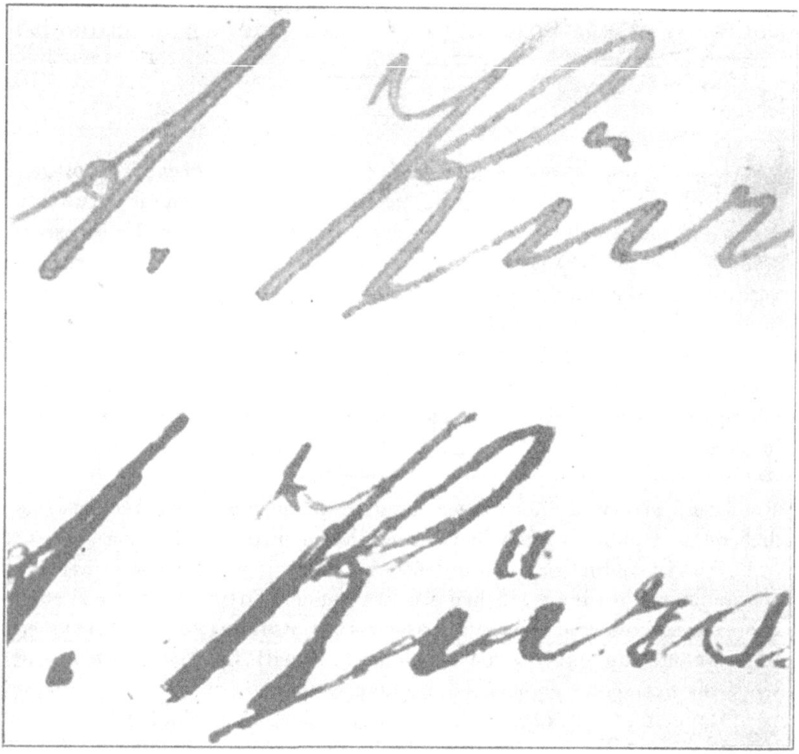

Nachgeahmte Unterschrift.

Striches usw. tritt auf der Vergrößerung zutage und macht offenbar, daß keine fließende Schrift, sondern eine mühsame Nachbildung vorliegt.

Hat man eine echte Unterschrift zum Vergleiche oder läßt sie sich, wie das gewöhnlich der Fall sein wird, beschaffen, dann fertige man auch von dieser eine Vergrößerung in demselben Maßstabe an; die erwähnten Unterschiede werden so grell in die Augen fallen, daß niemand mehr an der stattgehabten Fälschung zweifeln wird. Fig. 53 zeigt eine solche Nachahmung neben der echten Unterschrift.

Das eben beschriebene Verfahren, eine Unterschrift nachzuahmen, verlangt aber immer noch ein ziemliches Maß von Geschicklichkeit, über das nicht jeder verfügt, der eine solche Unterschrift nötig hat. Dieser wird, an die Zeichenübungen seiner Kinderjahre anknüpfend, eine echte Unterschrift an der Fensterscheibe mit Bleistift durchpausen und die Pause mit Tinte nachziehen.

Selbst mit der größten Sorgfalt wird es ihm aber nicht gelingen, überall genau die Bleistiftschrift mit der Tintenschrift zu überdecken, hier und da wird ein Partikelchen hervorragen, das mit dem Mikroskope leicht entdeckt und durch eine photographische Aufnahme deutlich sichtbar gemacht werden kann. Hat er aber der Sicherheit wegen diese Reste mit Gummi oder Brotkrume weggenommen, so können die dadurch erzeugten Veränderungen und Beschädigungen der Papieroberfläche in der früher beschriebenen Weise hervorgerufen werden.

Endlich bleibt dem Sachverständigen noch ein letzter Ausweg, der aber nur mit Zustimmung des Gerichts betreten werden darf.

Selbstverständlich läßt der Fälscher die Bleistiftschrift bei seiner Arbeit unverändert, höchstens der ganz Gewitzte wird sie vor dem Überziehen mit Tinte soweit mit Gummi entfernen, daß sie ihm für seinen Zweck genügend eben noch sichtbar bleibt. Aber auch diese Reste sind für den Experten ausreichend. Der Graphit des Bleistifts wird von allen den Chemikalien, womit man eine Tintenschrift entfernen kann, nicht angegriffen. Indem man also nach einem der schon geschilderten Verfahren, das man der Art der Tinte entsprechend auswählt, die Tintenschrift vorsichtig beseitigt oder schwächt, bis die ev. darunterliegende Bleistiftschrift zutage tritt. Man kann sie dann noch auf photographischem Wege, wenn nötig, verstärken und je nach Art und Charakter deutlich sichtbar machen.

Bald günstiger, bald ungünstiger kann die Aufgabe für den Experten liegen, wenn es sich nur um einfache Bleistiftschrift handelt.

Hat der Fälscher die Schrift flott und ohne Zögern geschrieben und nicht mühsam nach einer Vorlage nachgemalt, dann ist wieder der Graphologe der einzige, der dem Gericht Auskunft zu geben unternehmen kann. Ist jedoch das zweite der Fall, so wird, wie bei der Tintenschrift, die vergrößerte Aufnahme die Meinung des Graphologen unterstützen, und damit die Richtigkeit seines Urteils erhöhen, oder ihr widersprechen oder mindestens sie nicht bestätigen und den Richter zur Vorsicht mahnen. Eine an der Fensterscheibe mit einiger Kunst nachgezogene Unterschrift entzieht sich ebenfalls der Untersuchung des Chemikers.

Beim Bleistift gibt es noch ein anderes Verfahren der Vervielfältigung: das Durchpausen mit Graphitpapier.

Es besteht, wie bekannt, darin, daß man unter das Blatt, auf dem sich die durchzupausende Schrift befindet, ein einseitig mit feinem Graphit bedecktes Papierblatt, die Graphitschicht nach unten, legt, darunter das Papier, worauf die Schrift abgedruckt werden soll, und daß man nun mit einem harten Bleistift oder besser mit einem sogenannten Kopierstift aus Achat, Celluloid oder hartem Holze die zu kopierende Schrift mit starkem Druck überfährt.

Auf diese Weise wird die Schrift auf dem unten liegenden Papier einer Bleistiftschrift ähnlich abgedrückt. Aber sie ist der Bleistiftschrift nur bei oberflächlicher Betrachtung ähnlich, in Wirklichkeit zeigt sie eine ganz andere Struktur.

Während die Bleistiftschrift den abgelagerten Graphit immer an den zur Schreibrichtung quer liegenden Fasern angehäuft enthält (siehe Fig. 50 a. S. 106), ist auf der Pause der Graphit ganz unabhängig

Fig. 54.

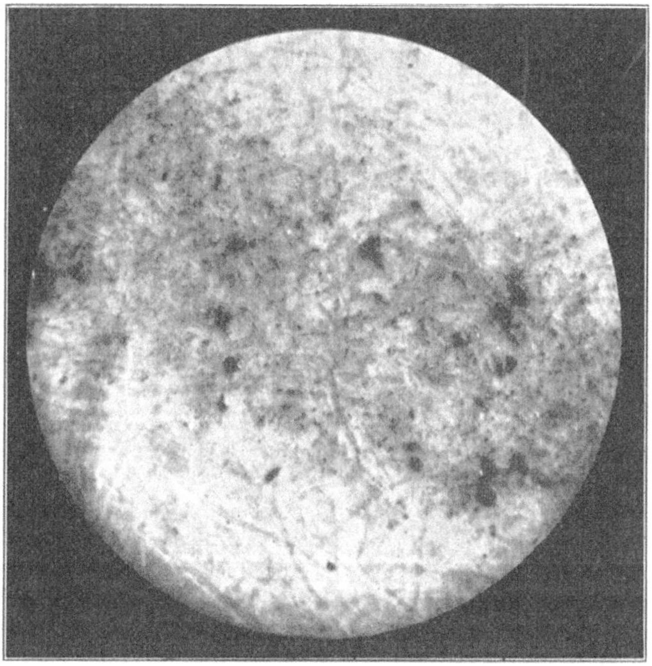

Durchgepauste Bleistiftschrift in starker Vergrößerung.

von der Struktur des Papiers regellos mosaikartig aufgelagert, und was noch wichtiger ist, die durchgepauste Schrift zeigt niemals die schon beschriebenen, charakteristischen, perlschnurartigen, glänzenden, parallelen Gleitlinien (siehe Fig. 49 a. S. 105), die sich, wie schon geschildert, so schön auf photographischem Wege zur Anschauung bringen lassen. Die beigegebene, 100 fach vergrößerte Abbildung (Fig. 54) bedarf keiner näheren Erläuterung.

Es sei noch auf einen speziellen Fall besonders aufmerksam gemacht.

Das geschilderte Pausverfahren wird im allergrößten Maßstabe bei Scheinen für Warenbestellungen bei den Kontrollscheinen in großen Kaufhäusern geübt und auch diese, namentlich die Bestellscheine, unterliegen nicht selten der Fälschung, sei es, daß einem durchgepausten Namen eine nicht gemachte Bestellung vorgeschrieben, oder zu einer gemachten Bestellung noch oft ganz unverhältnismäßig große Zusätze gemacht, oder doch dahinzielende Änderungen vorgenommen werden.

In solchen Fällen ist die ganze Urkunde genau zu untersuchen und festzustellen, welche der vorhandenen Schriftzüge geschrieben und welche durchgepaust sind, oft wird der mit dem vermuteten Sachverhalt übereinstimmende oder ihm widersprechende Befund zur Klärung der Sache beitragen.

Wie lautete eine überkleckste oder sonst unleserlich gemachte Schrift?

Nicht nur im Strafprozesse, sondern auch im Zivilstreitverfahren kommt es vor, daß eine Urkunde vorgelegt wird, deren ausschlaggebender Teil durch Überklecksung mit Tinte unleserlich gemacht ist, sei es, daß eine wichtige Bestimmung, Zahl oder dergl. der Kenntnis des Prozeßgegners oder Richters entzogen oder daß etwa eine mit der Urkunde vorgenommene, aber mißglückte Manipulation verschleiert werden soll. Fast immer wird für diesen Zweck Tinte benutzt, um so einen wenigstens möglichen Vorgang, Umstoßen eines Tintenfasses oder ähnliches vorzutäuschen, selten kommen andere Flüssigkeiten vor. Tinte eignet sich hierfür auch ganz besonders, da sie nur schwierig zu beseitigen ist. Handelt es sich um andere Substanzen, so ist deren Natur festzustellen; dem Chemiker wird es danach meist nicht schwer fallen, ein geeignetes Lösungsmittel aufzufinden.

Wir wollen uns hier nur mit dem häufigsten Falle, der Tinte, beschäftigen.

Die Aufgabe kann unter Umständen leicht sein, oft ist sie jedoch schwierig und manchmal ganz unlösbar. Die Schwierigkeit ist groß, wenn die untenliegende Schrift mit dünner Tinte und dünn geschrieben, der Fleck dagegen dick und mit dicker Tinte aufgetragen ist, leichter wenn die Schrift dick geschrieben, wenn sie wesentlich älter als der Klecks, oder dieser gar sehr jungen Datums ist. Sind beide aber etwa gleichalterig, oder ist die Verklecksung älter als etwa ein Jahr, dann wächst die Schwierigkeit und sind unter diesen Umständen beide Tinten gar von gleicher Art, dann wird ein Erfolg schier unmöglich.

Am leichtesten ist es, die alte dicke Schrift einer sehr beständigen Tinte von dem jungen Klecks einer unbeständigen zu befreien, z. B. wenn die Schrift eine gute Gallustinte, der Klecks aber eine Kaisertinte ist.

Dann ist es sogar, wenn die nötige Zeit zur Verfügung steht, möglich, durch Einwirkung des Sonnenlichtes den Klecks so weit zu bleichen, daß die darunterliegende Schrift erkennbar wird.

Erst nachdem man versucht hat, die Aufgabe auf rein optischem Wege, Durchleuchten mit Sonnen- oder starkem elektrischen Lichte, Durchsuchen mit Lupe und Mikroskop, Anwendung der Photographie im auf- und durchfallenden Lichte, zu lösen, geht man zu den chemischen Mitteln über.

Das sicherste Mittel ist, mit verdünnter Zitronen- oder Oxalsäure durchfeuchtetes Fließpapier aufzulegen und so lange einwirken zu lassen, bis die Schrift sichtbar wird.

Im Einzelnen verfährt man wie folgt: Man orientiert sich zunächst an einer belanglosen Stelle der Schrift über die Natur der Tinte, zumal ihre Widerstandsfähigkeit gegen Säuren, um zu erfahren, was man ihr unbeschadet zumuten kann, indem man einen kleinen Teil eines Schriftzuges mit 10 proz. Salzsäure betupft.

Löst sich die Tinte allmählich ohne Farbenänderung, eventuell unter Gelbfärbung auf, so hat man es mit einer Gallustinte alter Art zu tun — auf die seltenen Nigrosin-, Vanadin- und Wolframtinten usw. soll hier nicht Rücksicht genommen werden —, wird die Schrift blau oder grün, so ist es moderne Gallustinte mit entsprechendem Farbstoffzusatz, wird die Schrift rot und rotviolett bis blauviolett oder bleibt sie unverändert, so kann Gallustinte moderner Art, der ein entsprechender Farbstoff oder ein Farbstoffgemisch zugesetzt ist, vorliegen.

Man neutralisiert mit Ammoniak; stellt sich die ursprüngliche Färbung wieder her oder bleibt die unverändert gebliebene Schrift weiter unverändert: Kaisertinte; wird die Schrift braun bis braungelb: moderne Gallustinte. Ist genügend Schriftmaterial zur Verfügung, so kann man das gewonnene Resultat noch durch andere Reagenzien, z. B. Ferrocyankalium und Salzsäure, bestätigen.

Nunmehr versucht man in ähnlicher Weise die Natur der Tinte des Kleckses festzustellen, wobei man auch möglichst eine belanglose Stelle bearbeitet, z. B. einen seitlichen Spritzfleck, den Rand einer hervorragenden Spitze oder dergl., jedenfalls eine Stelle, unter der keine Schrift zu vermuten ist.

Stellt sich bei dieser Vorprüfung heraus, daß die Tinten ähnlicher Art oder gar identisch sind, so muß man mit besonderer Vorsicht weiter verfahren.

Wir wissen schon, daß fast alle Tinten, selbst die schlechtesten, eine Schrift geben, die schon nach einigen Tagen, sicher nach einigen Wochen nichts mehr an Wasser abgibt, nur die Kopiertinten, vorausgesetzt, daß nicht kopiert wurde, geben ihren überschüssigen Farbstoff ab. Trotzdem beginnt man seine Arbeit immer mit reinem Wasser und behandelt so lange damit, immer nur ganz kurze Zeit, als noch etwas in Lösung geht. Dann wiederholt man dasselbe Verfahren mit etwa 5 proz. Zitronen- oder Oxalsäure, läßt die in Fließpapier aufgesaugte Säure immer nur einen Augenblick einwirken, tupft mit trockenem Papier ab, und beobachtet jedesmal mit Lupe und Mikroskop im auffallenden und durchfallenden Lichte, ob sich Spuren von Schriftzügen bemerkbar machen.

Ist das der Fall, so hört man mit der Behandlung auf, tropft Wasser auf, preßt mit Fließpapier ab, hält die bearbeitete Stelle, um die Wirkung der Säure aufzuheben, kurze Zeit über eine geöffnete

Ammoniakflasche, aber nur, wenn die Tinte keine Kaisertinte ist, also nicht etwa rot oder rötlich violett geworden ist. In diesem Falle unterläßt man die Behandlung, um die Färbung nicht wieder zu verdunkeln.

Läßt sich mit Lupe oder Mikroskop etwas erkennen, seien es auch nur geringe Reste der Schrift, so notiert man sie, indem man sie auf einem Stück Papier, worauf man die Umrisse des Flecks aufgezeichnet hat, an der betreffenden Stelle einträgt. Man kann sich zu dem Ende auch ein Negativ auf Papier herstellen, worauf der schwarze Fleck weiß erscheint.

Ist die Eintragung geschehen, so trocknet man durch Pressen zwischen weißem Seidenpapier, z. B. im Kopierbuch, und achtet dabei auch auf etwa entstehende Abdrücke. Das Papier muß nach dem Trocknen völlig glatt bleiben. Oft ist nach dem Trocknen etwas mehr zu erkennen, als im nassen Zustande; man trägt das so Gesehene ebenfalls in seine Kladde ein und schreitet nun zur ersten photographischen Aufnahme. Zunächst im auffallenden Lichte mit greller Beleuchtung von vorn mit gewöhnlicher Platte. Ist der Fleck rötlich geworden, so wiederholt man die Aufnahme mit rotempfindlicher Platte unter Einschaltung eines entsprechenden Farbenfilters.

Überhaupt ist die Photographie wie immer dann am nützlichsten, wenn die beiden Tinten verschiedene Farbstoffe, zumal Rot und Blau, aufweisen, z. B. eine blaugefärbte Gallus- und eine gewöhnliche Kaisertinte, denn dann erscheint die Schrift entweder blau auf rötlichem Grunde, oder umgekehrt.

Ist aber die eine Tinte Kaisertinte, die andere rotviolett gefärbte Gallustinte, so daß Klecks und Schrift gleich oder ähnlich durch die Säurebehandlung gefärbt werden, dann kann durch die Behandlung mit Ammoniak ein Unterschied zutage treten, indem die Kaisertinte ihre ursprüngliche dunkle Färbung wieder annimmt, die andere aber mehr braunviolett wird.

Ist das Papier dünn und die Rückseite nicht beschrieben, so ist auch nach Aufhellung mit Paraffinöl im durchfallenden Lichte eine Aufnahme mit gewöhnlicher und rotempfindlicher Platte zu machen.

Hat man auf diese Weise alles festgestellt, was sich feststellen läßt, so beginnt man von neuem mit der Säurebehandlung und setzt das begonnene Spiel unentwegt fort, bis man die Schrift entziffert oder bis man sich von der Unmöglichkeit, zum Ziele zu gelangen, überzeugt hat. Man darf nicht ermüden und namentlich nicht unterlassen, das Schriftstück, wie geschildert, zu trocknen und optische Durchsuchung und photographische Aufnahme in diesem Zustande zu wiederholen. Es gehört dazu allerdings oftmals eine Engelsgeduld, wer die nicht hat, bleibe davon, denn er wird nichts erreichen. Die Arbeit erfordert oft Tage der Qual.

Namentlich bei großen Tintenflecken kann es nützlich sein, die ganze Schrift, mit Ausnahme des befleckten Teils, auf der Vorderseite oder auf beiden Seiten vor der Einwirkung der Reagenzien zu schützen. Es geschieht am besten mit Kollodium, indem man zuerst mit einem spitzen Pinsel die Konturen des Fleckes nachzieht, dann die ganze übrige Urkunde, Vorder- und Rückseite, mit der Flüssigkeit bestreicht und gut trocknen läßt. Man kann dann ohne Gefahr das ganze Schriftstück in Wasser legen und mit sehr verdünnter Säure behandeln.

Im übrigen verfährt man wie vorher beschrieben, d. h. man beobachtet mit der größten Sorgfalt, ob Schriftreste unter dem Fleck erscheinen, legt in Wasser, behandelt mit Ammoniak usw. wie vorher.

Mag man nun so oder so verfahren, fast immer handelt es sich um eine allmähliche Entzifferung, Buchstabe um Buchstabe, Zeichen um Zeichen, denn niemals tritt die untere Schrift besonders bei umfangreichen Flecken auf einmal gleichzeitig und gleichmäßig hervor. Die aufgekleckste oder aufgeschmierte Tinte liegt ja nicht überall gleich dick, eben so wenig sind die darunter liegenden Schriftzüge von gleicher Stärke und endlich greift auch die Säure niemals, selbst nicht scheinbar ganz gleiche Tintenschrift oder Kleckse gleichmäßig an, die Auflösung erfolgt vielmehr ganz unregelmäßig.

Man kann daher, auch nicht im günstigsten Falle, sicher darauf rechnen, eine ganze Schrift, oder auch nur ein ganzes Wort, ja nicht einmal einen ganzen Buchstaben auf einmal leserlich zu erhalten; im Gegenteil, es kann sogar ein Teil des leserlich Gewordenen schon wieder verschwinden, während ein anderer Teil noch dick mit Tinte bedeckt ist.

Jedes wieder erstandene Schriftzeichen muß daher, wie schon gesagt, sorgsam registriert werden. Man spare auch nicht die photographischen Aufnahmen, die das bereits sichtbar Gewordene, durch die weitere Behandlung vielleicht wieder gefährdete, fixieren.

Da für jede photographische Aufnahme so wie so getrocknet werden muß, so versäume man nicht, das sicher sichtbar und lesbar Gewordene durch vorsichtiges Überstreichen mit Kollodium vor weiterem Angriff der Säure zu schützen.

Ein absoluter Schutz ist übrigens das Überziehen mit Kollodium nicht, selbst wenn es auf beiden Seiten geschieht, denn die Reagenzien dringen doch allmählich durch und greifen die Schrift an, besonders die empfindliche Kaisertinte. Auch aus diesem Grunde hat man daher vorsichtig zu verfahren und die Reagenzien immer nur kurze Zeit einwirken zu lassen. Man bedenke auch, daß eine Tintenschicht noch viel weniger Schutz gewährt als das für Wasser undurchlässige Kollodium, besonders da die schützende Schicht durch die Behandlung immer dünner werden muß und soll.

Ist die obere Tinte eine sehr beständige Gallus-, die untere eine unbeständige Kaisertinte, so kann sogar die untere Schrift zerstört oder angegriffen werden, bevor die obere genügend abgetragen ist, um die untere leserlich zu machen.

Meist noch schwieriger als die Beseitigung übergeschmierter Tinte und das Leserlichmachen einer darunter liegenden Schrift ist die Entzifferung durchstrichener, absichtlich unleserlich gemachter Schriftzüge. Ist das Durchstreichen und Überkritzeln mit derselben Tinte und bald nach der Niederschrift mit einiger Sorgfalt geschehen, dann ist eine Entzifferung kaum möglich; sind die Tinten jedoch verschieden, dann kann in ganz analoger Weise wie bei der überkleckten Schrift vorgegangen werden.

Wird das Entziffern schon dadurch erschwert, daß die untenliegende Schrift nicht gleichzeitig und gleichmäßig erscheint, zum Teil sogar das schon sichtbar Gewordene wieder verblaßt oder undeutlicher wird, so ist ein zweiter erschwerender Umstand, daß man bei der Betrachtung mit Lupe oder Mikroskop nur immer einen ganz kleinen Teil der Schrift sieht und daher keinen Überblick gewinnt. Man kann dann oft ganz sicher die unten liegende Schrift verfolgen, aber lesen kann man sie nicht, besonders wenn auch noch die Handschrift undeutlich und flüchtig ist.

In solchen Fällen ist es oft nützlich, in ein etwas vergrößertes Photogramm die entzifferten Buchstaben und Striche farbig einzutragen; es ist dann oft überraschend, wie man bei Betrachtung von einiger Entfernung mit einem Male ein Wort deutlich lesen kann, das vorher zu entziffern ganz unmöglich schien.

Es ist wohl überflüssig, hinzuzufügen, daß man sich, wenn das Material dazu vorliegt, mit dem Charakter der zu entziffernden Schrift nach Möglichkeit vertraut machen muß.

Hat man beim Eintragen der entzifferten Schriftzüge die Farbe so gewählt, daß bei der photographischen Aufnahme ein möglichst starker Kontrast erzeugt wird, und färbt man gar die nicht zu der Schrift gehörigen, sondern sicher als Überkritzelung erkannten Zeichen photographisch entgegengesetzt, z. B. blau gegen rot, so kann man manchmal durch eine photographische Aufnahme vollständig verwirrte und krause Schriftzeichen deutlich leserlich machen. In diesem Falle muß man jedoch dem Auftraggeber über das angewendete Verfahren genaue Aufklärung geben: man darf sich nicht etwa damit begnügen wollen, zu sagen, die Entzifferung sei auf photographischem Wege gelungen, denn es handelt sich hierbei nicht mehr um eine rein mechanische Wiedergabe, sondern es ist vielmehr nach subjektiver Auffassung und Überlegung manches hinzugezeichnet, so daß trotz aller Vorsicht und Umsicht doch Irrtümer mit unterlaufen können.

In der beigegebenen Abbildung (Fig. 55) ist der durch den aufliegenden Namen „Gieritz“ völlig unleserlich gemachte Name „Weger“ durch die beschriebene Behandlung wieder deutlich lesbar gemacht worden.

Bei der eben beschriebenen Behandlung überkleckster oder sonstwie durch Überschmieren mit Tinte unleserlich gemachter Schrift kommt es manchmal vor, daß die untenliegenden Zeichen mit hellgrauem oder gelblichem Glanze auf schwarz glänzendem Untergrunde zum Vorschein kommen, so daß sie unter bestimmter schräger Beleuchtung lesbar sind.

In ganz ähnlicher Weise in Färbung und Glanz erscheint Tintenschrift, auch Druckschrift, oft auf verkohltem Papier; beide Erscheinungen lassen sich daher auch in ganz analoger Art auf photographischem Wege festlegen.

Es sei deshalb zunächst einiges über die Behandlung verkohlten Papiers vorausgeschickt. Verkohlte Schriftstücke, Briefschaften und dgl., die bei einem Verdächtigen beschlagnahmt wurden, andere wichtige Dokumente, Testamente, Rechnungsbücher und dgl., die durch Feuer gelitten haben, endlich versengte Banknoten, deren Nummern wieder hergestellt werden sollen, alles das und vieles andere kann dem Gerichtschemiker unter die Hände geraten.

Fig. 55.

Handelt es sich um verkohlte Hefte oder Bücher, so müssen die einzelnen zusammen verbundenen event. verklebten Blätter erst voneinander getrennt werden, was so geschieht, daß man den Rücken des Buches wegschneidet und den Rest in einer entsprechend großen Porzellanschale in kaltes Wasser legt und einige Stunden durchweichen läßt. Gehen die Blätter danach nicht schon von selbst auseinander oder lassen sie sich nicht mit ganz leichter Mühe voneinander ziehen, dann stellt man die gut bedeckte Schale auf ein heißes Wasserbad, so daß das Wasser in der Schale etwa 50° warm wird, man wartet wieder einige Stunden und versucht das Auseinanderlösen von neuem. Gelingt es immer noch nicht, so wartet man wieder einige Zeit, indem man auch einige Grade höher erwärmt. Die abgelösten, meist brüchigen Blätter werden einzeln auf gummiertes Pauspapier gelegt, wo sie durch sanftes

Aufdrücken event. unter Wasser glatt auszustrecken und dann vorsichtig zu trocknen sind. Beide Seiten sind dann sichtbar.

Weit schwieriger ist ein einzelnes völlig verkohltes Papierblatt zu behandeln.

Ist der Sachverständige selbst zur Stelle gerufen und kann er es aus dem Ofen, Kamin oder Herde selbst entnehmen, so halte er eine reine Glasplatte entsprechender Größe neben die Kohle etwas tiefer als diese und versuche mit einem Stück steifen Papiers die Kohle auf die Glasplatte zu wehen. Ist das gelungen, so verfahre er entweder an Ort und Stelle, oder nachdem er das Objekt vorsichtig in sein Laboratorium gebracht hat, wie gleich zu beschreiben, weiter.

Der schlimmste Fall ist der, daß dem Sachverständigen das zerbröckelte Papier in einer Schachtel oder dgl. zugeführt und ihm die Aufgabe gestellt wird, nicht nur die Schrift leserlich zu machen, sondern auch die einzelnen Stücke und Partikel so wieder zusammenzusetzen, wie sie zusammengehören, denn dann beginnt ein Geduldspiel, dem gegenüber die Entzifferung einer überkritzelten Urkunde als reine Sonntagbelustigung erscheint.

Zunächst müssen die einzelnen Partikelchen geborgen, gerade gebogen und vor weiterer Beschädigung geschützt werden. Zu dem Ende hebt man sie vorsichtig mit einer Pinzette aus der Schachtel, und legt sie mit der Krümmung nach unten, nebeneinander, aber so, daß sie sich nicht berühren, auf ein glatt ausgespanntes Stück Pauspapier, dann verstäubt man darüber vorsichtig aus einem Flüssigkeitszerstäuber eine verdünnte spirituöse Schellacklösung oder einen anderen spiritushaltigen, möglichst farblosen Lack, so daß nur ein allmähliches Befeuchten eintritt; die einzelnen Stückchen ziehen sich gerade, legen sich auf dem Papier an und kleben fest.

Nachdem der Lack vollständig getrocknet ist, werden die einzelnen Stückchen mit der Schere sorgfältig ausgeschnitten, und dann beginnt das schon erwähnte Geduldspiel des Zusammenfügens, indem man die einzelnen Stücke entweder auf eine Glasplatte oder wieder auf ein möglichst helles Pauspapier auflegt und ordnet. Ist das geschehen, so müssen die Stücke wieder mit Lack fixiert werden, es genügt auch das Auflegen einer zweiten Glasplatte und dann kann endlich mit dem Entziffern begonnen werden.

Man verfährt genau wie schon beschrieben, sucht erst mit bloßen Augen unter wechselnder Beleuchtung, dann mit Lupe und Mikroskop so viel wie möglich zu erkennen, zeichnet das Erkannte auf und geht endlich zur Photographie über.

Hier ebenso wie bei den auf den schwarzen Tintenflecken erschienenen hellgrauen Zeichen wird zunächst eine Aufnahme bei greller Beleuchtung von vorn erst auf gewöhnlicher, dann auf farbenempfindlicher Platte mit Rotfilter versucht. Hierauf geht man zur schrägen Beleuchtung über, die manchmal mehr herausbringt, weil sich die Schrift weniger durch verschiedene Intensität, als durch den verschiedenen Glanz vom Untergrunde abhebt. Auch hier wird nicht alles auf einer Platte gleichmäßig gut zutage treten, sondern auf der einen Platte wird dies, auf der andern Platte jenes zu erkennen sein. Alles, was man so zutage fördert, zeichne man in ein vergrößertes Bild ein, bis man zu einem befriedigenden Ergebnis gekommen ist, oder die Unmöglichkeit eines Erfolges eingesehen hat. Auf jeden Fall gebe man die Versuche nicht zu früh auf, auch wenn sich zunächst kein Fortschritt erkennen läßt und alle Mühe vergeblich erscheint. Man lasse dann, um Übermüdung zu vermeiden, die Untersuchung einige Tage ruhen, schließlich winkt auch hier oft noch manchmal Erfolg, wenn schon alle Hoffnung aufgegeben war.

Befinden sich auf einem Papier Schriftzüge von Geheimtinten?

Das Bedürfnis nach sympathetischen oder Geheimtinten besteht nicht nur bei Liebenden, sondern auch und vielleicht in noch höherem Maße bei Gaunern und Betrügern, die noch mehr Veranlassung haben, ihren Gedankenaustausch der Kenntnis der Mitwelt zu entziehen. Die Rezepte dazu sind zahllos, aber nicht alle sind gleich brauchbar.

Jede chemische Reaktion, bei der aus zwei farblosen Flüssigkeiten ein schwarzer oder sonst gefärbter Niederschlag entsteht, kann benutzt werden, indem man mit der einen Flüssigkeit schreibt, und mit der zweiten das Geschriebene badet.

So können unter anderen dienen einerseits: essigsaures Blei, salpetersaures Quecksilberoxydul, Eisenchlorid; andererseits: Schwefelnatrium, Ammoniak, gelbes Blutlaugensalz. Altbekannt und am meisten gebraucht ist das von Waitz vorgeschlagene Kobaltchlorür, dessen angeblich farblose Schriftzüge sich beim Erwärmen deutlich blau färben, um beim Erkalten allmählich wieder zu verblassen; ähnlich verhält sich eine Lösung von Kupferchlorür. Empfohlen wird ferner die sogenannte Widemannsche Tinte, bestehend aus 1 Teil Leinöl, 20 Teilen Ammoniak und 100 Teilen Wasser. Mit der gut durchgeschüttelten Flüssigkeit hergestellte Schriftzüge sollen beim Befeuchten hervortreten, um beim Trocknen wieder zu verschwinden.

Alle diese Flüssigkeiten genügen aber nicht den Anforderungen, die der zielbewußte Gauner an eine Geheimtinte zu stellen berechtigt ist, wenn er seinen Genossen eine wichtige Mitteilung, vielleicht zwischen den Zeilen eines harmlosen Schriftstückes wohl gar aus dem oder in das Gefängnis unter den Augen des Untersuchungsrichters zu geben beabsichtigt.

Denn einmal verlangen diese Verfahren den Besitz einer Flüssigkeit, die nicht immer leicht zu erlangen und ohne Verdacht aufzubewahren ist, sie geben auch Schriftzüge, die ein aufmerksamer Beobachter, auch ohne daß sie erst entwickelt werden, namentlich bei schräger Beleuchtung zu entdecken, wenn auch nicht immer zu lesen, imstande ist. Außerdem treten sie sämtlich beim Erwärmen deutlicher hervor und das ist gerade die Manipulation, die der Verdacht schöpfende Untersuchungsrichter zuerst erprobt.

Ähnliches gilt von der manchmal empfohlenen und benutzten Gummiarabikumlösung, die aber wenigstens den Vorteil hat, daß sie sich durch Anhauchen und durch Überfahren mit Staub deutlicher sichtbar machen läßt, so daß sie sich besonders dazu eignet, Nachrichten an einen Gefangenen gelangen zu lassen, der über Chemikalien und Einrichtungen zum Entwickeln nicht verfügt. Die Schrift tritt aber bei schräger Beleuchtung durch ihren Glanz hervor.

Für den umgekehrten Weg ist diese Methode schon aus dem Grunde nicht geeignet, weil sie den Besitz einer Gummilösung voraussetzt.

Es gibt aber Flüssigkeiten, die allen Anforderungen genügen und deren Besitz keinen Verdacht erweckt, die, wenn genügend dünn angewendet, völlig unsichtbare Schriftzüge geben wie reines Wasser und die sich mit der größten Leichtigkeit und Sicherheit entwickeln lassen.

Es sind Milch, Speichel und Urin. Von diesen stehen die beiden letzten jedem jeden Augenblick zur Verfügung, auch eignen sie sich schon ihrer Herkunft wegen ganz besonders für intime Mitteilungen.

Der Gebrauch der Milch für diesen Zweck ist uralt, denn schon Ovid empfiehlt sie den Römerinnen für geheime Korrespondenz, nur ist seine Anleitung, die Schrift hervorzurufen, nicht zuverlässig genug, denn das von ihm empfohlene Kohlenpulver haftet nicht immer deutlich auf der eingetrockneten Schrift.

Das Schreiben mit Speichel wird wohl nur im ärgsten Notfall ausgeführt, da seine fadenziehende Beschaffenheit ein flottes Schreiben unmöglich macht; es geht besser, wenn man ihn zur Hälfte mit Wasser verdünnt.

Mit Urin schreibt es sich leichter, auch er muß aber, wenn er dunkel gefärbt ist, mit Wasser verdünnt werden, damit die Schrift nicht schon mit bloßem Auge sichtbar wird. Für spätere „Entwickelung“ der Schrift ist bei Speichel wie bei Urin diese Verdünnung fast ohne Belang.

Die bekannteste und für alle drei Flüssigkeiten brauchbare, und wohl auch am meisten benutzte Methode des Hervorrufens besteht im Erwärmen bis zur eben beginnenden Verkohlung des Papiers, die am sichersten, wie schon früher beschrieben, durch Überfahren mit einem heißen Plätteisen bewirkt wird.

Die drei Flüssigkeiten enthalten sämtlich organische Substanzen, die sich leichter und bei niedrigerer Temperatur unter Bräunung zersetzen, als die Zellulose des Papiers; die Schrift erscheint daher dunkelbraun auf heller bräunlichem Grunde.

Speichelschrift auf stärkehaltigem Papier kann mit Jodlösung, wie früher beschrieben, entwickelt werden. Da der Speichel fast sofort die Stärke in Zucker verwandelt, erscheint die Schrift weiß auf blauem Grunde.

Sicherer, aber noch einfacher und eleganter und nie versagend ist folgendes, für alle drei Flüssigkeiten brauchbare Verfahren. Diese wirken nämlich organischen Farbstoffen gegenüber als Beize; legt man daher das verdächtige Schriftstück in eine verdünnte Farbstofflösung, so nimmt das Papier nur an den beschriebenen Stellen den Farbstoff an, während das übrige weiß bleibt; die Schrift tritt schön gefärbt hervor.

Als Farbstofflösung dient am besten Wasser, dem man eine kleine Menge Tinte beliebiger Art, am besten moderne Gallustinte, zugesetzt hat Man läßt das Schriftstück einige Zeit schwimmen und spült dann mit Wasser ab; immer wird die Schrift deutlich sichtbar. Ist keine Farbstofflösung oder Tinte zur Hand, dann tun es im Notfall auch andere gefärbte Flüssigkeiten, z. B. Kaffee, mag er auch Cichorien oder sonst ein Surrogat enthalten, oder, wenn auch weniger sicher, dunkles Bier.

Auch die schon erwähnten Salze, wie überhaupt jedes beliebige Salz, sogar das immer unverdächtiger Weise zu habende Kochsalz, wirken als Beize, so daß auch eine solche Schrift sich deutlich mit Tintenlösung; andere Flüssigkeiten wirken weniger gut, schön lesbar hervorrufen läßt.

Da aber auch gewöhnliches Wasser stets Salze in Lösung enthält, so wird mit ihm geschriebene Schrift durch Tinte hervorgerufen, solche Wasserschrift erscheint, wenn man sie auf der Tintenlösung einige Zeit schwimmen läßt, vollkommen deutlich.

Fast ebenso sicher wie mit Tintenlösung lassen sich alle diese Schriften auch durch Überfahren mit einem heißen Bügeleisen sichtbar machen, wobei die Schrift schwarz, braun- oder braungelb hervortritt.

Hier wird die Färbung des Papiers offenbar durch die bei hoher Temperatur eintretende Zersetzung der Salze und die Einwirkung der frei werdenden Säuren oder Basen bedingt. Daher wirken die leichter zersetzlichen Salze der Schwermetalle besser, als z. B. die Alkalisalze, denn diese, wie das Kochsalz, verlangen eine höhere Temperatur, so daß man das Papier bis zur Bräunung erhitzen muß, wobei es brüchig wird. Für die deutliche Entwickelung mit dem heißen Plätteisen ist einige Erfahrung und Übung nötig; am schönsten erhält man sie, wenn man schnell auf die bestimmte Temperatur erhitzt, so daß die Schrift sofort deutlich hervortritt, aber nicht so hoch, daß schon eine wesentliche Bräunung des ganzen Papiers eintritt. Es ist daher vorteilhafter, mit dem stark erhitzten Eisen schnell über das Papier zu fahren, als das weniger heiße längere Zeit darauf verweilen zu lassen.

Man sieht, daß die Entwickelung mit Tintenlösung allen übrigen Verfahren vorzuziehen ist.

Mit reinem Wasser erzeugte Schrift läßt sich mit dem Bügeleisen nur ganz undeutlich hervorrufen, Schrift mit destilliertem Wasser, die mit Tinte noch immer, wenn auch nur auf kurze Zeit und sehr schwach hervortritt, gar nicht.

Endlich spielt natürlich auch das Papier eine Rolle, einmal in der Art, daß es nach seiner Zusammensetzung und Beschaffenheit die geschilderten Erscheinungen verstärken oder schwächen kann, dann aber, und das ist hier von noch größerer Wichtigkeit, daß es mehr oder weniger die Eigenschaft hat, die angeblich unsichtbaren Schriftzüge bei schräger Beleuchtung hervortreten zu lassen, manchmal jedoch nur soweit, um überhaupt festzustellen, daß etwas, nicht aber was geschrieben ist. Selbst eine mit reinem Wasser geschriebene Schrift ist manchmal bei sorgfältiger Beobachtung an dem durch die Befeuchtung verloren gegangenen Glanze der Oberfläche erkennbar.

Von erfahrenen Untersuchungsrichtern [1]) wissen wir, daß von den Insassen der Untersuchungsgefängnisse oft mit größtem Raffinement ein schriftlicher Verkehr mit der Außenwelt unterhalten wird, der so schwer zu entdecken und zu verhindern ist, daß der vorsichtige Richter überhaupt keine Briefe im Originale von der Außenwelt zu dem Gefangenen und umgekehrt passieren läßt. Neben der offiziellen Korrespondenz geht aber unzweifelhaft sehr häufig noch ein heimlicher Verkehr durch entlassene Mitgefangene, Besucher, bei Vernehmungen usw. mit Hilfe der sogenannten Kassiber. Auch hier wird bei der stets vorliegenden Gefahr der Entdeckung der Gefangene sich lieber einer Geheimtinte bedienen, um für ihn wichtige und ihn belastende Geheimnisse nicht in die Hände des Gerichts fallen zu lassen.

Die Kenntnis alter Verbrecher in solchen ihnen nützlichen Künsten geht aber meist viel weiter, als der Laie, sei er selbst Chemiker oder Jurist, voraussetzen zu dürfen meint.

Wir haben daher auch geglaubt, unsere Erfahrungen über Geheimschriften ohne Scheu veröffentlichen zu können, weil wir sicher sind, den aktiv interessierten Kreisen damit nichts Neues zu verraten; im Gegenteil sind Geheimnisse, die jeder weiß oder wissen kann, weniger gefährlich.

Es ist verständlich, daß der Gerichtschemiker von Zeit zu Zeit mit der Aufgabe betraut werden wird, festzustellen, ob sich auf einem Papier Schriftzüge von Geheimtinten befinden. Nach den gegebenen Entwickelungen über die Geheimtinten ist über den Gang einer solchen Untersuchung wenig hinzuzufügen.

Die Untersuchung beginnt wie immer mit einer genauen optischen Prüfung mit bloßem Auge, mit Lupe und Mikroskop. Steht direktes Sonnenlicht zur Verfügung, dann in diesem unter schräger Beleuchtung, sonst im Dunkelzimmer bei greller Beleuchtung durch elektrische Bogenlampe oder Auerbrenner.

Sehr häufig wird man schon auf diese Weise wenigstens das Vorhandensein einer unsichtbaren Schrift feststellen können, wenn es auch nicht immer gelingen wird, sie zu lesen.

Ist die Urkunde von solcher Wichtigkeit, daß sie unter keinen Umständen der Gefahr einer Beschädigung ausgesetzt werden darf, so wird man, ehe man zu den sicher zum Ziele führenden chemischen Verfahren übergeht, einige photographische Versuche anstellen, indem man Aufnahmen unter sehr schräger Beleuchtung herstellt, je nach den Farbenunterschieden zwischen Papier und den vermuteten Schriftzeichen

---

[1]) Siehe z. B. Groß, Handbuch, S. 273.

mit gewöhnlicher oder farbenempfindlicher Platte. Ist die Urkunde sehr groß, so wird man sich mit der Aufnahme einzelner Teile begnügen müssen.

Kommt es auf eine geringe Beschädigung des Schriftstückes nicht an, oder genügt für die gerichtliche Untersuchung eine gute Abbildung in natürlicher Größe, so wird erst diese hergestellt und dann zu dem chemischen Verfahren übergegangen.

Man hat sich nun darüber zu entscheiden, ob man die vermutete Schrift mit der Plätte oder durch Entwickelung mit einer passenden Farblösung hervorrufen will; denn das eine Verfahren schließt das andere aus. Da man bei einer Schrift aus reinem Wasser mit einer guten Tinte mindestens dasselbe, gewöhnlich aber mehr wie mit der heißen Plätte erreicht, so ziehen wir dieses Verfahren vor.

Wir benutzen dazu eine selbst hergestellte, mit Phenolschwarz und Säurefuchsin oder ähnlichen Farbstoffen versetzte Eisengallustinte, die zum Gebrauch mit der zwanzigfachen Menge Wasser verdünnt wird. Man lasse das Schriftstück auf dieser Flüssigkeit schwimmen. Etwa nach dem Eintauchen noch anhaftende Luftblasen werden mit einem weichen Pinsel entfernt.

Ist eine Geheimschrift vorhanden, so tritt sie sehr bald grauschwarz hervor. Man hebt von Zeit zu Zeit das Papier heraus, spült vorsichtig mit reinem Wasser ab und wiederholt das Verfahren, bis die Schrift keine Verstärkung mehr erfährt. Man muß sorgfältig beobachten, um den Moment der deutlichsten Entwickelung nicht zu verpassen, weil bei zu langer Einwirkung der Flüssigkeit die Schrift wieder schwächer wird, auch nimmt das Papier eine schmutzige Färbung an.

Gewöhnlich ist die Schrift unmittelbar zu lesen, ist sie nicht deutlich genug, so kann mit photographischen Aufnahmen nach den schon entwickelten Grundsätzen nachgeholfen werden.

Da immerhin die Möglichkeit vorliegt, daß die entstandene Schrift wieder verblaßt, und vielleicht zum zweiten Male nicht hervorgerufen werden kann, so muß unter allen Umständen eine photographische Aufnahme womöglich in natürlicher Größe hergestellt werden.

Wenn der Gerichtschemiker im allgemeinen verhältnismäßig selten mit hierher einschlagenden Untersuchungen bedacht wird, so liegt das weniger an dem Mangel verdächtigen Materials, als an dem zu weit gehenden Vertrauen der die Untersuchung führenden Beamten, die nur dann auf Geheimschriften fahnden, wenn sich ihnen ein Schriftstück aus besonderen Gründen verdächtig macht.

Wollte man konsequent alle den Untersuchungsrichter passierenden Briefe der Gefangenen nach einer der geschilderten, verhältnismäßig leicht ausführbaren Methoden prüfen, so würde man gewiß manche, meist angenehme Überraschung erleben und nicht selten eine schier endlose Untersuchung einem schnellen Abschlusse zuführen können.

Fälschung von Stempeln.

Keine Fälschung ist weiter verbreitet, keine wird in großartigerem Maßstabe betrieben, als die Herstellung falscher Stempelabdrücke.

Seitdem man Gummistempel und die dazu gehörigen Druckfarben aus organischen Farbstoffen benutzt, haben sich die Stempelfälschungen noch vermehrt; wie eine Seuche sind sie über das Land verbreitet.

Was an gefälschten Ausweispapieren, Legitimationen, Attesten und anderen gestempelten Urkunden, Wanderbüchern u. dgl. im Verkehr ist, dürfte an Zahl viele Tausende übersteigen.

Seit der Einführung unserer Versicherungsgesetze und der dazugehörigen Klebekarten und Klebemarken, die durch Überstempelung entwertet werden und der zahllosen Organisationen, die ebenfalls Marken kleben und durch Überstempelung entwerten oder gar umwerten, ist die Möglichkeit und das Interesse, hier Änderungen und Fälschungen vorzunehmen, ins Ungeheure gewachsen.

Oft wird daher der Gerichtschemiker auch über diese Frage zu Rate gezogen; leider muß er häufig genug die Antwort schuldig bleiben.

Handelt es sich um die direkte Nachbildung eines echten Stempels mit der Hand und soll in einem vorliegenden Abdrucke die Fälschung nachgewiesen werden, dann hat man in der Photographie ein sicheres Mittel, sie zu erweisen. Denn hat der Fälscher die Übertragung des echten Stempel- oder Siegelabdruckes oder auch des Stempels selbst mit mechanischen Hilfsmitteln vorgenommen, so wird ihm die Arbeit, er müßte denn ein sehr gewandter Künstler sein, doch nicht in so vollkommenem Maße gelingen, daß nicht hier oder da eine kleine Abweichung in Form oder Größe einträte, die die Photographie in gleich zu schildernder Weise zutage bringen kann.

Die roheren Vervielfältigungen, z. B. Abdruck eines Siegels in Walzenmasse der Buchdrucker oder gar in feuchtem Fließpapier, Brotkrume, Glaserkitt u. dgl., geben immer Abdrücke, die einen Vergleich mit dem echten Abdruck schon bei einfacher Besichtigung nicht aushalten.

Ist die Herstellung nach einem Originalabdruck durch Zeichnen aus freier Hand geschehen — hier ist bekanntlich der Schiefer das am leichtesten zu beschaffende und zu bearbeitende Material —, so sind Abweichungen, die vielleicht dem oberflächlichen Beobachter entgehen, einer sorgfältigen Prüfung aber nicht standhalten, ganz unvermeidlich.

Zu ihrem Nachweise, vorausgesetzt, daß ein echter Abdruck zur Verfügung steht, werden beide, der verdächtige und echte, nebeneinander in natürlicher Größe auf dieselbe Platte photographiert, bei gelb bis rotem Untergrunde, natürlich auf farbenempfindlicher Platte mit Farbenfilter. Das Negativ wird auf eine Diapositivplatte übertragen und das so gewonnene Diapositiv zwischen den beiden Abdrücken durchgeschnitten. Ist der verdächtige Stempel echt, so muß er sich im durchfallenden Lichte mit dem echten durchaus zur Deckung bringen lassen.

Geringe, etwa durch Drehen und Abrutschen des Stempels beim Herstellen des Abdrucks verursachte kleine Abweichungen oder Verschiebungen sind natürlich zu berücksichtigen.

Finden sich nun auf natürliche Weise nicht erklärliche Verschiedenheiten in Größe und Form, so wird der Befund durch Herstellung starker Vergrößerungen auf Bromsilberpapier deutlicher erkennbar gemacht. Die genauen Messungen jedoch werden von dem Sachverständigen nicht an den Photogrammen, sondern besser unter dem Mikroskope vorgenommen und die Resultate auf den Photogrammen eingetragen. Selbst geringfügige Abweichungen, gewöhnlich handelt es sich aber um sehr beträchtliche, können auf diese Weise gar nicht übersehen werden.

Noch viel häufiger, als die mühsame und ziemliche Geschicklichkeit, wenn nicht Kunstfertigkeit verlangende Herstellung eines allerdings für viele Dokumente brauchbaren und daher für den Besitzer ein Kapital darstellenden Stempels, ist die einfache Übertragung eines vorhandenen Abdruckes auf ein anderes Papier.

Hierzu eignen sich zwar nur die für die Kautschukstempel allein brauchbaren, mit Fett und Glyzerin angerührten Anilinfarben, nicht aber die nur für Metallstempel übliche Druckerschwärze, von der die Kautschukstempel bekanntlich zerfressen werden.

Aber die Kautschukstempel mit ihren Anilinfarben sind so verbreitet, daß der Fälscher so leicht nicht in Verlegenheit gerät.

Die einfachste Übertragung, Befeuchten des echten Stempelabdruckes mit Schnaps und Aufpressen auf das zu stempelnde Papier, wird nur der auf der niedrigsten Stufe der Zunft Stehende vornehmen; denn man kann so nur ein ganz unvollkommenes Werk erzeugen, das schon, weil es ein Spiegelbild ist — es müßte denn nur ein Wappen ohne Umschrift darstellen — sich als Fälschung leicht kenntlich macht.

Besser ist schon die Übertragung mit einem hartgekochten Ei, einer Kartoffel, Kohlrabi oder dgl. Hier erhält man schon den Abdruck wieder richtig stehend, wenn auch sehr blaß. Die Blässe schadet aber nichts, denn auch unter den echten kommen blasse Abdrücke vor.

Während eine harte Frucht, Kartoffel oder dgl., die Form des Stempels korrekt wiedergibt, ist das beim harten Ei nicht in gleichem Maße der Fall. Mag das Ei noch so hart gekocht sein, mag es mit noch so großer Geschicklichkeit über den nachzubildenden Abdruck gerollt, oder mit einem ganz scharfen Messer durch einen glatten Schnitt auf die entsprechende Form, rund oder oval gebracht und mit dieser Schnittfläche der Stempel abgedrückt sein, beim Übertragen auf das Papier ist eine geringe Formveränderung des elastischen Materials gar nicht zu vermeiden und der Abdruck wird unter Umständen nur sehr kleine, aber durch die Vergrößerung doch immer leicht erkennbar zu machende Abweichungen vom echten Stempel enthalten, die sich manchmal sogar nachweisen lassen, wenn ein echter Stempelabdruck gar nicht vorliegt, weil sie auf Störung der Symmetrie z. B. des Kreises oder Ovals beruhen.

Noch einfacher und schöner erhält man aber die Abdrücke mit Hilfe des jetzt überall und für wenige Pfennige beschaffbaren Hektographenpapiers. Ein entsprechendes Stück wird auf den echten Stempelabdruck gelegt, das ganze in Papier eingeschlagen, in ein beliebiges Buch geschoben und einige Minuten „besessen". Das sorgfältig abgehobene Hektographenpapier wird nun auf die zu stempelnde Urkunde gelegt und in gleicher Weise, wie eben geschildert, abgedrückt. Das Ergebnis ist meist vorzüglich und macht sich nur durch die ihm eigene Blässe auffällig.

Aber mögen die geschilderten Übertragungen noch so geschickt ausgeführt und vollkommen ausgefallen sein, sie lassen sich immer mit unfehlbarer Sicherheit als Fälschungen nachweisen.

Ei wie Kartoffel, wie auch Hektographenpapier geben außer der Stempelfarbe auch noch andere Substanzen an das Papier ab, sei es von dem Saft der Frucht, der nicht gerinnenden Salzlösung, überhaupt von den Extraktivstoffen des Eies und dem Glyzerin des Hektographenpapiers; sie alle bleiben vielleicht nur in Spuren in und auf dem Papier zurück, aber sie werden doch eine Änderung der Farbe des Papiers erzeugen, die, wenn auch mit bloßem Auge nicht immer erkennbar, doch auf der photographischen Platte nach den schon beschriebenen Verfahren sichtbar wird.

Versagt auch dieses Mittel, dann bleibt noch die Behandlung des Schriftstückes mit Joddampf, der, soweit der Kartoffel- oder Fruchtsaft, die Feuchtigkeit des Eies usw. gedrungen ist, oder die Stelle, wo das Hektographenpapier gelegen hat, genau umgrenzt, durch starke Mißfärbung markiert. Das Verfahren selbst ist schon beschrieben; erhält man von der rechten Seite kein Resultat, so wiederholt man es noch von der Rückseite. Der entstandene Fleck muß, da er allmählich verblaßt oder verschwindet, wenn er auch durch neue Behandlung immer wieder erzeugt werden kann, photographisch fixiert werden.

Außer den Fälschungen der ganzen Stempelabdrücke, wie eben geschildert, kommen auch Verfälschungen durch Änderungen an echten vor.

Diesen Fälschungen unterliegen vornehmlich die Poststempel, bei denen es oft von Wichtigkeit ist, das Datum der Aufgabe oder der Ankunft am Bestimmungsorte mit einer beabsichtigten Betrügerei in Einklang zu bringen.

Änderungen an echten Poststempeln sind fast immer nur möglich, nachdem ein Teil des Stempels entfernt worden ist, denn die einfache Änderung des Datums durch Hinzufügung einer Zahl oder Änderung einer Zahl durch Anfügung eines Hakens oder Striches, z. B. einer 0 in eine 9, oder einer 1 in eine 7, macht sich sofort durch die gestörte Harmonie, oder die nicht übliche Form der geänderten Zahl kenntlich.

Während sich die Anilinfarbenstempel leicht durch Bleichmittel, durch abwechselnde Behandlung mit Alkalien und Säuren, Wasserstoffsuperoxyd usw. besonders nach der Behandlung mit Alkohol und Äther, entfernen lassen, widerstehen die aus Druckerschwärze bestehenden Poststempel allen chemischen Künsten. Daran hat auch die Postverwaltung das allergrößte Interesse, wenn sie nicht riskieren will, daß ihr dieselben Marken öfter als einmal zur Entwertung vorgelegt werden.

Bleibt für den Fälscher nur die Rasur, die, befinde sie sich auf dem Umschlag oder auf der Marke, nach den schon beschriebenen Methoden immer nachweisbar ist.

Die Eintragung neuer Zahlen und dgl. kann entweder mit Hilfe von Lettern und Buchdruckerschwärze oder durch Einzeichnen mit der Hand geschehen.

Der erste Fall ist schwerer und weniger sicher nachweisbar, zumal wenn dem Fälscher echte, oder diesen sehr ähnliche Lettern zur Verfügung gestanden haben; denn dann bleibt nur die nicht ganz richtige Lage der Ziffern, die durch Vergleich mit einem echten Stempelabdruck zu erbringen ist. Es ist jedoch zu berücksichtigen, daß geringe Verschiebungen auch bei richtigen Stempeln vorkommen.

Ist die Fälschung nicht durch Druck, sondern durch Einzeichnen mit der Hand vorgenommen, dann ist sie immer, wenn nicht an der fehlerhaften Form und Lage, so doch an der Struktur und dem Material der Fälschung zu erkennen. Der Zeichnung fehlt, selbst wenn sich der Fälscher der chemisch sich gleichverhaltenden chinesischen Tusche bedient hat, der charakteristische mit Mikroskop und Photographie wahrnehmbare Fettschleier. Auch die Verschiedenheit der Struktur zeigt sich bei starker Vergrößerung, doch ist dabei der Einfluß des Papiers zu berücksichtigen.

Manchmal läßt sich das Vorhandensein der Fälschung eines Poststempels auf der Einlage nachweisen. Die beim Stempeln entstehenden Ein- und Ausbuchtungen werden nämlich auf photographischem Wege bei sehr schräger Beleuchtung sichtbar, in derselben Weise, wie das schon bei den durch einen harten Stift verursachten Eindrücken geschildert worden ist.

Es kommen aber nicht bloß ver-, sondern auch gefälschte Poststempel vor. Nicht etwa, daß ein begeisterter Steuerzahler zum Nutzen des Staates Briefmarken entwertet und dabei die Gewissenhaftigkeit soweit treibt, sich sogar eines Stempels zu bedienen, wohl aber, daß für Sammler bestimmte, gefälschte Briefmarken mit der letzten dem Philatelisten unentbehrlichen Weihe, dem Entwertungsstempel, der hier seinem Namen nicht entspricht, versehen werden sollen.

Der Nachweis dieser Fälschungen kann, wie schon auf S. 128 geschildert, vorgenommen werden, wobei, da es sich meist auch um gefälschte Marken handelt, auch die Untersuchung dieser durch genauen, am besten und meist erfolgreich mit der Photographie vorzunehmenden Vergleich mit echten Marken anzuschließen ist.

Nicht weniger oft als nach gefälschten Stempeln überhaupt, wird die Frage danach gestellt, welcher von zwei übereinanderliegenden echten Stempelabdrücken oben liegt, also jünger ist, und ebenso, ob eine Tinten- oder Bleistiftschrift über oder unter einem Stempel liegt.

Die erste Frage hat sich bisher nie mit Sicherheit beantworten lassen, selbst wenn die Abdrücke verschieden gefärbt waren, und der eine gar aus Anilinstempelfarbe, der andere aus Druckerschwärze bestand.

Betrachtet man einen beliebigen solchen Stempelabdruck mit dem Mikroskop, oder auch nur mit der Lupe, so sieht man, daß er keine zusammenhängende Schicht darstellt, sondern ein mosaikartig zerrissenes Gebilde ist. Wenn nun darauf ein zweiter Stempel gedruckt wird, so lagert sich der Farbstoff des zweiten nicht nur auf, sondern auch zwischen die Mosaiksteine des ersten, und da außerdem das Bindemittel der beiden identisch oder wenigstens in der Art verwandt ist, wie z. B. die Glyzerinmasse der Anilinfarbe und die Fettsubstanz der Druckerschwärze, daß sie sich nicht gegenseitig abstoßen, sondern innig miteinander vermischen, so ist keine Möglichkeit vorhanden, weder an der Struktur, noch an dem etwa vorhandenen Glanze, wie das bei der Tintenschrift möglich ist, die obere über der unteren zu verfolgen.

Bei der modernen Gallustinte und den Kaisertinten haben wir den Farbstoff, bei der alten Galläpfeltinte die Verdickungsmittel, Dextrin, Gummi usw., die schließlich bewirken, daß der Tintenzug wenigstens nach dem von seiner Oberfläche ausgehenden Glanz ein zusammenhängendes Band bildet, dessen Verlauf bei schräger Beleuchtung und namentlich in der unter diesen Umständen gemachten vergrößerten photographischen Aufnahme mit Sicherheit zu verfolgen ist. Etwas ähnliches existiert bei den Stempeln nicht und wenn man auch nach langer Bemühung manchmal glaubt, die Frage beantworten zu können, so zeigt sich nachher, daß man sich mindestens in der Hälfte der Fälle geirrt hat.

Wir lehnen daher zurzeit die Erstattung eines Gutachtens über diese Frage prinzipiell ab, nur in ganz seltenen Fällen kommt es vor, daß ähnlich wie bei der Tintenschrift, die Farbe des oberen in die untere ausläuft, es entstehen dann ähnliche, wenn auch nicht ganz so charakteristische Ausbuchtungen, wie bei zwei übereinanderliegenden Tintenzügen. Wir halten uns aber auch in solchem Falle aus diesem nur selten vorkommenden einzigen Merkmale nicht für berechtigt, einen absolut sicheren Schluß zu ziehen.

Bleibt endlich noch die letzte Frage, ob eine Tinten- oder Bleistiftschrift über oder unter einem Stempel beliebiger Art liege.

Liegt ein Stempel auf einer Tintenschrift, so dringt die Stempelmasse gewissermaßen in die Tintenschrift ein und durchsetzt sie, so daß man auf keine Weise feststellen kann, welche von beiden sich oben befindet. Nur in dem ganz seltenen Falle, daß der Stempel sehr dick aufgetragen ist, und den charakteristischen Metallglanz der Anilinfarben zeigt, läßt sich mit der Lupe bei schräger Beleuchtung und auch auf photographischem Wege wahrscheinlich machen, daß der Stempel oben liegt.

Fig. 56.

Tintenschrift über Stempelschrift.

Wir haben in der Literatur einen einzigen Fall [1]) angeführt gefunden, wo das Verfahren angeblich zum Ziele geführt hat; wir selbst stehen einer solchen Untersuchung noch immer skeptisch gegenüber.

Ebenso kann man fast nie eine sichere Entscheidung treffen, wenn die Tintenschrift über dem Stempel liegt, nur dann, wenn, was aber nur sehr selten vorkommt, die Stempelfarbe sehr fetthaltig ist und keine Tinte annimmt, so daß die Tintenlinie über den Stempellinien aussetzt, dann ist man zu einem sicheren Schlusse berechtigt, aber nur dann, wenn das nicht bei einem, sondern bei mehreren Kreuzungspunkten zutrifft.

[1]) Siehe Burinsky, Eders Jahrb. 1893, S. 79.

Siehe z. B. in Fig. 56 die vergrößerte Abbildung einer über Maschinenschrift befindlichen Tintenschrift; an allen Schnittpunkten sieht man deutlich, wie die Tintenschrift aussetzt, diese liegt also oben.

Die gleiche Unsicherheit herrscht bei der Bleistiftschrift, das einzige Kennzeichen für diese sind die perlschnurartig eingeritzten Linien, aber auch sie versagen bei den Stempeln, wie auch bei der Schreibmaschinenschrift, für die überhaupt im allgemeinen dasselbe gilt, völlig; sie machen immer den Eindruck, auch wenn die Bleistiftlinien unten liegen, als ob sie sich ununterbrochen über den Stempellinien fortsetzen.

Auch hier ist man zurzeit nicht imstande, ein sicheres Urteil abzugeben.

Besonderes.

Außer den bisher besprochenen allgemeinen, sich beständig wiederholenden Fälschungen treten an den Sachverständigen von Zeit zu Zeit auch besondere, noch nicht dagewesene Aufgaben heran, die sich nicht in die vorstehenden Rubriken einordnen lassen und an denen er seinen Scharfsinn und seine chemischen und photographischen Künste erproben kann. Sei es, daß ein Schwindelgenie etwas wirklich Neues erdacht hat, denn auch die Fälscher arbeiten gewissenhaft an der Vervollkommnung ihrer Kunst und machen sich die Fortschritte der Technik und Wissenschaft dienstbar, oder sei es, daß ein in Verlegenheit geratener Untersuchungsrichter noch als letzten Versuch die Hilfe des Gerichtschemikers in einem verzweifelten Falle in Anspruch nimmt.

Der Chemiker soll dem Untersuchungsrichter auch in diesen Fällen für sein Vertrauen dankbar sein, selbst dann, wenn er die Unzulänglichkeit seiner Kunst zugestehen muß und keine befriedigende Auskunft erteilen kann. Oft aber wird durch seine Tätigkeit dem Untersuchungsrichter neue Anregung zur erfolgreichen Fortsetzung seiner Aufgabe gegeben. Es liegt in der Natur der Sache, daß die Art solcher Aufträge nur an bestimmten Fällen demonstriert werden kann.

Ein junger Mann[1]) hatte die Kenntnis der Familienverhältnisse seines Freundes dazu benutzt, um auf telegraphischem Wege die telegraphische Zusendung einer Geldsumme zu veranlassen. Der Streich war gelungen und das eingesandte Geld von dem Betrüger erhoben

---

[1]) Der Fall ist von Herrn Dr. Göhlich im Chemischen Staatslaboratorium in Hamburg bearbeitet worden.

und unterschlagen worden. Das eingezogene Telegrammformular ergab, daß der Text der Depesche auf dem herausgerissenen Blatte eines Notizbuches geschrieben und dieses von dem Beamten auf das Depeschenformular geklebt worden war. Die geschickt verstellte Handschrift gab keine sicheren Anhaltspunkte, dagegen wurde bei dem Verdächtigen ein Notizbuch beschlagnahmt, aus dem sehr wohl das fragliche Blatt entnommen sein konnte. Blatt und Buch wurden zur Beantwortung der Frage, ob das erste aus dem anderen herausgerissen sei, eingereicht.

Fig. 57.

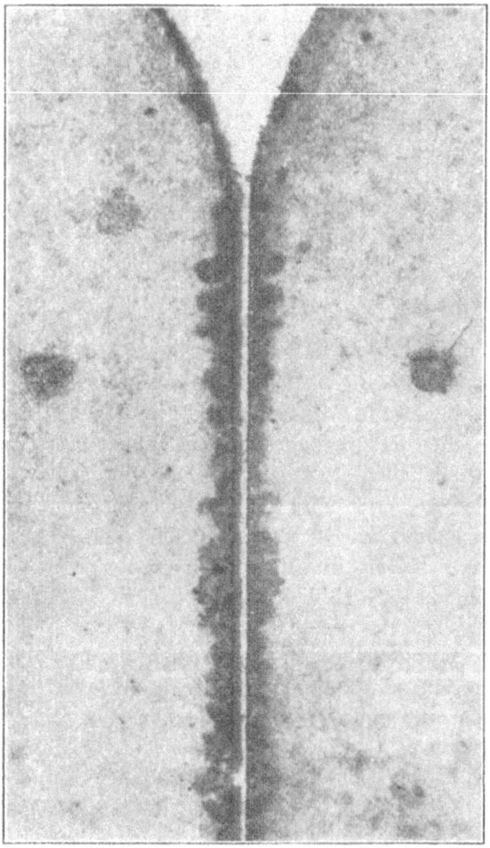

Das durch längeres Verweilen in lauwarmem Wasser von der Unterlage sorgfältig befreite und getrocknete Blatt zeigte bei der mikroskopischen und chemischen Prüfung vollkommene Übereinstimmung mit dem Papiere des Notizbuches.

Für die mikroskopische Prüfung wurde, um ein klares Bild zu erhalten, das zerfaserte Papier mit verdünnter Natronlauge gekocht, mit Wasser ausgewaschen und die so erhaltene Faser in eine Lösung von Jod in Jodkalium eingebettet. Da in beiden Fällen die Faser nur schwach gelb gefärbt wurde und außerdem sich gehöfte Tüpfel zeigten, waren Schliff von Nadelholz vorhanden, die Lumpenfasern (Hanf, Leinen, Baumwolle), die mit Jod sich rotbraun färben, dagegen ausgeschlossen. Dasselbe Ergebnis hatte die chemische Untersuchung, indem eine mit starker Salzsäure versetzte Lösung von Phloroglucin in Alkohol beide Papiere tiefrot färbte — Gegenwart von Holzschliff.

Außerdem besaßen beide Papiere noch eine sehr charakteristische Eigenschaft. Ließ man sehr verdünnte Jodlösung in Tropfen je zwei Minuten lang darauf einwirken, so zeigten sich nach eintägigem Trocknen ganz gleich aussehende Flecke, in deren sehr schwach gefärbten Feldern die fast schwarzen, ungleichmäßig verteilten Partikelchen von Jodstärke auffielen. Die Stärkeappretur war nämlich nur sehr unsorgfältig ausgeführt, die Stärke selbst kaum verkleistert. Man findet diese Beschaffenheit nur noch bei sehr ordinären oder sehr alten Papieren.

Trotz alledem war mit diesem Resultate noch nicht viel gewonnen, denn dieses Buch war eins, wie sie aus ähnlichen Materialien zu tausenden fabrikmäßig hergestellt und in den Handel gebracht werden; es war vielmehr der Beweis zu erbringen, daß das Blatt gerade aus diesem und keinem anderen Buche stamme.

Fig. 58.

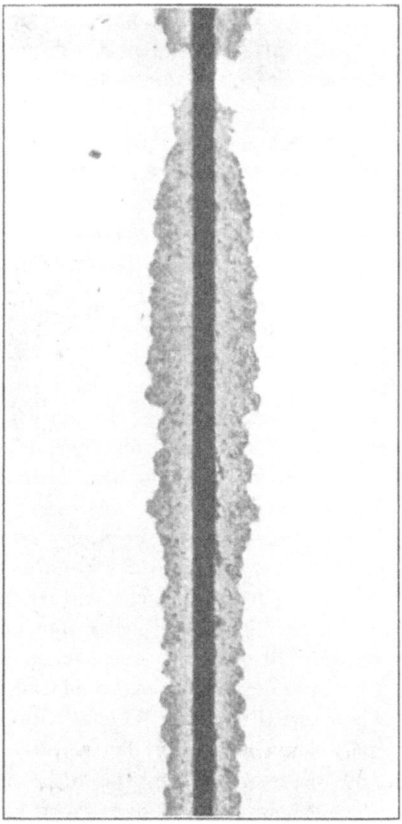

Genaue Messungen des fraglichen Blattes und der Blätter in dem Notizbuche bestätigten ebenfalls diese Möglichkeit, es zeigte sich aber, daß die Dimensionen der einzelnen Notizbuchblätter nicht genau übereinstimmten, und das war erklärlich, denn da eine ziemliche Anzahl von Blättern zusammengefaltet, ineinandergesteckt, dann geheftet und schließlich beschnitten worden war, so mußte die Breite der Seiten allmählich von außen nach innen abnehmen; das ganze Buch bestand nur aus einem solchen Pack. Nach den Abmessungen konnte das verdächtige Blatt, wenn es aus diesem Buche stammte, nur an einer ganz bestimmten Stelle gesessen haben. Die andere Hälfte eines abgerissenen Blattes wurde an dieser Stelle nicht gefunden.

Das Heft war mit einem rotfarbigen Schnitt versehen, die Farbe saß aber nicht bloß an dem äußeren Rande der Blätter, sondern hatte sich, wie das übrigens immer der Fall ist, auch ein wenig zwischen die einzelnen Blätter hineingezogen, dort eine, wenn auch nur mit der Lupe oder mit dem Mikroskope zu erkennende Linie mit unregelmäßigen Ein- und Ausbuchtungen bildend.

Wenn das Blatt wirklich an der vermuteten Stelle gesessen hatte, dann mußten die Aus- und Einbuchtungen dieses Blattes das Spiegelbild des danebenliegenden bilden.

Die äußeren Ränder der beiden Blätter nebeneinandergelegt und stark vergrößert aufgenommen, zeigten tatsächlich vollkommene Übereinstimmung (s. Fig. 57 a. S. 134 u. Fig. 58 a. v. S.); hierbei wurde zum Überfluß noch beobachtet, daß einzelne Schmutz- und Tintenpunkte sich in der korrespondierenden Lage auf beiden Blättern vorfanden, einzelne nur auf einem Blatte vorhandene mußten erst nach dem Entfernen aus dem Buche darauf gekommen sein.

Hiermit war der Beweis erbracht, daß das fragliche Blatt tatsächlich aus dem beschlagnahmten Buche stammte.

Einem alten Herrn, der einen kostbaren Ring an einer seidenen Schnur um den Hals zu tragen pflegte, war dieser Ring vermutlich bei einem schnell verlaufenen zärtlichen Tete-a-tete auf dem Korridor eines Kaffeehauses verloren gegangen. Der Verdacht richtete sich naturgemäß auf die liebenswürdige Dame, und es wurde die Frage gestellt, ob die vorhandene Schnur durchgerissen oder durchgeschnitten sei; es wurde hierbei angenommen, daß der alte Herr bei seinem vorgerückten Alter nicht so weit die Besinnung verloren haben konnte, daß er ein Durchreißen der festen Schnur nicht hätte bemerken müssen.

Die mikroskopische Untersuchung und die photographischen Aufnahmen ergaben, daß die einzelnen Fäden der fraglichen Schnur beim Durchschneiden zackige, beim Durchreißen glatte Ränder ergaben; gerade das Gegenteil von dem, was man vermuten sollte.

Der entstandene Verdacht wurde durch diesen Befund zwar vermindert, die Unschuld der Huldin aber doch nicht erwiesen.

Die photographische Aufnahme von Gespinst- und Gewebefasern, von menschlichen, tierischen und pflanzlichen Haaren ist überhaupt eine den Gerichtschemiker nicht selten beschäftigende Aufgabe.

Fragen, welcher Art und Herkunft solche Fasern und Haare sind, wie sie vielleicht am Tatorte, an einem Mordinstrumente, in der Hand eines Toten usw. gefunden wurden, werden oft gestellt.

Die Beantwortung geschieht stets auf mikroskopischem Wege. Es ist allgemein bekannt, daß es dem geschickten und geübten Mikroskopiker meist nicht nur ein leichtes ist, die Herkunft einer Faser oder eines Haares sicher zu bestimmen, sondern zuweilen auch die Frage zu beantworten, ob eine Faser von einem bestimmten Gewebe, ja sogar, ob ein Haar von einem bestimmten Körperteile einer bestimmten Person oder eines bestimmten Tieres stamme. Das mit dem Mikroskope gefundene Resultat muß dann auch für den Richter, die Geschworenen usw. erkennbar festgelegt werden; das geschieht am besten durch Photogramme, wobei man noch obendrein den Vorteil hat, die Vergleichsobjekte genau in der gleichen Vergrößerung beigeben zu können und so die Beurteilung zu erleichtern.

Fig. 59.

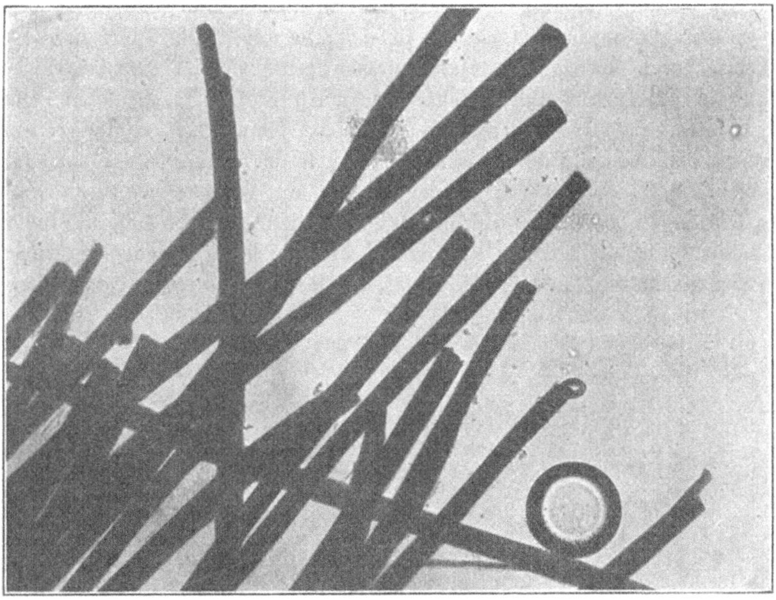

Durchgerissene Seidenschnur.

Fig. 60.

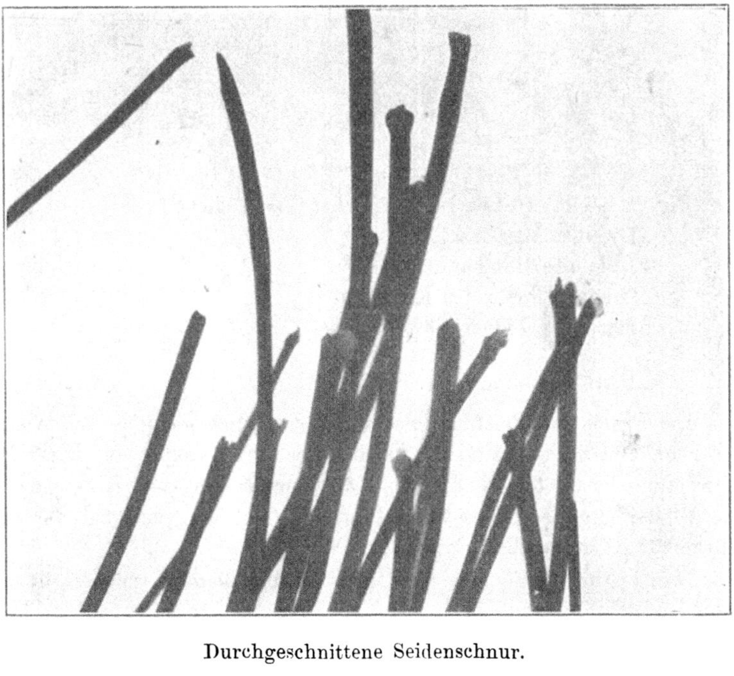

Durchgeschnittene Seidenschnur.

Meist handelt es sich in allen diesen Fällen um verhältnismäßig große Gebilde, so daß man nur mit schwachen mikroskopischen Vergrößerungen arbeiten kann. Während man aber beim Mikroskopieren selbst durch Bewegen der Mikrometerschraube bald den einen, bald den anderen Teil eines Bildes scharf einstellen und so nacheinander das ganze Gesichtsfeld durchmustern kann, ist beim Photographieren nur immer ein Teil scharf zu erhalten. Auch das bedingt, daß man für solche Objekte, Fasern, Haare u. dgl. nur immer schwache Vergrößerungen benutzen kann und daß man nicht zu hohe Anforderungen an die Bilder stellen darf. Trotzdem sind die Photogramme, den sonst meist gegebenen, auch an sich klareren Handzeichnungen vorzuziehen.

Fig. 61.

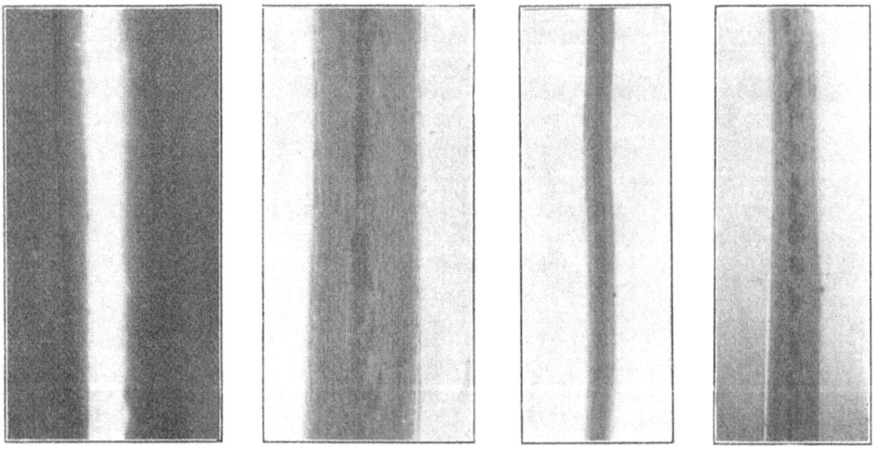

a b c d

Fig. 61 stellt in etwa hundertfacher Vergrößerung dar:

a) weißes Barthaar,
b) blondes Barthaar,
c) männliches rotes Kopfhaar,
d) braunes Pferdehaar.

Die Frage, ob Briefumschläge widerrechtlich geöffnet und wieder neu zugeklebt worden sind, wird nicht selten gestellt. Bei ihrer Beantwortung leistet die Photographie fast immer wertvolle Hilfe, sowohl zur Aufsuchung besonders verdächtiger Stellen, als auch bei der entscheidenden Untersuchung selbst.

Man beginnt mit einer Aufnahme im auffallenden und im durchfallenden Lichte, wenn diese noch keine Anhaltspunkte geben, so bewahren sie wenigstens die ursprüngliche Beschaffenheit des Objektes.

Da in diesen Fällen der Klebstoff nicht entfernt, sondern höchstens aufgeweicht werden darf, so wird die noch zusammengeklebte Stelle schwach mit kaltem Wasser befeuchtet und in feuchtes Fließpapier locker eingeschlagen unter einer Glasglocke liegen gelassen. Von Zeit zu Zeit versucht man, ob sich der aufgeklebte Deckel des Umschlages ohne Anwendung von Gewalt abheben läßt. Ist das nicht der Fall, so wird von neuem schwach befeuchtet und in der gleichen Weise das Verfahren bis zum Gelingen wiederholt; es ist dazu manchmal viel Geduld und Zeit erforderlich. Das Papier darf unter keinen Umständen verletzt werden.

Fig. 62.

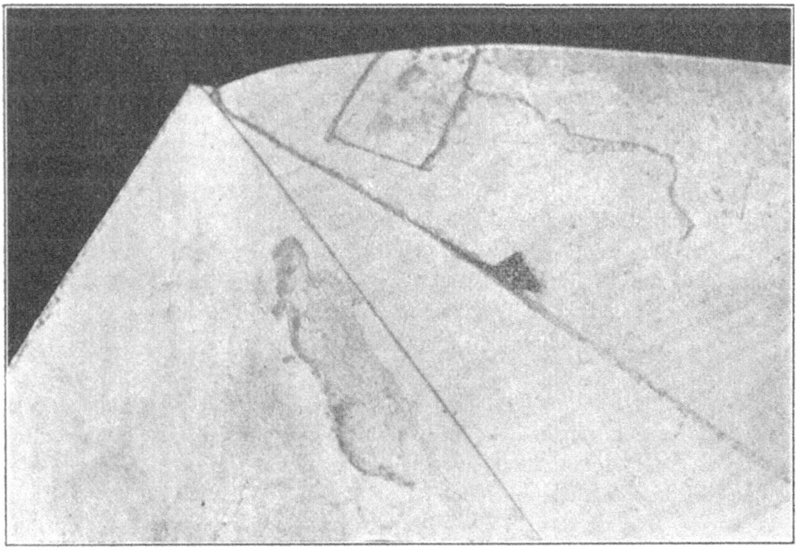

Geöffneter und wieder zugeklebter Briefumschlag.

Ist endlich die Trennung gelungen, so werden photographische Aufnahmen in gerader und sehr schräger Beleuchtung sowohl des noch feuchten, als auch des vorsichtig getrockneten Objektes vorgenommen.

Ist neuer Klebstoff aufgetragen worden und ist das nicht mit der größten Sorgfalt und Geschicklichkeit geschehen, so daß der neu aufgetragene nicht überall die alte Schicht bedeckt, so bringt es die eine oder die andere Aufnahme sicher zutage, besonders an den Stellen, wo das Klebmittel zum zweiten Male besonders dick aufgetragen wurde.

Durch Aufnahmen im durchfallenden Lichte werden diese Stellen noch kenntlicher.

Das beigegebene Photogramm zeigt auf der zurückgeschlagenen Klappe und dem eigentlichen Umschlage die gleichen Umrisse des nachträglich aufgetragenen Klebstoffs.

Zum Schluß kann noch die chemische Untersuchung herangezogen werden, die naturgemäß das gefundene Resultat nur dann bestätigen wird, wenn die Klebstoffe chemisch verschieden sind, z. B. Dextrin und Gummi arabicum oder Gelatine; umgekehrt beweist die chemische Übereinstimmung nichts.

Um eine ähnliche Frage handelte es sich bei einem Falle, dem folgender Tatbestand zugrunde lag.

Ein aus einem einzelnen Bogen sehr dünnen Papiers bestehender Kontrakt sollte in zwei Hälften zerlegt und der zweite halbe Bogen durch einen neuen mit einem anderen Text ersetzt worden sein.

Tatsächlich befand sich etwa 2 mm von dem noch erhaltenen Mittelknick parallel diesem eine geradlinige Erhöhung, die durchaus dem Rande eines aufgeklebten Bogens entsprach. Weder durch die Beobachtung mit der Lupe, noch mit dem Mikroskope konnte sicher erkannt werden, ob der Bogen aus einem oder aus zwei Stücken bestand; das Papier beider Teile war jedenfalls identisch.

Erst durch mikrophotographische Aufnahmen im durchfallenden Lichte und anderen bei sehr schräger Beleuchtung stellte sich heraus, daß das Schriftstück aus einem Bogen bestand, daß aber tatsächlich ein dritter halber Bogen angeklebt gewesen, aber wieder entfernt worden war, der durch starken Druck die einen Papierrand vortäuschende Falte erzeugt hatte. Die Täuschung wurde noch dadurch erhöht, daß Spuren eines Klebstoffs zurückgeblieben waren.

Die bei den folgenden beiden Fällen benutzten Methoden nähern sich zwar, da es sich um Buchstaben handelt, den bei Schriftfälschungen usw. üblichen; der eigentümlichen begleitenden Umstände wegen mögen sie aber hier besonders beschrieben sein.

In der Nähe Hamburgs wurde die schon stark in Verwesung übergegangene und vollständig unkenntlich gewordene Leiche eines anscheinend ermordeten Mannes gefunden. Irgend welche Papiere, überhaupt irgend welche Zeichen oder Merkmale, die zur Feststellung der Person hätten verwertet werden können, fehlten.

Nur auf dem arg beschmutzten Hosenträger konnte man Spuren einer Schrift entdecken, in der der Name des Toten vermutet wurde. Es erwies sich als völlig unmöglich, die Zeichen auf irgend eine Weise zu entziffern, auch nicht, als der Gegenstand durch vorsichtiges Waschen mit Benzin gereinigt war, man sah wohl deutlich, daß Buchstaben vorhanden waren, aber nicht welche.

Auch hier führte endlich die photographische Aufnahme zum Ziele, und zwar, um die durch die Unebenheiten des nach Möglichkeit geglätteten rötlichen Objekts unschädlich zu machen, bei schräger, sehr starker Beleuchtung von beiden Seiten mit farbenempfindlicher Platte und Rotfilter. Die auf dem Negative nur schwach erkennbaren Zeichen konnten erst deutlicher und endlich lesbar gemacht werden, als man auf Filmstreifen zwei Diapositive herstellte, verstärkte und übereinander legte. Von einem mit Hilfe dieser Diapositive wiederum hergestellten Negative wurden nochmals zwei Diapositive angefertigt, verstärkt und übereinandergelegt. Der Name konnte nunmehr deutlich gelesen werden. Trotzdem entsprach der Erfolg nicht der aufgewendeten Mühe, denn der erkannte Name war nicht der des Toten, sondern des Hosenträgers: „Herkules“.

Der Fall lehrt, daß der Sachverständige auch auf Enttäuschungen gefaßt sein muß. Er darf sich jedoch durch solche unvermeidliche Mißerfolge, die Arbeit und Zeit vergeblich in Anspruch nehmen, nicht entmutigen lassen, seinen ganzen Scharfsinn, seine Kunst und Geschicklichkeit für den erhaltenen Auftrag einzusetzen, denn umgekehrt kommt er auch manchmal zu einem vollen Erfolge, wie in dem nun zu beschreibenden Falle, wo nicht nur andere Sachverständige, sondern auch Berufsphotographen ihre Kunst vergeblich probiert hatten.

Es wurde die schon völlig mumifizierte Leiche eines Neugeborenen aufgefunden. Die Leiche war in ein sonst wohl erhaltenes Frauenhemd eingewickelt, das vorn an der Brust deutlich erkennbar die Reste eines aufgetrennten Monogramms zeigte. Alle Mühe, mit der Lupe, dem Mikroskop unter der verschiedensten Beleuchtung das Monogramm zu entziffern, war anfangs vollständig vergeblich, man sah wohl einige zurückgebliebene rote Fädchen, auch hier und da einige etwas weitere Öffnungen zwischen den Gewebefäden, die von der Nadel der Stickerin herrührten, aber zu einem zusammenhängenden Schriftzeichen ließen sich diese Reste nicht kombinieren. Die Sache wurde noch dadurch erschwert, daß das Monogramm außergewöhnlich groß gewesen sein mußte.

Aber hier versagte auch die Photographie.

Zwar konnte man bei starkem Pressen zwischen Glasplatten und schiefer Beleuchtung erkennen, daß die Stellen des Gewebes, wo die entfernte Stickerei gesessen hatte, um einen Schatten heller waren, als das übrige.

Durch etwas verkleinerte Aufnahmen, um die noch vorhandenen spärlichen Reste näher zusammenzurücken, bei verschieden schräger ein- und zweiseitiger Beleuchtung mit Farbenfilter und farbenempfindlichen Platten wurden Aufnahmen erzielt, von denen die eine diesen, die andere jenen Teil des entfernten Monogramms wohl etwas deutlicher wiedergab, aber aus diesen verschiedenen Aufnahmen konnten die verschwundenen Buchstaben noch immer nicht rekonstruiert werden.

Das gelang vielmehr erst mit Sicherheit auf rein optischem Wege, als das betreffende Stück Gewebe zwischen zwei dicke Glasplatten gelegt und stark zusammengepreßt wurde. Jetzt erkannte man namentlich bei seitlicher Beleuchtung in direktem Sonnenlichte, wie die Stellen, wo die

Stickerei gesessen hatte, heller hervortraten, und indem man alle Einzelheiten, die auf verschiedenem Wege erkannt waren, kombinierte, kam man zu dem Monogramm der Form:

Inzwischen hatte die Untersuchung ihren Fortgang mit dem Erfolge genommen, daß drei Mädchen, gleichmäßig belastet, als Täterinnen verdächtig waren. Da das gefundene Monogramm auf eines der Mädchen zutraf, so erschien sie überwiesen, sie gestand auch die Tat zu, trotzdem mußte aus rechtlichen Gründen das Verfahren eingestellt werden.

Glücklicherweise waren uns, was sonst meistens zur Förderung der Arbeit erwünscht ist und von uns auch stets gefordert wird, die Akten zur Einsicht nicht zugestellt worden, weil für die Untersuchung unentbehrlich, das Resultat war daher mehr überzeugend, als wenn uns die Namen der verdächtigen Mädchen bekannt gewesen wären, denn es liegt auch die Gefahr vor, daß sich der Sachverständige bei solcher Arbeit ganz gegen seinen Willen durch eine vorgefaßte Meinung beeinflussen lassen kann.

In dem eben geschilderten Falle hatten wir es mit einem Gewebe zu tun, und das führt uns zu einer Verwendung der Photographie, bei der sie zwar nicht allein, wohl aber am schnellsten und einfachsten zum Ziele führt; es ist bei dem Vergleiche verschiedener Gewebe.

Häufig genug wird im Strafprozeß die Aufgabe gestellt, ein vorgefundenes Stück eines beliebigen Gewebes als von einem bestimmten, ebenfalls vorliegenden Stoff, der mit dem ersten mikroskopisch übereinstimmt, mit Sicherheit stammend oder nicht von ihm herstammend, festzustellen. Die zweite Frage kann immer sicher, die erste wenigstens mit Wahrscheinlichkeit beantwortet werden.

Indem man die ohne Dehnung auf einem vertikalen ebenen Brett aufgehefteten Proben der zu vergleichenden Gewebe, wenn es sich nur um kleine Stücke handelt, nebeneinander auf derselben Platte, nacheinander, wenn es sich um große Stücke handelt, entweder direkt vergrößert auf einmal, immer gleichzeitig mit einem genauen Maßstabe aufnimmt, oder, indem man die verkleinerte Aufnahme besonders auf Bromsilberpapier vergrößert, so erhält man Bilder, auf denen man bequem und mit voller Sicherheit auszählen kann, wie viele Fäden, Schuß und Kette auf dem Quadratcentimeter vorhanden sind. Ist bei beiden Geweben die Zahl verschieden, in Zweifelfällen werden mehrere Quadratcentimeter ausgezählt, so sind auch die Gewebe verschieden, sind sie gleich, so werden sie je nach den Umständen mit größerer oder geringerer Wahrscheinlichkeit als gleich angesehen werden können.

Wollige Gewebe sind vor der Aufnahme mit der Spirituslampe abzusengen.

In gleicher Weise lassen sich, was manchmal wichtig ist, die in einem Gewebe vorhandenen Webefehler erkennen und zahlenmäßig feststellen.

Die Einführung der 45tägigen Rückfahrkarten hat eine neue Art des Betruges gezeitigt. Hat jemand eine lange Eisenbahnstrecke oft zu durchfahren, so versieht er sich mit einer entsprechenden Rückfahrkarte, außerdem aber mit je einer Rückfahrkarte zwischen den Endstationen und der nächstgelegenen Station oder mit Bahnsteigkarten, die ihn zum Betreten und Verlassen des Bahnsteiges berechtigen und die nach Bedarf erneuert werden. Mit der nie abgegebenen Rückfahrkarte durchläuft er nach Belieben die Strecke zwischen den beiden Stationen; wie man sieht, ein modernes 45tägiges Perpetuum mobile.

Aber die Sache hat einen Haken; beim Betreten des Bahnsteiges wird bekanntlich die Fahrkarte durchlocht, die Lochzange schlägt aber auf der Rückseite der Karte ein: das Datum des Tages — die Zahlen unter 10 mit einer vorgesetzten 0 —, den Monat in römischer Ziffer und quer dazu die Nummer der Lochzange. Zu jeder Lochzange gehört ein bestimmter Beamter oder richtiger umgekehrt, jeder Beamte an der Bahnsteigsperre hat seine bestimmte Zange. Bei der Rückfahrt wird daher die Karte für einen bestimmten Tag entwertet. Trägt sie diesen Stempel gar nicht, so wird sie alsbald bei jeder Kontrolle erkannt, ist der Stempel aber vorhanden und nicht sehr leserlich, so beruhigt sich der kontrollierende Beamte, wohl nicht ganz logischerweise, in der Meinung, daß die Einprägung durch langes Tragen in der Tasche, wie das bei 45 tägiger Gültigkeit wohl vorkommen kann, unleserlich geworden sei. Außerdem wird auch nicht bei jeder Fahrt kontrolliert, und bei einiger Geschicklichkeit kann man in den Durchgangszügen auch die Kontrolle vermeiden.

Hauptbedingung ist also, daß der Rückfahrtstempel in unauffälliger Weise so beschädigt wird, daß seine Zahlen, wenigstens die des Datums, nicht mehr sicher erkennbar sind. Man erreicht das durch Kratzer, wie sie wohl beim Tragen der Karte in der Tasche zugleich mit einem Bleistift, einem Nagel oder dergleichen entstanden sein können.

Wird eine solche Karte oder vielmehr ihr Träger angehalten, so muß, wenn der Betrug nachgewiesen werden soll, der Stempel der Rückfahrt wieder lesbar gemacht werden.

Das ist eine oft sehr schwierige, aber immer noch am besten mit Hilfe der Photographie zu lösende Aufgabe, die nur dadurch erleichtert wird, daß nach der feststehenden Zeit der Rückfahrt die Karte mit einem ganz bestimmten Stempel versehen sein muß; es genügt daher auch schon der Nachweis, daß dieser bestimmte Stempel nicht vorliegt.

Ist eine in ein Papier eingepreßte Schrift unverletzt, so läßt sie sich auf dem Photogramm durch seitliche helle Beleuchtung deutlich hervorbringen.

Ist das Papier jedoch aufgerauht, so werfen die aufrechtstehenden Fasern Schatten und die Schrift wird unleserlich, zumal, wenn sie außerdem beschädigt ist. Ganz beseitigt wird sie nie, weil wenigstens das Vorhandensein eines Stempels erkennbar bleiben muß, um keinen Verdacht zu erregen.

Die gewöhnlichen Mittel, diese Schatten zu beseitigen, nämlich entweder Belichtung von beiden Seiten oder Absengen mit einer Spiritusflamme, sind nicht anwendbar.

Fig. 63.

Durch Belichten von beiden Seiten werden zwar die Schatten unsichtbar, aber ebenso die Einpressungen, durch Absengen wird das Objekt in unzulässiger Weise verändert oder gar beschädigt. Wir sind mit Erfolg folgendermaßen verfahren: Zuerst wurde durch vergrößerte Aufnahmen bei scharfer seitlicher Beleuchtung herausgeholt, was herauszuholen war. Dazu genügt nie eine einzige Aufnahme, es muß vielmehr in Belichtung, Größe, Exposition, Entwickelung usw. hin und her probiert werden. Besonders muß, da die Einpressungen verschiedene Richtung haben und sie nur dann hervortreten, wenn das Licht senkrecht zu ihrer Richtung auffällt, die Karte verschiedentlich gedreht werden.

Alles, was so deutlich sichtbar gemacht ist, wird sorgfältig registriert.

Kommt man auf diese Weise nicht weiter, so wird die fragliche Oberfläche der Karte, ohne sie irgendwie zu drücken, befeuchtet und an der Luft allmählich trocknen gelassen; die aufrechtstehenden Fasern legen sich dadurch nieder, man kann das Verfahren mehrmals wiederholen.

Nunmehr werden in gleicher Weise, wie vorher, photographische Aufnahmen gemacht, dadurch kommt noch manches zutage, was vorher nicht sichtbar war. Aus der Kombination der verschiedenen Aufnahmen läßt sich dann der ursprüngliche Stempel meist mit Sicherheit rekonstruieren.

Auf der beigegebenen Abbildung (Fig. 63) eines verletzten (unten) und eines unbeschädigten (oben) Stempels erkennt man mit Sicherheit die Monatszahl X und die Nummer der Lochzange 127, weniger deutlich, namentlich auf der Reproduktion, ist das Datum 07, doch wiesen die auf verschiedenen Aufnahmen hervorgetretenen Reste auf den 7. und nicht auf den anfangs vermuteten 8. Oktober, wenigstens mit Wahrscheinlichkeit hin; auf jeden Fall war das Datum, der 26., an dem die Karte angehalten worden war, ausgeschlossen.

Die Reproduktion gibt die hervorgerufenen Zahlen sehr viel weniger deutlich wieder, als sie auf der Negativ- und besonders einer Positivplatte zu erkennen waren. Am deutlichsten traten sie hervor, wenn man das Diapositiv mit dem Skioptikon vergrößert an die Wand warf. Projektionsapparate für diesen Zweck, überhaupt zur Demonstration vor dem Richterkollegium oder den Geschworenen, sollten bei jedem Landgerichte vorhanden sein. Dadurch würde die Aufgabe des Sachverständigen, die Resultate seiner Untersuchung leicht verständlich vorzuführen, wesentlich erleichtert werden.

Beispiel eines Gutachtens.

Als Muster für die Abfassung von Gutachten fügen wir ein der Wirklichkeit entnommenes Beispiel in der im Chemischen Staats-Laboratorium in Hamburg üblichen Form bei (s. f. S.).

Dem betreffenden Falle lag etwa der folgende Tatbestand zugrunde:

Von einer vorschriftsmäßig abgefertigten Postpaketadresse waren von zweiter Hand zum Teil die zur Frankierung dienenden Freimarken unrechtmäßiger Weise entfernt und die auf der Paketadresse befindlichen Vermerke über das Gewicht mit dem zurückgebliebenen Freimarkenbetrage in Einklang gebracht worden. Bei dieser Umrechnung sollte dem Täter jedoch ein Irrtum untergelaufen sein, so daß eine doppelte Änderung der betreffenden Zahl notwendig wurde, wodurch sich die Adresse am Ankunftsorte verdächtig machte. Im übrigen ergibt sich der Sachverhalt aus den von der Staatsanwaltschaft gestellten Fragen.

Chemisches Staats-Laboratorium. Hamburg 1, den 12. August 1903.

Tagebuch Nr. 847/03.
Protokoll F. IV. Nr. 1921.

Gutachten

betreffend: Urkundenfälschung

in Sachen: gegen den Postassistenten N. N. in X. wegen Vergehen im Amte.

Einsender oder Auftraggeber: Die Staatsanwaltschaft bei dem Landgerichte in X.

durch hier am 14. 6. 03 eingegangene Zuschrift vom 10. 6. 03 unter Beigabe der Akten und einer Postpaketadresse mit der Aufschrift:

„An

Frau Antonie Klasen

in Prenzlau
Ritterstraße Nr. 21."

Gestellte Aufgaben oder Fragen:

Ob auf der beigegebenen Postpaketadresse in dem Briefumschlage Bl. 24 der Akten

1. die unter dem Striche mit Tintenstift geschriebene Ziffer ursprünglich auf $18^1/_2$ gelautet hat, dann in $15^1/_2$ und darauf in $13^1/_2$ abgeändert worden ist;
2. ob die 5 in der unter dem Strich stehenden Ziffer von derselben Hand herrührt und mit demselben Tintenstift geschrieben ist, wie die 5 und die 3 in der oberhalb des Striches stehenden, ebenfalls mit Tintenstift geschriebenen Ziffer;
3. ob und welche Änderungen in der oberhalb des Striches stehenden, mit Tintenstift geschriebenen Zahl vorgenommen sind;
4. ob die mit Tintenstift angefertigte Schleife unter dem Vordruck „Post" mit demselben Tintenstift geschrieben ist und von derselben Hand herrührt, wie die unter und über dem Strich stehenden, mit Tintenstift geschriebenen Ziffern.

Anbei zurück: Die Akte nebst 3 Photogrammen.

Ergebnis der Untersuchung.

Die Postpaketadresse ist gerichtet an Frau Antonie Klasen in Prenzlau, Ritterstraße 21. Diese Worte sind mit Tinte geschrieben. Unter dem starken Horizontalstrich des Aufdruckes steht zwischen dem Vordruck „Postgewicht“ und „kg“ eine mit Tintenstift geschriebene, mehrfach korrigierte Zahl „$18^1/_2$“ oder „$15^1/_2$“ nebst einer Schleife. Über dem Striche in dem Vordrucke: „Wohnung, Straße und Hausnummer“ befindet sich ebenfalls eine abgeänderte, mit Tintenstift geschriebene Zahl $15^1/_2$ oder $13^1/_2$.

Frage 1: Betrachtet man bei schräger Beleuchtung mit der Lupe die große Zahl unter dem Striche neben dem Vordrucke „Postgewicht“, so tritt die Zahl $18^1/_2$ sowohl durch abweichende Färbung wie auch durch geringeren Glanz gegen die übrigen Schriftzeichen hervor (vgl. Fig. 64 a. S. 148). Die Umrisse dieser Zahl sind in Fig. 65 (a. S. 149) rot vorgezeichnet.

Noch besser, als mit der Lupe, erkennt man unter dem Mikroskop einen Unterschied in der Färbung dieser Zahl gegenüber den anderen Schriftzeichen; die Schreibmasse der $18^1/_2$ ist tief blau, die anderen, wahrscheinlich der Korrektur angehörigen Schriftzeichen haben dagegen einen ausgeprägt violetten Ton.

Jene zeigt auch eine andere, und zwar eine mehr kompakte, ungleichmäßige, kettenartige Ablagerung, als die übrigen Schriftzeichen. In den beigegebenen Photogrammen, Fig. 64 bis 66, ist die abweichende Struktur der $18^1/_2$, die auf eine beim Schreiben benutzte rauhe und wellige Unterlage zurückzuführen ist, deutlich sichtbar. Trotz der viel kräftigeren Ablagerung der Schreibmasse in der Zahl $18^1/_2$ ist der Oberflächenglanz sehr gering und unter dem Mikroskope sind Gleitlinien kaum zu erkennen. Solche sind dagegen in den übrigen Zeichen sehr zahlreich und deutlich vorhanden und ermöglichen im Vereine mit dem ausgesprochenen Oberflächenglanze eine sichere Beantwortung der gestellten Frage.

Oberhalb der 18 sind die verschlungenen Umrisse einer 3 und einer 5 erkennbar, die eine gemeinschaftliche, die 8 der Zahl 18 umfassende Schleife haben. Etwas steiler als die 1 der 18 ist eine größere, mit diesen Zahlen harmonierende 1 neben die 5 oder 3 gesetzt, die auch in Färbung und Oberflächenglanz damit übereinstimmt und die 1 der 18 an dem oberen Endpunkte kreuzt. Diese 1 und die 5 sind in Fig. 66 rot, die obere Schleife der 3 blau übermalt. Auch in der größeren 1, besonders in der Vertikallinie, sind zahlreiche Gleitlinien vorhanden, die auch bei der Kreuzung mit der kleineren 1 ununterbrochen fortlaufen. Gerade die 1 der Zahl 18 zeigt am Kreuzungspunkte mit der 1 der Zahl 15 sehr dichte Ablagerung und müßte, wenn sie aufgelagert wäre, die zarten Gleitlinien der Zahl 1 der 15 unterbrechen. Unter dem Mikroskope sieht man ferner, daß Partikelchen

Fig. 64.

Fig. 65.

Fig. 66.

der Schriftmasse der größeren Zahl 1, deren Umrisse gut erkennbar sind, Teilchen der Schriftmasse der kleineren 1 verdecken, jene sind also aufgelagert. Damit steht im Einklange, daß die Gleitlinien der die 8 umschließenden Schleife der Zahl 5 oder 3 ununterbrochen über die 8 hinweggehen, obwohl gerade in der 8 besonders viel Schreibmasse abgelagert ist. Umgekehrt ist in der Schleife der Oberflächenglanz nirgends von der 8 unterbrochen, wohl aber an den Berührungsstellen der viel mattere, samtartige Glanz der 8. Unter dem Mikroskope sieht man ferner, daß die Schriftmasse an der Basis der 8 von der Schleife beiseite und in die Bahn der Schleife hineingeschoben ist.

Daraus ergibt sich mit voller Sicherheit, daß die gemeinschaftliche Schleife der 5 und 3 auf der 8 aufgelagert ist, also später geschrieben sein muß.

Zur Lösung der Frage, wie die Köpfe der 3 und 5 gelagert und in welcher Reihenfolge sie daher entstanden sind, läßt sich ebenfalls der Oberflächenglanz heranziehen; verfolgt man diesen bei schräger Beleuchtung in beiden Zahlen mit dem Mikroskope, so sieht man einen ununterbrochenen Verlauf der Kopflinie der 3, dagegen den Oberflächenglanz der 5 sowohl im oberen Teile des Vertikalstriches wie in der wagerechten Fahne und im Bogen in allen Schnittpunkten unterbrochen.

Ferner erkennt man mikroskopisch, daß die Gleitlinien der wagerechten Fahne der 5 durch den oberen Bogen der 3 unterbrochen sind und daß dieser außerdem Schreibmasse aus der Fahne mitgerissen hat. Es liegt demnach der Kopf der 3 auf dem der 5.

Nach diesen Befunden ist Frage 1 dahin zu beantworten, daß die Ziffer unter dem Striche ursprünglich $18^1/_2$ gelautet hat, daß dann darauf die Zahl 15 gesetzt wurde und daß schließlich auf den Kopf der 5 ein Haken gelegt worden ist, um diese Zahl in eine 3 zu verwandeln; die letzte Änderung ergibt demnach die Zahl $13^1/_2$.

F r a g e 2: Die Zahl $13^1/_2$ oder $15^1/_2$ oberhalb des Striches in dem Vordruck Wohnung stimmt in der violetten Tönung der Färbung, in dem Oberflächenglanz, in der Gleichmäßigkeit der Ablagerung und dem mikroskopischen Bilde mit der Zahl 15 oder 13 unter dem Striche in jeder Beziehung überein. Daraus läßt sich jedoch noch nicht mit Sicherheit der Schluß ziehen, daß diese Ziffern von derselben Hand und mit demselben Stifte geschrieben sind wie die Zahlen 15 oder 13 unter dem Striche, wenn auch kein Merkmal gefunden werden konnte, das gegen diese Annahme spricht.

F r a g e 3: Die mit Tintenstift geschriebene Zahl in dem Vordrucke Wohnung, Straße und Hausnummer über dem Striche ist ebenfalls korrigiert; deutlich erkennbar ist die Zahl $13^1/_2$, die 3 ist sehr kräftig, der Bruch $^1/_2$ matt geschrieben, in der Zahl 3 befindet sich deutlich lesbar die Zahl 5, aber gleichfalls dünn geschrieben wie der Bruch $^1/_2$.

Der Oberflächenglanz der 5 ist demgemäß sehr viel schwächer als derjenige der 3 und obgleich beim Verfolgen der Schriftzüge der 3 bei schräger Beleuchtung mit der Lupe die 3 über der 5 zu liegen scheint, so kann daraus noch nicht unbedingt gefolgert werden, daß die 3 auf die 5 aufgelagert ist. Im mikroskopischen Bilde zeigen die Gleitlinien der 3 zwar einen ununterbrochenen Verlauf, auch dort, wo die 3 die 5 schneidet, was für die allerdings nur spärlich vorhandenen Gleitlinien der 5 nicht zutrifft; aber erst bei Anwendung des Vertikalilluminators und bei starker Vergrößerung sah man sicher, daß die Partikelchen der 3 auf den Partikelchen der 5 aufgelagert sind, besonders deutlich dort, wo die 3 die Fahne der 5 schneidet. Es ist demnach auch in dieser Zahl die 3 auf die 5 gesetzt worden.

Frage 4: Die mit Tintenstift ausgeführte Schleife unter dem Vordrucke „Post" zeigt in Farbe, Oberflächenbeschaffenheit, Art der Ablagerung des Schreibkörpers völlige Übereinstimmung mit der 18 und unterscheidet sich in der Farbtönung, dem Glanze und der Struktur in derselben Weise von den Zahlen 15 und 13 über und unter dem Striche wie die Zahl 18. Die Schleife zeigt dieselbe Eigentümlichkeit in der Art der Ablagerung des Schreibkörpers wie die Zahl 18, sie zeigt eine kettenförmige Anordnung und ist ebenso wie die $18^1/_2$ auf einer rauhen und wellenförmigen Unterlage geschrieben. Diese Übereinstimmung mit der Zahl $18^1/_2$ ist gut sichtbar in Fig. 64. Die Schleife ist demnach wahrscheinlich nicht mit demselben Tintenstift geschrieben wie die beiden über dem Striche stehenden Ziffern, sie hat vielmehr in Struktur und Farbe die größte Ähnlichkeit mit der $18^1/_2$ und ist wahrscheinlich in einem Zuge mit dieser Zahl geschrieben worden, zumal die Endlinie der 2 mit dem einen Ende der Schleife korrespondiert.

Die Untersuchung hat demnach ergeben, daß die Zahl $18^1/_2$ und die Endschleife auf anderer Unterlage und auch mit einem anderen Stifte geschrieben worden sind als alle übrigen mit Tintenstift geschriebenen Ziffern über oder unter dem Striche. Dagegen konnten Kennzeichen dafür, ob diese mit Tintenstift ausgeführten Schriftzeichen sämtlich von gleicher Hand herrühren, nicht erbracht werden.

Von einer chemischen Prüfung wurde Abstand genommen, da eine Beschädigung der Urkunde unvermeidlich wäre, sie verspricht auch keinen Erfolg, weil der in dem Papier enthaltene Farbstoff die chemischen Reaktionen stark beeinflussen würde. Sollte gerichtsseitig trotzdem eine chemische Prüfung gewünscht werden, so wird noch um einen dahingehenden besonderen Auftrag gebeten.

Chemisches Staats-Laboratorium.

(Unterschrift.)

Blut und Blutflecke.

Der Nachweis von Blut kann von dem Gerichtschemiker verlangt werden in trockenen und feuchten Flecken an Kleidern, auf Waffen, Messern, Handwerkszeug, Gebrauchsgegenständen und Gerätschaften überhaupt. Ferner am Tatorte, z. B. auf dem Fußboden, Tapeten, Kalkbelag, Treppengeländern, Türgriffen, Fensterscheiben, den Wänden, Strauch- und Laubwerk u. a. m. Auch bluthaltige Flüssigkeiten, wie Waschwasser u. dgl., können in Betracht kommen.

Berücksichtigt man die Art der Entstehung, so kann es sich um Spritz-, Tropf- und Wischflecke handeln, ferner um Abdrücke der Hände und Füße, um eingetrocknete Blutlachen mit Blut in kompakter Form, ferner um Blutspuren, die von poröser Unterlage oder Spalten so aufgesaugt wurden, daß sie sich der gewöhnlichen Wahrnehmung entziehen.

Blutflecke, auch solche, die man durch Auswaschen, besonders mit heißem oder gar kochendem Wasser zu beseitigen versucht hat, sind bei entsprechender Beleuchtung durch einen gelben oder nur schwach rötlichen Schimmer erkennbar.

Spritzflecke aus Arterien haben gewöhnlich elliptische Form mit ausgezogener Spitze, der Rand ist glatt oder gezackt. Tropfflecke sind von ähnlicher Gestalt, doch vorwiegend mehr rundlich mit perlartigen, zum Teil abgerissenen Ansätzen. Wegen der großen Viskosität des Blutes werden die Spritzer von dichten Geweben, Tuchkleidern oder dergleichen, nicht immer aufgesaugt.

Frische Blutflecke sind hell rosarot mit schwach grünlichem Schiller, mit dem Alter nehmen sie braunrote bis schwarze Farbe an, dicke Flecke zeigen lackartigen Glanz und unter dem Mikroskope zerrissenes Gefüge. Frische Rostflecke sehen oft dem Blute täuschend ähnlich. Auf dunkeln oder schwarzen Stoffen ist aufgesogenes altes Blut oft erst bei greller Beleuchtung (Sonnenlicht) und zuweilen nur an den scharf umgrenzten Staubflecken kenntlich. Namentlich auf Stoffen von bräunlicher Farbe können solche Flecke leicht übersehen werden. Hier kann ein Lichtfilter von geeigneter Färbung gute Dienste leisten. Man stellt es her, indem man auf eine Glasplatte eine mit geeigneten Farbstoffen, z. B. Eosin, versetzte Kollodium- oder Gelatinelösung in dünner Schicht auftrocknen läßt. Die Farbe des Filters muß der Farbe des zu untersuchenden Stoffes angepaßt sein, sie ist durch Probieren herauszufinden. Man wird daher eine Reihe von Lichtfiltern verschiedener Färbung vorrätig halten.

Dem Chemiker wird außer den schon erwähnten Gegenständen nicht selten die ganze Garderobe eines Verdächtigen mit dem Auftrage übergeben, nach Blutflecken zu suchen; dann muß alles bei guter Beleuchtung unter Zuhilfenahme der Lupe sorgfältig durchgesehen, und jeder nur einigermaßen verdächtige Fleck auf Blut geprüft werden. Kleidungsstücke sind an den verdächtigen Stellen auseinander zu trennen und dabei besonders die Nähte, die Falten und Kniffe der Rockärmel und deren Futter, das Innere der Taschen, auch die Knöpfe, Knopflöcher, Hutkrempe u. dgl. genau zu durchsuchen. Zuweilen befinden sich außerordentlich kleine, nur stecknadelkopfgroße oder noch kleinere Spritzfleckchen an Kleidungsstücken usw., auch an der Wäsche, besonders deutlich sichtbar an den gestärkten Teilen, z. B. Manschetten, Vorhemden, Halskragen usw. Man bedenke jedoch, daß solche auch von Ungezieferexkrementen, in denen auch Menschenblut vorhanden sein kann, oder von Insektenstichen herrühren können. Solche Spuren erfordern schon deshalb eine mikroskopische Prüfung, da auch Fleischreste von Speisen usw. in Betracht gezogen werden müssen.

Messer, Beile, Handwerkszeug u. dgl. werden zuerst genau besichtigt, verdächtige Flecke vorsichtig mit einem feinen Messer abgehoben oder abgeschabt. Blutkrusten blättern von Metall, wenn sie nicht angerostet sind, leicht ab. Obwohl die Instrumente nach der Tat meist sorgsam gereinigt zu werden pflegen, bis äußerlich nichts Verdächtiges mehr zu bemerken ist, kann sich doch noch Blut in den Ritzen, Spalten und Fugen, z. B. den Gelenken eines Messers, zwischen Holzgriff und Eisen eines Hammers, einer Axt befinden. Man wird daher solche Instrumente vorsichtig über einem Bogen weißen Papiers auseinandernehmen, um die abfallenden und abstäubenden Partikelchen zu sammeln. An allen diesen Stellen häuft sich nämlich Staub, faseriger Schmutz usw. an, Stoffe, die leicht Blut aufnehmen und lange Zeit unbemerkt bewahren, selbst wenn die betreffenden Gegenstände wieder in Gebrauch genommen wurden.

Photographische Aufnahme von Blutflecken.

Für die Kriminaluntersuchung wird zuweilen auch von dem Gerichtschemiker photographische Aufnahme des Tatortes, der Verteilung etwa vorgefundenen Blutes, der Lage der Mordinstrumente, der Merkmale eines stattgefundenen Kampfes usw. verlangt. Hierzu ist jede Kamera auf festem Stativ verwendbar, als Plattenform wählt man 13 : 18 oder 18 : 24. Zwar genügt in den meisten Fällen ein gewöhnliches Aplanat, doch ist ein Doppelanastigmat und für Zimmeraufnahmen ein Weitwinkel, z. B. das Zeisssche Protar 1 : 18, Serie V, vorzuziehen.

Mattscheibe und Objektivbrett ist genau parallel zu stellen. Man verwende stets Isolarplatten, namentlich in geschlossenen Räumen, und suche eine günstige Beleuchtung herzustellen, indem man bei zu grellen Kontrasten die Fenster mit lichtdurchlässigem Stoff verhängt oder mit mehreren Lagen Seidenpapier verdeckt. Tiefe Schatten werden mit Spiegeln, Blitzlicht usw. aufgehellt. Da später eine genaue Berechnung der Entfernung der einzelnen Gegenstände voneinander gefordert werden kann, so ist die Höhe der Kamera und die Entfernung von einzelnen Gegenständen oder den Wänden zu messen oder noch einfacher eine Kamera für photogrammetrische Aufnahmen zu verwenden.

Auch verdächtige Blutflecke, besonders dann, wenn der ganze Fleck abgenommen werden soll, werden zweckmäßig vorher photographiert, da die Erhaltung ihrer Form und Lage bei einer weiteren Beweisaufnahme und für die Gerichtsverhandlung von Bedeutung sein oder werden kann.

Handelt es sich nur um die Wiedergabe kleiner Gegenstände, wie Messer, Beil, so klemmt man sie in ein Stativ oder heftet sie, wenn sie leicht genug sind, mit plastischer Modelliermasse (Plastolin) an einen weißen, horizontal gestellten Hintergrund. Die Aufnahme geschieht ebenfalls mit anastigmatisch korrigierten Objektiven und Stativkamera. Für farbige Stoffe sind zur Erzielung möglichst großer Kontraste entsprechende Farbfilter nach den schon entwickelten Grundsätzen auszuwählen.

Fig. 67.

Hammerstiel mit blutigen Fingerabdrücken.

Einzelne kleine Blutflecken können auch schwach vergrößert mit einem Planar in der auf S. 14 u. f. beschriebenen Anordnung photographiert werden.

Zuweilen wird der Auftrag erteilt, Schriftzüge, die mit Blut verdeckt sind, leserlich zu machen; hierzu ist eine sehr kräftige Lichtquelle und Verwendung farbenempfindlicher Platten und eines Borax-Karminfilters oder des Filterrots 1 der Farbwerke Höchst a. M., dessen Konzentration der Intensität der Blutfärbung angepaßt wird, nötig.

Oft sind zur Überführung der Täter blutige Finger- und Fußabdrücke von großem Werte. Ihre Fixierung auf photographischem Wege macht keine Schwierigkeit.

Fig. 67 zeigt den auf einem Hammerstiel gefundenen blutigen Fingerabdruck mit ziemlich deutlichen Papillarlinien in natürlicher Größe. Die Aufnahme ist mit Anastigmat auf gewöhnlicher Isolarplatte bei Tageslicht gemacht.

Ähnliche, aber weniger deutlich sichtbare oder ganz unsichtbare, durch die Hautfettigkeit verursachte Abdrücke der Papillarlinien der

Fig. 68.

Mit Lykopodiumpulver sichtbar gemachter Fingerabdruck auf Glas (vergr.).

Fig. 69.

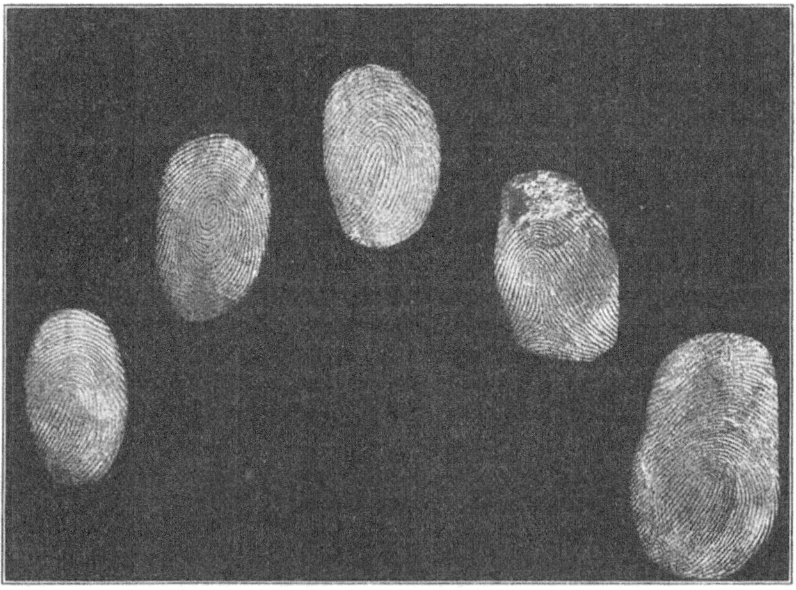

Fingerabdrücke auf Glas, direkt kopiert.

Hände, besonders der Fingerspitzen, finden sich nicht selten an den Stellen des Tatortes, wo der Verbrecher hantierte, an Glasscheiben, Tischplatten, an anderen glatten Möbelflächen usw. Sie können durch

Bestäuben mit über Chlorkalzium getrocknetem Lykopodiumpulver, das man bei farbigem Untergrunde mit photographisch entgegengesetzt wirkenden Farbstoffen, z. B. Karmin, Phenolblau usw. trocken anreibt, deutlicher oder überhaupt erst sichtbar gemacht werden. Das Bestäuben geschieht am besten mit einer gewöhnlichen Insektenpulverspritze. Die Abdrücke sind alsbald durch photographische Aufnahme zu fixieren, z. B. mit den Zeissschen Planaren und einer nach allen Richtungen verstellbaren, etwa mit Stegemannschem Stativkopf versehenen, Kamera.

Fig. 68 stellt einen auf einer Glasscheibe vorgefundenen latenten, mit Lykopodiumpulver sichtbar gemachten Fingerabdruck dar, der in fünf- bis sechsfacher Vergrößerung mit Planar 100 mm auf weißem Hintergrunde mit gewöhnlicher Platte aufgenommen worden ist.

In neuester Zeit werden bekanntlich diese Fingerabdrücke nach einem besonders ausgearbeiteten Verfahren auch für den polizeilichen Erkennungsdienst benutzt[1]). Zu dem Ende werden die Fingerspitzen der aufzunehmenden Person leicht mit Druckerschwärze eingerieben und über ein weißes Papier gerollt. Wir schlagen das folgende, namentlich für eine leichte Vervielfältigung geeignete Verfahren vor. Die Fingerspitzen werden mit einem zarten Überzug aus einer konsistenten roten Ölfarbe versehen, auf sorgfältig gereinigte alte photographische Glasplatten mit sanftem Druck aufgesetzt und die besten so erhaltenen Abdrücke, meist nicht die ersten, ausgewählt. Die Abdrücke können, so aufbewahrt, auch unmittelbar auf Tula- oder Lentapapier kopiert werden (s. Fig. 69).

Eigenschaften des Blutes.

Das Blut der Wirbeltiere ist ein scharlach- bis dunkelblauroter, auch in dünnen Schichten undurchsichtiger, klebriger Saft, der aus einer Flüssigkeit, dem Blutplasma und aus verschiedenen, geformten Elementen, nämlich den Blutkörperchen, den Blutplättchen und den Elementarkörnchen besteht.

Die farbigen Blutkörperchen des Menschen sind sehr elastische, runde Scheiben mit beiderseitiger tellerförmiger Aushöhlung ohne Kern. Ihr Flächendurchmesser beträgt durchschnittlich 7,5 μ, ihr Dickendurchmesser 1,6 μ [2]). Sie legen sich im Blute außerhalb des Organismus oft geldrollenartig aufeinander, jedoch verändert sich dann ihre Gestalt rasch, indem sie sowohl durch Verdunstung wie Wasserzusatz, oder durch chemische Agentien aller Art, wie Salze, Leim, Gummi, endlich durch mechanische Einwirkung usw. Maulbeer-, Stechapfel- und auch Kugelform annehmen. Schließlich trennt sich der Blutfarbstoff, das Hämoglobin, indem es in die Lösung geht, von dem Protoplasmagerüste, dem Stroma.

Die farbigen Blutkörper unserer einheimischen Säuger sind ebenfalls rund, aber kleiner als die des Menschen. Dagegen haben Kamel,

---

[1]) Siehe u. a. Roscher, Handbuch der Daktyloskopie, Hirschfeld-Leipzig.

[2]) 1 μ = 0,001 mm.

Lama, Alpako und deren Verwandte ovale Blutkörperchen. Die Blutscheiben der Fische, Amphibien, Reptilien und Vögel sind ebenfalls oval, aber bikonvex und meist bedeutend größer (15 bis 22 μ), außerdem haben sie einen runden oder ovalen Kern.

Fig. 70.

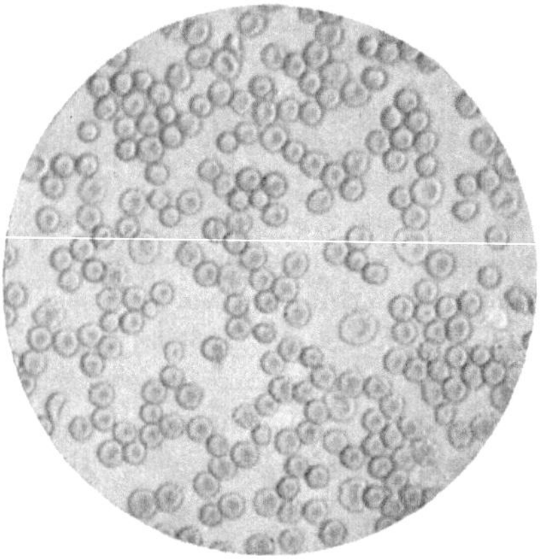

Fig. 71.

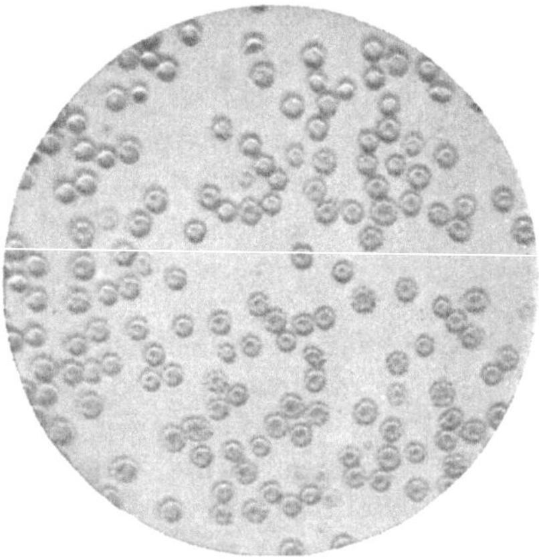

Menschenblut, aufgenommen bei seitlicher Beleuchtung.
Normale Form, 350fach vergr. Stechapfelform, 300fach vergr.

Fig. 72.

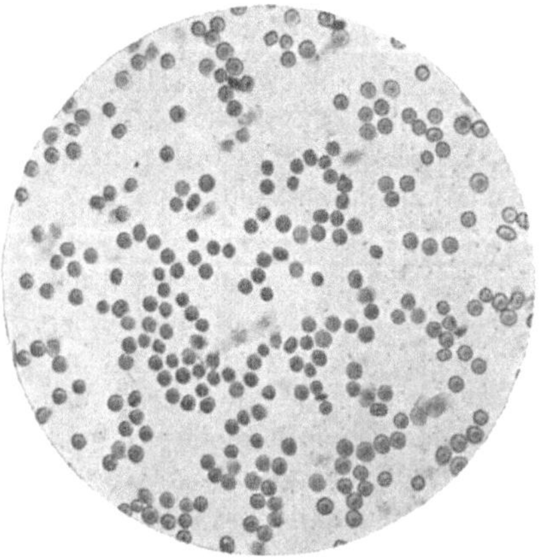

Fig. 73.

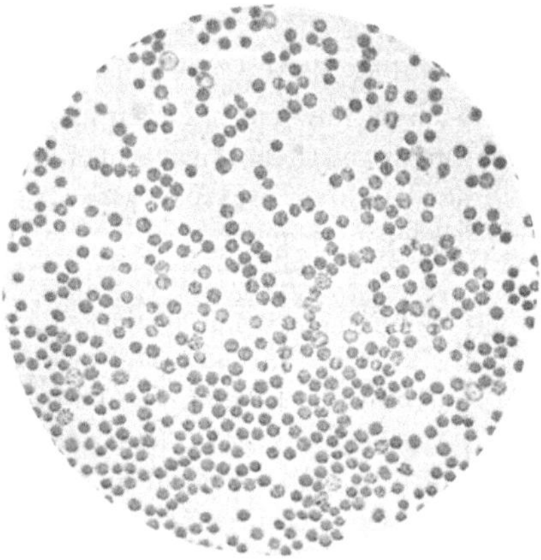

Menschenblut, Schweineblut,
im durchfallenden Lichte 200fach vergr.

Neben den farbigen sind auch farblose Blutkörperchen, Leukocyten, im Blute enthalten. Es sind membranlose, meist aus einem Kern und einem klebrigen, körnigen Protoplasma bestehende Zellen. Im Zustande der Ruhe sind sie kugelig, ihr Durchmesser bewegt sich zwischen

4 bis 14 μ, man rechnet ein farbloses Blutkörperchen auf 300 bis 500 rote. Sie sind außerhalb des Körpers widerstandsfähiger gegen Wasser und meist noch wohl erhalten, wenn die roten Blutkörperchen schon ganz verschwunden sind.

Fig. 74.

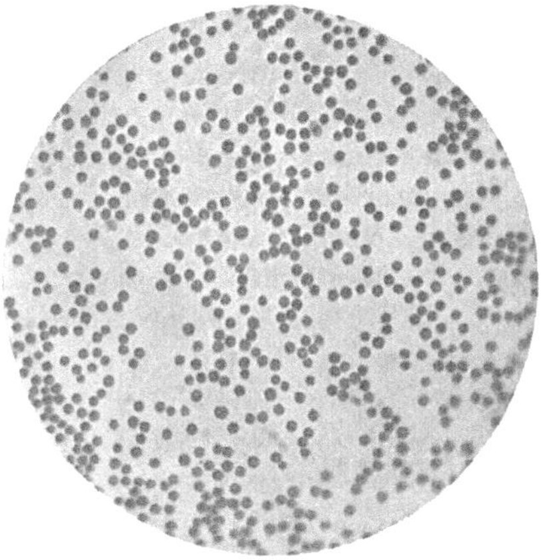

Fig. 75.

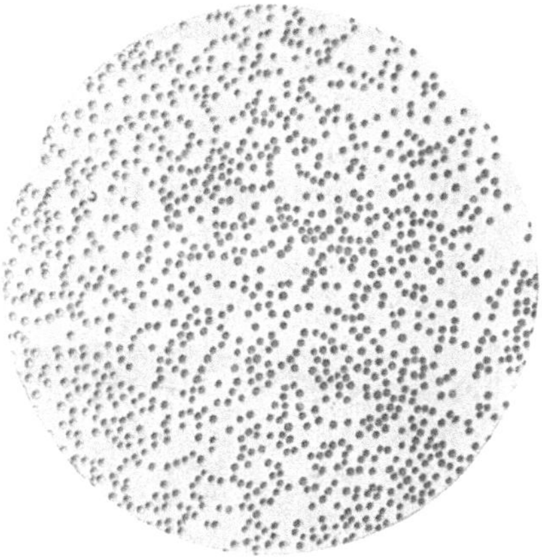

Rinderblut, Hammelblut,
im durchfallenden Lichte 200fach vergr.

Fig. 76.

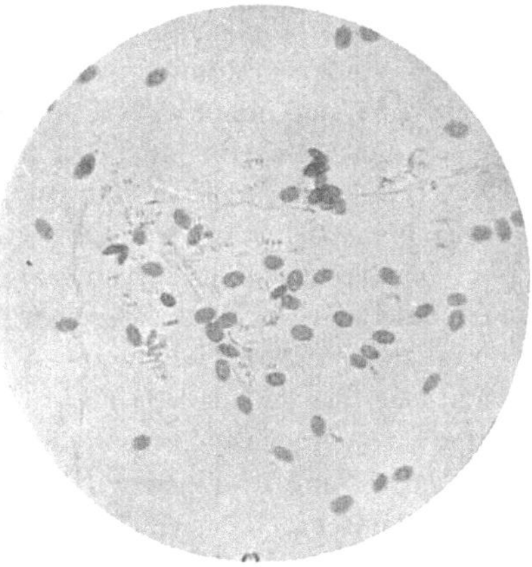

Fig. 77.

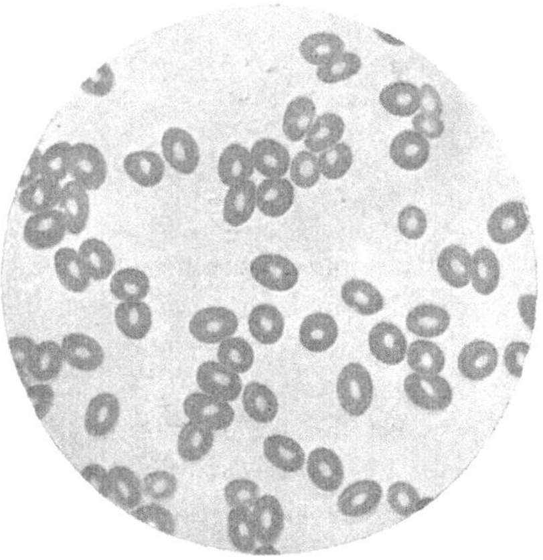

Hühnerblut, Froschblut,
im durchfallenden Lichte 200fach vergr.

Die Blutplättchen sind sehr vergängliche, farblose, runde oder ovale, bikonkave Scheiben von $^1/_3$ bis $^1/_4$ geringerem Durchmesser als die roten Blutkörperchen.

Die Elementarkörnchen endlich sind größtenteils Fettpartikelchen oder unregelmäßige Stückchen von Protoplasma.

Die beigegebenen Mikrophotogramme sind in folgender Weise aufgenommen worden.

Man benutzt für die Aufnahme von Blutkörperchen, die im mikroskopischen Präparat oft noch etwas beweglich sind, stets die Vertikalkamera. Mikroskop und Kamera werden so aufgestellt, daß Objekttisch und Mattscheibe genau horizontal stehen. Als Lichtquelle dient Tageslicht oder ein Auerbrenner.

Man stellt nach Entfernung der Kamera zur Zentrierung ein geeignetes Präparat, z. B. Diatomeen, mit Objektiv und Okular ein, entfernt Objekt und Okular und beobachtet durch den Tubus, ob der leuchtende Fleck kreisrund und scharf begrenzt ist, was durch entsprechendes Drehen des Spiegels und Verschieben des Mikroskopkondensors erreicht wird.

Fig. 78.

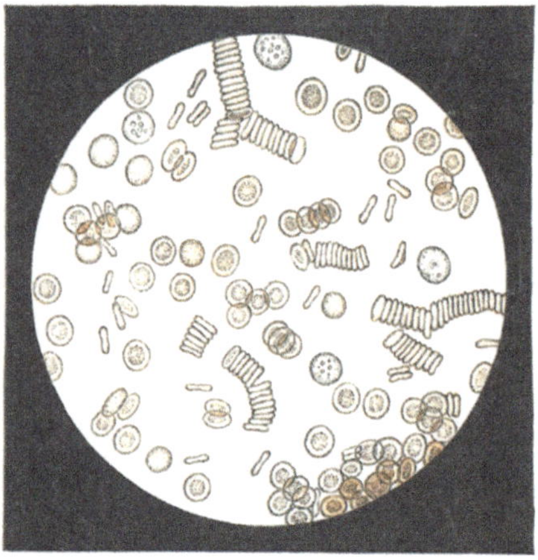

Man bringt nun das Objekt auf den Tisch des Mikroskops und sucht mit gewöhnlichem Okulare die zur Aufnahme geeignete Stelle auf, vertauscht das Okular mit dem Projektionsokular und verbindet das Mikroskop lichtdicht mit der aufgerichteten Kamera, Kameralänge 50 bis 80 cm. Das Trichterstück der Kamera darf den Lichtverschluß des Mikroskops nicht berühren. Man stellt zuerst auf der Mattscheibe und dann scharf auf der Spiegelscheibe ein.

Da sich Küvetten mit gefärbten Lösungen bei der Vertikalstellung nur schwer einfügen lassen, benutzt man bei Aufnahmen in farbigem Lichte am besten die 2 oder 4 mm starken Zettnowschen Glasfilter von Zeiss oder schaltet entsprechend gefärbte Gelatinefolien ein; selbstverständlich sind farbenempfindliche Platten zu verwenden.

Bei der Aufnahme von Blutpräparaten ist zu berücksichtigen, daß trotz Verdünnung mit physiologischer Kochsalzlösung oder besser Blutserum einzelne Blutkörperchen im Bilde stets unscharf erscheinen.

Fig. 70 und 71 (a. S. 158) sind Aufnahmen von Menschenblut bei schwacher Beleuchtung mit schräg gestelltem Spiegel, Apochromat 4 mm mit Deckglaskorrektion, Projektionsokular 4, Kameraauszug 0,5 m. Man erkennt die verschiedene Größe der einzelnen Blutkörperchen, zum Teil schon ausgebildete Stechapfelform. Die Schatten im Mittelpunkt werden durch die bikonkave Aushöhlung der Zellen verursacht.

Zum Vergleich für Größe und Form der Blutkörperchen verschiedener Tierarten fügen wir die mit demselben Objektiv und Projektionsokular 2 bei Kameralänge 0,8 m ausgeführten Aufnahmen bei. Fig. 72 bis 77, S. 158 und 159.

Gleichzeitig ist zum Unterschiede gegen diese wirklichen mikrophotographischen Aufnahmen ein ideales, gezeichnetes Bild von Blutkörperchen aus Ottos Anleitung zur Ausmittelung der Gifte beigegeben.

Der Nachweis von Blut.

Handelt es sich um den Nachweis von frischem oder eben eingetrocknetem Blut, was in seltenen Fällen vorkommt, besonders dort, wo Polizei oder Untersuchungsrichter gewöhnt sind, die Hilfe des Chemikers ohne Verzug in Anspruch zu nehmen, so gelingt der Blutnachweis leicht, da die Blutkörperchen unter dem Mikroskop ohne Schwierigkeit erkannt werden. Man wird sogar die Frage, ob Tier- oder Menschenblut, wenn auch mit einiger Vorsicht, in Betracht ziehen können. Von frischem Blute bringt man immer nur sehr wenig auf das Deckgläschen, weil sonst die Schicht zu dick wird und die Blutkörper so dicht aneinander gedrängt werden, daß die feinen Einzelheiten verschwinden. Das Deckgläschen muß schnell und vorsichtig, ohne es hin und her zu schieben und ohne starken Druck auf den Objektträger gelegt werden. Ein noch feuchter oder eben erst eingetrockneter Fleck ist mit physiologischer Kochsalzlösung oder 10 prozentigem Glyzerin aufzuweichen.

Unter dem Mikroskope bei 300- bis 500facher Vergrößerung läßt sich meist feststellen, ob die Blutkörperchen rund oder oval sind, ob sie einen Kern haben oder nicht, selbst dann, wenn sie zum Teil schon durch Verdunstung zackige Ränder erhalten oder Maulbeerform angenommen haben. Auf Zusatz 5 prozentiger Essigsäure wird alles mit Ausnahme des Kerns gelöst.

Bei bereits zu Krusten oder Flecken eingetrocknetem Blute ist der mikroskopische Nachweis der Blutkörperchen schwierig oder unmöglich. Man wird ihn daher nur dann versuchen, wenn genügend Material vorliegt, zumal die Präparierung eine Behandlung mit Flüssigkeiten notwendig macht, die den weit sichereren mikrochemischen Nachweis erschweren oder ausschließen. Handelt es sich um Blutspritzer von geringer Größe in Wäsche, Kleidungsstücken, an Instrumenten u. dgl., so wird man sich daher darauf beschränken, etwas davon abzulösen, mit einem Tropfen Kochsalzlösung zu befeuchten und unter dem Mikroskope zu betrachten. Trockene Blutkrusten erscheinen dabei als Netzwerk, das aus zahlreichen kleinen, dicht zusammengedrängten, vielfach ineinander geschobenen runden, sich allmählich auflösenden Körperchen besteht. Die einzelnen Scheibchen werden auf Zusatz von gelbbrauner Jodjodkaliumlösung deutlicher sichtbar. Ist das Blut von einem Gewebe aufgesaugt, so wird man eine benetzte Faser unter das Mikroskop legen. War das Blut auf reiner Unterlage, ohne auszufließen, rasch eingetrocknet, so kann es manchmal auch noch nach einiger Zeit gelingen, die roten Blutkörperchen in ihrer ursprünglichen Form und Größe zu erhalten. Jedoch verlangt das Objekt eine Behandlung mit besonderen Flüssigkeiten [1]), um in der durchsichtigen Blutmasse die Blutkörperchen deutlich erscheinen zu lassen.

Will man die Blutkörperchen färben, um sie noch deutlicher erkennbar zu machen, was in manchen Fällen nützlich sein kann, so läßt man eine geringe Menge Blut zwischen zwei Deckgläschen sich ausbreiten, zieht die Gläschen ohne Druck parallel auseinander und läßt sie einige Stunden an der Luft trocknen. Danach fixiert man durch kurzes Erwärmen auf 102 bis 103° oder durch Auftröpfeln einer 1 proz. alkoholischen Formalinlösung. Nachdem das fixierte Trockenpräparat einige Stunden in 5 proz. Karbolfuchsinglyzerin [2]) gelegen hat, wird mit Wasser abgespült und das Präparat eine Minute lang mit verdünntem Hämatoxylin Delafield [3]) nachgefärbt.

Auch bei alten Blutspuren können die angegebenen Präparierflüssigkeiten nützlich sein, sehr vorteilhaft ist dann auch die von Virchow empfohlene 30- bis 35 proz. Kalilauge.

Zur Untersuchung bringt man auf den Objektträger etwas von der vorsichtig mit einem Messerchen oder einer Nadel abgeschabten Substanz des Fleckes, so daß das Deckgläschen eben etwas klafft, läßt die Präparierflüssigkeit zufließen und bis 24 Stunden einwirken. Sehr alte Blutflecke werden vorher mit einem Gemisch aus gleichen Teilen Alkohol und Äther aufgeweicht. Man beobachte unter dem Mikroskope bei etwa 400 facher Vergrößerung, ob sich beim Zufließen der Flüssigkeit Stoffe lösen, ob Farbenveränderungen auftreten und ob die dicht gedrängten und durch den Druck abgeplatteten Blutkörperchen wieder erscheinen. Zuweilen werden die Blutkörperchen je nach Alter und Dichtigkeit des Blutes erst nach vielen Stunden, gewöhnlich zuerst am Rande der Blutpartikelchen, sichtbar.

---

[1]) Solche Flüssigkeiten sind das Pacinische Gemisch (Hydrarg. bichlorat. 1, Natr. chlorat. 2, Glyzerin 13, Aq. dest. 116, vor der Anwendung mit 2 Teilen destillierten Wassers zu verdünnen) und das Kaiserlingsche Formalingemisch (Formalin 5, Liq. Kal. acet. 5, Kal. nitr. 2, Aq. dest. 250), beide werden auch zur Konservierung frischen Blutes verwendet. Außerdem finden als Macerationsmittel 30 proz. Kalilauge, Mischungen von 3 Teilen Glyzerin und 1 Teil konz. Schwefelsäure, ferner konz. Cyankalium- oder Weinsäurelösung, Schultzes Jodserum (Amniosflüssigkeit wird mit Jodtinktur gemischt, der Niederschlag abfiltriert), Jodeiweißlösung (15 g Eiweiß und 0,2 g Chlornatrium werden in 135 ccm Wasser gelöst, 3 ccm Jodtinktur zugesetzt und filtriert), ferner Pepsinglyzerin und endlich als Härtungsmittel Weingeist, 1 proz. Chromsäure und 1 proz. Pikrinsäure.

[2]) 1 g Fuchsin in 10 ccm absolutem Alkohol gelöst, dazu 100 ccm 5 proz. Karbolsäurelösung in Glyzerin.

[3]) 1 g Hämatoxylin wird in 6 ccm absolutem Alkohol warm gelöst und filtriert, mit 15 g Ammoniakalaun in 100 ccm destillierten Wassers zusammengegossen; die Mischung bleibt drei Tage im offenen Gefäß am Licht stehen, wird filtriert und mit 25 ccm reinem Glyzerin und 25 ccm Methylalkohol versetzt. Nach wiederum drei Tagen ist diese filtrierte Mischung für lange Zeit gebrauchsfertig.

Allmählich hellt sich die Masse auf, dann lassen sich durch Aufdrücken des Deckgläschens die Blutstückchen ausbreiten, die Masse der Blutkörperchen kommt in Bewegung, der Farbstoff tritt in die Flüssigkeit ein. Aber nach und nach verblassen die Konturen der Blutkörperchen wieder, schließlich verschwinden die histologischen Elemente und gehen in eine rötliche Lösung über, die nur noch Gerinnsel von Fibrin enthält. Die weißen Blutkörperchen widerstehen der Einwirkung der Flüssigkeiten länger als die roten, so daß in stark verwitterten Blutspuren, worin die roten Körperchen schon in feine Körnchen zerfallen sind, die weißen noch ziemlich scharf konturierte, rundliche Gebilde zeigen können. Soll das Blut auf kernhaltige Blutkörperchen geprüft werden, so legt man eine Spur in 5 proz. Essigsäure; es löst sich alles, wie schon gesagt, bis auf die leicht erkennbaren, das Licht stark brechenden Kerne auf. Will man die Kerne färben, so läßt man das Präparat lufttrocken werden, zieht es dreimal langsam durch die Flamme und färbt mit Löfflerscher[1]) Methylenblaulösung. Zuweilen findet man das Blut im mikroskopischen Bilde von Schimmelpilzfäden durchzogen, häufig auch Fetttröpfchen und Sporen, die mit Blutkörperchen oder Kernen verwechselt werden können. Die pflanzlichen Gebilde werden mit Jodlösung intensiver braungelb gefärbt, färben sich auch mit Farblösungen; Fett ist an der stärkeren Brechbarkeit und der Schwärzung durch 1 proz. Osmiumsäure erkennbar.

Wenn jedoch das Blut auf farbige Stoffe ausgeflossen, abgewischt und bestaubt ist, wenn überdies das betreffende Kleidungsstück noch einige Zeit getragen oder dem Regen und Sonnenschein ausgesetzt oder endlich gar gewaschen wurde, dann führt die mikroskopische Untersuchung kaum mehr zum Ziele. Noch schneller als durch Eintrocknen werden die Blutkörperchen durch Wasser, Säuren und Alkalien, Äther, Chloroform u. dgl. zerstört.

Sind die Blutkörperchen gänzlich verschwunden, so ist das Blut lackfarben geworden und man wird mit Sicherheit auf Blut nicht mehr schließen dürfen, selbst wenn man unter dem Mikroskope noch den Blutkörperchen ähnliche Gebilde zu erkennen vermeint.

Nach der mikroskopischen Prüfung gilt die Entstehung der Teichmannschen Häminkristalle, die als Salzsäureester des Hämatins anzusehen sind, als wichtigster Beweis für die Anwesenheit von Blut.

Hierzu genügt zwar die kleinste, aber möglichst rein von der Unterlage loszulösende Blutspur, da fremde Substanzen die Bildung der Kristalle verhindern können.

Nachdem man zu der auf dem Objektträger befindlichen trockenen Blutsubstanz — frisches Blut wird vorher vorsichtig eingedampft — eine kleine Spur Kochsalz gegeben hat, zerdrückt man das Partikelchen soweit mit einem Glasstabe, daß das aufgelegte Deckglas um Haaresbreite klafft. Aus einer Kapillarpipette läßt man von der Seite so viel Eisessig — er muß

---

[1]) 0,5 g Methylenblau, 30 ccm Alkohol, 100 ccm Kalilauge (1 : 1000).

durchaus wasserfrei sein, d. h. am Glasstabe brennen — zufließen, daß der Raum zwischen Deckglas und Objektträger ganz damit ausgefüllt ist. Man erwärmt, indem man zweckmäßig den Objektträger zwischen Zeigefinger und Daumen faßt und über eine mit kleinem blauem Flämmchen brennende Mikroskopierlampe oder über das Sparflämmchen eines Bunsenbrenners hält, bis kleine Bläschen aufzuperlen beginnen. Jede Überhitzung ist zu vermeiden, weil sonst das Deckgläschen mit der Substanz explosionsartig fortgeschleudert werden kann. Sobald die Bläschen entstehen, hält man das Glas etwas höher über die Flamme und läßt so die Flüssigkeit bis auf einen ganz schmalen Streifen ganz allmählich verdunsten, fügt neuerdings Eisessig hinzu, läßt wieder möglichst langsam verdunsten und wiederholt dieses Verfahren mehrere Male, weil man dann die Kristalle um so sicherer und schöner erhält. Das wiederholte Eindampfen kann auch auf dem Wasserbade vorgenommen werden. Beim letzten Eindampfen ist es vorteilhaft, die Flüssigkeit am Rande noch weniger vollständig zu vertreiben. Dieser Rest verhindert das Abgleiten des Deckgläschens und bewirkt bei seinem ganz allmählichen Verdunsten die Bildung großer und gut ausgebildeter Kristalle.

Bei dem beschriebenen Verfahren geht das Hämoglobin in Lösung und verwandelt sich mit der Säure in Hämatin, das mit Salzsäure äußerst charakteristische, mahagonirote, rhombische, in Wasser, Alkohol und Äther unlösliche Kristalle bildet, die Täfelchen, Blättchen oder Stäbchen von Wetzstein ähnlicher Gestalt zeigen. Neben übergroßen Kristallen finden sich oft winzig kleine über das ganze Präparat sehr ungleichmäßig verteilt, dort am meisten angehäuft, wo die letzte Flüssigkeit verdampfte.

Beim Durchsuchen des Präparates mit dem Mikroskope bei 400facher Vergrößerung stellt man zunächst auf den festen Rückstand der Blutspur ein, achtet auf dessen Umgebung und hauptsächlich auf die Ränder. Zuweilen liegen die Kristalle kreuzweise übereinander, vielfach zu zweien, seltener in Büscheln, oft sind sie um Fibringerinnsel, Staub oder Schmutzpartikelchen gelagert. Im auffallenden Lichte sind sie blauschwarz glänzend, im durchfallenden braun. Manche Kriställchen sind fast ganz lichtundurchlässig. Selbst bei den kleinsten Kristallen lassen sich mit entsprechend starken Systemen, Ölimmersion, die charakteristischen Formen erkennen. Unter dem Polarisationsmikroskop erscheinen die durchsichtigen Kristalle auf hellem Grunde dunkelbraunschwarz oder bei gekreuztem Nicol umgekehrt hellgelb glänzend auf dunklem Grunde.

Zuweilen treten auch andere ähnliche Kristalle auf, herrührend aus Farbstoffen des Gewebes, z. B. Bismarckbraun, selbst Schwefelkristalle hat man schon als Häminkristalle angesprochen.

Den Teichmannschen sehr ähnliche Kristalle erhält man, wenn man das Kochsalz durch Brom- oder Jodkalium ersetzt. Die Jodhäminkristalle sind dunkler gefärbt, treten aber sonst in denselben Formen auf. Strzyzowski hat folgende Vorschrift angegeben, wonach sich diese Kristalle leicht und schnell erhalten lassen. Ein Gemisch von je 1 ccm Eisessig, Wasser und Alkohol wird kurz vor dem Gebrauche mit 3 bis 5 Tropfen reiner Jodwasserstoffsäure ($D = 1{,}5$) versetzt. Freies Jod erschwert die Reaktion. Man bringt die verdächtige Substanz trocken auf einen Objektträger, bedeckt mit dem Deckgläschen und verfährt mit der Flüssigkeit, wie eben mit Eisessig beschrieben wurde, indem man sie zweimal je 10 Sekunden aufkocht. Selbst mit den geringsten Spuren bis 0,025 mg Blut können noch Jodhäminkristalle erhalten werden. Bei wasserlöslichen Blutspuren wird man einen Tropfen der filtrierten Lösung auf dem Objektträger eindampfen und dann den Rückstand, wie eben beschrieben, behandeln. Die Jodhäminkristalle bilden sich leichter und schöner, sind wegen ihrer dunkeln Farbe und der Sauberkeit des mikroskopischen Bildes besonders für die photographische Aufnahme geeignet. Diese macht nur insofern Schwierigkeiten, als Kristalle verschiedener Größe und Dicke sich nicht gleichzeitig scharf einstellen lassen.

Man benutzt den horizontalen mikrophotographischen Apparat, der für diesen Zweck genauer zentriert werden muß, als dies für die vergrößerte Aufnahme von Schriftzügen (S. 35 u. f.) nötig ist.

Man entfernt alle optischen Teile, stellt Tisch und Kamera mit Hilfe einer Libelle genau horizontal, entzündet die Lichtquelle (Stellung der Kohlenstifte wie früher beschrieben) und rückt die Kamera so, daß der kreisrunde Lichtfleck genau auf die Mitte der Mattscheibe fällt.

Man schaltet das umgelegte Mikroskop ohne optische Teile ein, wobei der Lichtfleck seine Lage behalten muß, das Trichterstück der Kamera darf den lichtdichten Verschluß des Mikroskops an keiner Stelle berühren.

Der Zweilinsenteil wird auf die Schiene vor die Lichtquelle so gerückt, daß der austretende Lichtstrahl parallel wird. Man stellt eine Irisblende von erbsengroßer Öffnung etwa 20 cm vom Objekttische des Mikroskops auf, schiebt die Wasserkammer unmittelbar an den Zweilinsenteil und stellt den Einlinsenteil so zwischen Wasserkammer und Irisblende auf, daß das Flammenbildchen genau in die Mitte der Irisblende fällt, was, wenn die optischen Teile an sich nach Möglichkeit zentriert sind, zum Schluß durch Verschieben der Lichtquelle erreicht wird. Das durch die Blende hindurchtretende divergente Lichtbündel muß den Durchmesser des Mikroskopkondensors ausfüllen. Nachdem man Objektiv und Projektionsokular eingesetzt hat, bringt man ein beliebiges Präparat, etwa Diatomeen, auf den Objekttisch und stellt das Bild auf der Mattscheibe mit Hilfe der Mikrometerschraube scharf ein.

Dann entfernt man das Präparat wieder, setzt den Mikroskopkondensor ein, für schwache Vergrößerungen den Brillenglaskondensor, für starke den Abbe und projiziert durch Vor- und Zurückschieben des Kondensors das Bild der Blendenöffnung auf die Mattscheibe, indem man es beim Brillenglaskondensor durch Bewegen der Schrauben an

Fig. 79.

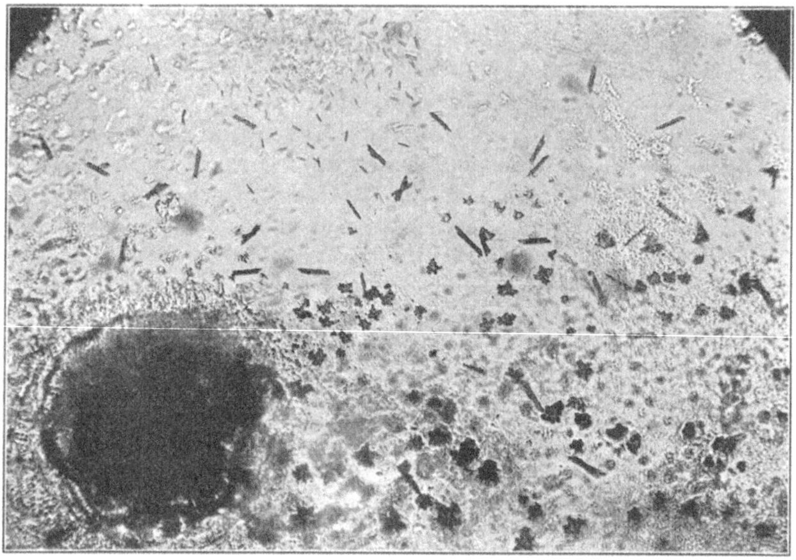

Blutpartikelchen mit Häminkristallen.

Fig. 80.

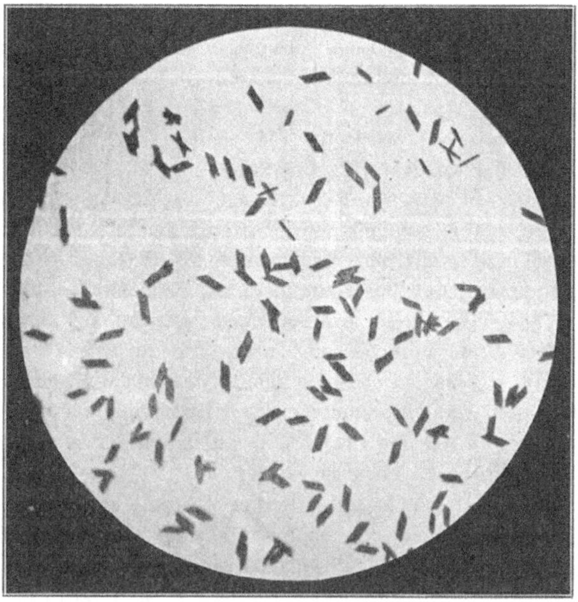

Ein Teil aus demselben Präparate bei stärkerer Vergrößerung mit Apochromat 8 mm und Projektionsokular 2.

der Fußplatte des Mikroskops, beim Abbe durch Bewegen der Schrauben am Kondensor genau in die Mitte der Mattscheibe bringt.

Ist das erreicht, so wird das aufzunehmende Präparat auf den Objektivtisch gebracht und durch Vor- und Rückwärtsbewegen des Kondensors gleichmäßige Beleuchtung erzielt.

An Stelle des zentrierbaren Abbe kann auch ein schwaches Objektiv (Achromat) benutzt werden. Bei schwachen Vergrößerungen, besonders bei großer Dicke des Präparates, ist das Projektionsokular entbehrlich.

Fig. 81.

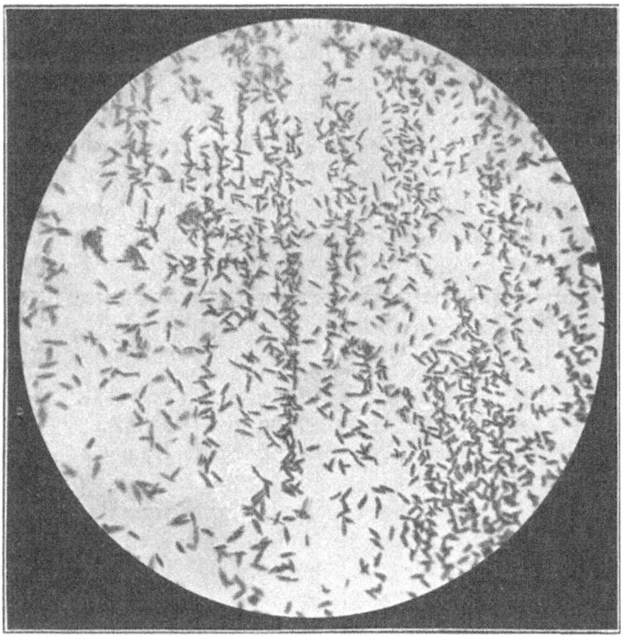

Übersichtsbild von Blutkristallen bei schwacher Vergrößerung; charakteristisch ist die reihenweise Anordnung der Kristalle, in der dicken Schicht zum Teil unscharf.

Für die photographische Aufnahme von Häminkristallen empfehlen wir, die Flüssigkeit vollkommen verdunsten und zwischen Objektträger und Deckgläschen Kanadabalsam fließen zu lassen.

Fig. 79 stellt ein Blutpartikelchen dar, um das sich eine große Zahl Häminkristalle verschiedenster Größe gelagert haben, das Präparat ist durchsetzt mit den gewöhnlichen Eiweißgerinnseln, Kochsalzkriställchen usw. Die Aufnahme ist gemacht mit dem Apochromat von 16 mm und Projektionsokular 2.

Zur Erzielung möglichst klarer und kontrastreicher Bilder benutzt man farbenempfindliche Platten und bringt zwischen Kondensor und Irisblende ein Zettnowsches Glasfilter von Zeiss, oder besser eine Küvette mit einer Lösung von 175 g Kupfervitriol und 17 g Kaliumbichromat, 2 ccm Schwefelsäure in 1000 ccm Wasser, in 1 bis 2 cm dicker Schicht. Nach Einschaltung des Filters muß die Einstellung korrigiert werden.

Außer den beschriebenen Verfahren zur Gewinnung von Teichmannschen Häminkristallen wird noch eine große Zahl anderer empfohlen; nach unserer Erfahrung erreicht jedoch keines dieselbe Sicherheit. So kann man z. B. die Fasern blutverdächtiger Gewebe einige Stunden mit Eisessig behandeln, und die erhaltene Flüssigkeit, wie üblich, auf dem Objektträger mit einer Spur Kochsalz erhitzen. Leinen und Seide geben das Blut leichter ab als Wolle, aus gefärbter Wolle erhält man oft nur langsam kleine Kristalle. Von Wachholz werden zur Gewinnung von Häminkristallen Lösungen von Säuren in 95 proz. Alkohol vorgeschlagen, z. B. Schwefelsäure und Alkohol 1 : 10000, Milchsäure und Alkohol zu gleichen Teilen. Auch Schwefelsäure und Glyzerin wird als scharfes Reagens empfohlen, und zwar 10 ccm Glyzerin ($D = 1{,}26$) mit 2 bis 3 Tropfen konz. Schwefelsäure. Davon soll ganz wenig, $^1/_4$ bis $^1/_2$ Tropfen, auf ein Deckglas gebracht und damit die Blutspur auf dem Objektträger 8 bis 12 Sekunden gekocht werden. Bei 400 facher Vergrößerung sollen kleine dunkle Kristallnadeln von Hämatinsulfat erkennbar werden, die jedoch immer zu winzig sind, um sie mit Sicherheit als Blutkristalle anzusprechen.

Da sich Hämoglobin bei hoher Temperatur in nicht näher bekannte, unkristallisierbare Derivate verwandelt, so kann bei Verwendung von Flüssigkeiten mit hohem Siedepunkte die Reaktion gestört werden. Auch das im faulenden Blute sich bildende Hämochromogen bildet keine Häminkristalle mehr.

Wenn auch im allgemeinen die Häminreaktion mit frischem oder nur schwach gefaultem Blute gewöhnlich leicht gelingt, so muß selbst der Geübte im Ernstfalle mit einem hohen Prozentsatze von Mißerfolgen rechnen. Sie sind darin zu suchen, daß der Blutfarbstoff unter Umständen in Eisessig unlöslich wird, oder sich in Hämochromogen und Hämatoporphyrin verwandelt oder gar vollständig zersetzt. Sehr altes angeschimmeltes, angefaultes oder über 200° erhitztes Blut ist unlöslich in Eisessig. Auch durch langes Kochen mit Eisessig allein, ferner durch Erhitzen des Blutfarbstoffes mit gewissen Substanzen, kann die Reaktion verhindert werden. Als solche Stoffe sind zu nennen: konz. Salz- und Schwefelsäure, Jodsäure, Bromsäure, chlorsaures Kalium, metallisches Eisen, Eisenrost und Eisensalze, Blei-, Silber- und Quecksilbersalze, Ätzkalk, Kohle, Schwefelwasserstoff, freie Halogene u. a.

Man kann, wenn eine Zersetzung des Blutfarbstoffes zu befürchten ist, zur Herstellung der Häminkristalle auch so verfahren, daß man den Blutfarbstoff löst und die Lösung eindunstet, oder daß man ihn aus der Lösung ausfällt, wäscht und trocknet und dann mit Eisessig und einer Spur Kochsalz behandelt. Es wird sich dieses Verfahren überhaupt dann immer empfehlen, wenn das Blut in großen Mengen fremder Stoffe, z. B.

Sand, Erde oder dergleichen, verteilt ist oder namentlich in sehr verdünnten Lösungen vorliegt, oder wenn man endlich fürchten muß, daß einer der angegebenen, die Reaktion hindernden Stoffe vorhanden ist. Als Lösungsmittel versucht man zunächst destilliertes Wasser, dann physiologische Kochsalzlösung auch unter Einleiten von Kohlensäure. Löst sich etwas auf, so dunstet man das Filtrat vorsichtig auf dem Objektträger auf schwach erwärmtem Wasserbade oder im Exsikkator über Schwefelsäure ein und verfährt weiter, wie vorher beschrieben. Wird so kein Erfolg erzielt, so maceriert man mit verdünnten Lösungen von Borax, Cyankalium, freiem oder kohlensaurem Alkali. Ein gutes Lösungsmittel ist auch Ammoniak. Oft kann man, wenn Verunreinigungen nicht weiter aufgenommen wurden, die erhaltene Lösung direkt auf dem Objektträger verdunsten und den Rückstand mit Eisessig und Kochsalz, wie schon beschrieben, behandeln. Sind jedoch Verunreinigungen mit in Lösung gegangen, so versetzt man, um den Farbstoff auszufällen, die alkalische, filtrierte Flüssigkeit mit Tanninlösung, und fügt Essigsäure bis zur sauren Reaktion hinzu; der Niederschlag wird in einem Spitzglase gesammelt, durch Dekantation mit wenig Wasser, dem man etwas Essigsäure und wenig Gerbsäure zugegeben hat, gewaschen, auf ein Filter gebracht und noch feucht mit dem Spatel abgenommen und auf einer Glasplatte oder Porzellanscherbe bei gewöhnlicher Temperatur getrocknet. Die trockene Masse wird dann, wie beschrieben, mit Eisessig und Kochsalz weiter behandelt. Als Fällungsmittel kann man auch an Stelle der Gerbsäure Zinkacetat verwenden. Selmi setzt ebenfalls wenig Ammoniak zu der Flüssigkeit und fällt mit Natriumwolframat und Essigsäure aus. Alle diese Niederschläge eignen sich vorzüglich zur Darstellung von Häminkristallen.

Bei Geweben, woraus Blut zumal mit heißem Wasser auszuwaschen versucht wurde, findet man es, da das kaum je vollständig gelingt, meist über eine verhältnismäßig große Fläche verteilt und stark verdünnt. Der ausgeschnittene Stoff wird dann mit einer reichlichen Menge schwach ammoniakalischen Wassers, oder einem der sehr verdünnten, angegebenen Reagenzien lange Zeit maceriert und aus der Flüssigkeit schließlich der Blutfarbstoff gefällt.

Oft verursacht der Blutnachweis an eisernen Instrumenten, wie Messer, Beil, Hammer und dergleichen, zumal wenn die Flecke eingerostet sind, große Schwierigkeiten; vermutlich weil der Blutfarbstoff mit dem Eisenoxyd eine unlösliche Verbindung eingeht. Der Blutnachweis mit Hilfe der Teichmannschen Kristalle gelingt dann nur mit einiger Sicherheit, wenn sich die Blutspritzer von dem eisernen Gegenstande abheben lassen, ohne daß sich ihnen auch nur Spuren von Eisen oder Eisenoxyd beimischen. Man wird daher den betreffenden Gegenstand mit einer starken Lupe oder einer schwachen mikroskopischen Vergrößerung absuchen und die verdächtigen Flecke vorsichtig ablösen, indem man anhängende Eisenoxydpartikelchen unter dem Mikroskope mit einer

Nadel zu entfernen trachtet. Aus solchen Blutkrusten gewinnt man oft noch deutliche und schöne Häminkristalle.

Wenn der Blutnachweis so nicht gelingt, behandelt man den eisernen Gegenstand mit verdünntem Ammoniak und versucht, den Farbstoff wie schon beschrieben auszufällen.

Aber auch an anderen als eisernen Gegenständen kann der mikrochemische Blutnachweis versagen, z. B. auf heißgebügelter Wäsche ebenso wie bei verwitterten, verschimmelten oder durch Mikroorganismen veränderten Blutflecken überhaupt. In allen diesen Fällen ist als Lösungsmittel sehr verdünnte Natronlauge zu empfehlen, auch schwefelsäurehaltiger Alkohol leistet manchmal gute Dienste.

Fig. 82.

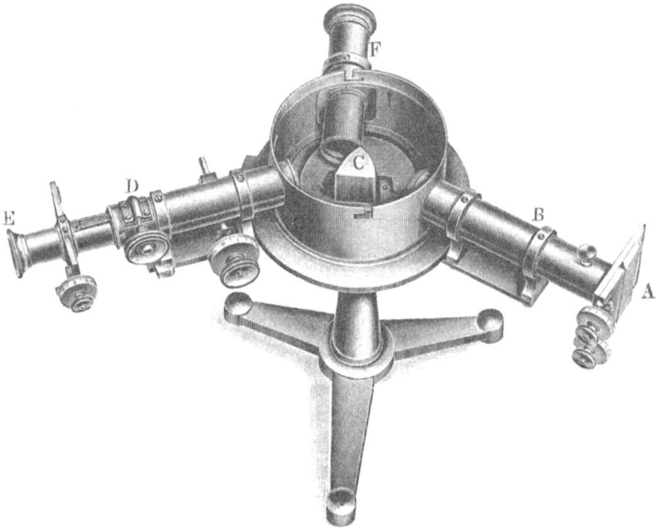

Spektralapparat nach **Kirchhoff** und **Bunsen** von oben gesehen.

Der negative Ausfall der Häminprobe ist daher nicht immer ein vollgültiger Beweis für die Abwesenheit des Blutes und man wird daher die neuerdings bis zur Zuverlässigkeit ausgebildete spektroskopische Prüfung in Verbindung mit der biologischen Probe unter Hinzunahme der van Deenschen Guajakprobe mit zu Rate ziehen.

Läßt man einen durch eine Linse parallel gemachten Strahl weißen Lichtes, z. B. des Sonnenlichtes, das, wie schon beschrieben (S. 20), aus Schwingungen des hypothetischen Lichtäthers verschiedener Wellenlänge und Brechbarkeit zusammengesetzt ist, durch ein dreikantiges Glasprisma hindurchgehen, so wird es in Strahlen verschiedener Brechbarkeit zerlegt, man erhält, wenn man den zerlegten Lichtstrahl mit Hilfe einer Sammellinse auf einer Fläche auffängt, ein farbiges Band, das sogenannte Spektrum. Gewöhnlich unterscheidet man darin, wie schon früher angegeben, etwas willkürlich die sieben Grundfarben Rot, Orange, Gelb, Grün, Blau, Indigo und Violett. Man kann das durch die Sammellinse entworfene Bild auch durch eine Lupe betrachten, wie das in dem ältesten, in Fig. 82 abgebildeten, von Kirchhoff und Bunsen ersonnenen Spektralapparate geschieht. Man sieht dann die angegebenen Farben in einem Bande von Rot bis Violett von links nach rechts.

Die durch einen schmalen Spalt bei *A* eintretenden und durch eine in dem Rohr *B* befindliche Sammellinse parallel gemachten Lichtstrahlen gehen durch das Glasprisma *C*. Die dadurch abgelenkten und farbig zerlegten Strahlen treten in das Fernrohr *D*, dessen Objektivlinse ein vollkommen reines Spektrum erzeugt, das, durch eine Lupe vergrößert, bei *E* beobachtet wird. Das dritte Rohr *F* enthält eine kleine auf Glas photographierte, durch eine besondere Flamme beleuchtete Millimeterskala, von der durch eine in dem Rohre befindliche Linse ein reelles Bild entsteht, das von der ihm zugewendeten Prismenfläche zurückgestrahlt, gleichzeitig mit dem Spektrum bei *E* beobachtet wird und so die einzelnen Stellen des Spektrums zu fixieren gestattet.

Während ein weißglühender fester oder flüssiger Körper ein ununterbrochenes, sogen. kontinuierliches Spektrum gibt, ist das vom Sonnenlicht erzeugte Spektrum mit einer Anzahl schwarzer, mehr oder weniger deutlicher Linien durchsetzt, die dadurch zustande kommen, daß das von dem Sonnenkern ausgestrahlte weiße Licht auf seinem Wege durch die den Sonnenkern umgebende Gas- und Dampfhülle eines Teils der Lichtstrahlen von bestimmter Brechbarkeit beraubt wird; diese schwarzen, im Spektrum senkrecht stehenden Linien sind natürlich nichts anderes, als ein Bild des Spaltes, durch den der Lichtstrahl in den Apparat eintritt. Die zuerst von Fraunhofer beobachteten, wenn auch nicht von ihm erklärten Linien, heißen nach ihm noch heute

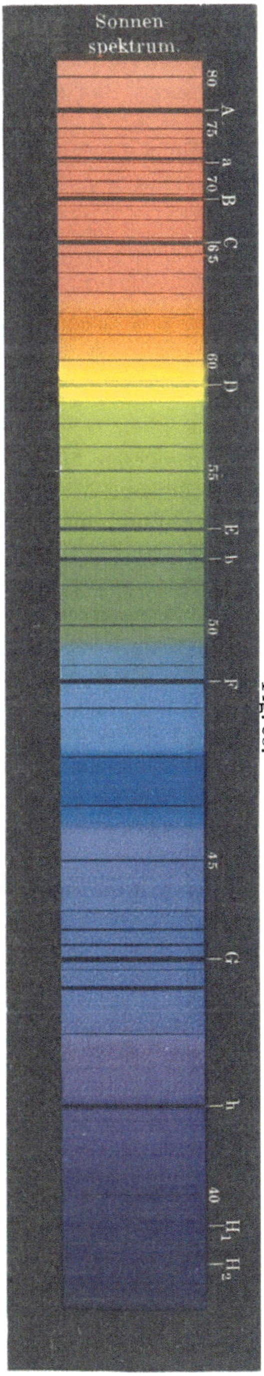

Fig. 83.

die Fraunhoferschen Linien, sie sind deshalb von ganz besonderer Bedeutung, weil man mit ihrer Hilfe die Lage einer beliebigen Stelle im Spektrum genau bestimmen kann. Fraunhofer hat, vom roten Ende beginnend, die am meisten auffallenden Linien mit A, a, B, C, D, E, b, F, G, h, H_1, H_2 bezeichnet, sie entsprechen folgenden Wellenlängen in Millionstel Millimetern:

A . . .	= 760	b . . .	= 517
a . . .	= 720	F . . .	= 486
B . . .	= 689	G . . .	= 431
C . . .	= 658	h . . .	= 410
D . . .	= 589	H_1 . . .	= 397
E . . .	= 529	H_2 . . .	= 393

A, a und B liegen im Rot, C im Orange, D im Gelb, E und b im Grün, F im Blau, G im Indigo, h, H_1, H_2 im Violett. Fig. 83 (a. v. S.) gibt ein Spektrum mit den angeführten Fraunhoferschen Linien wieder.

In ähnlicher Weise wie dem ursprünglich weißen Lichte des Sonnenkernes durch die Dampfhülle ein Teil des Lichtes entzogen wird, ebenso werden einem weißen Lichtstrahle gewisse Farben entzogen, wenn er durch gefärbte Lösungen hindurchgeht. Das betreffende Spektrum, man nennt es Absorptionspektrum, weist dann in Gestalt breiter oder schmaler, mehr oder weniger scharf begrenzter Linien oder Bänder bestimmte Lücken auf, die für jede farbige Lösung eines definierten chemischen Stoffes eine bestimmte Lage haben. Für feinere Messungen und wenn Sonnenlicht nicht zur Verfügung steht, sind die Spektralapparate mit der schon erwähnten Skala versehen, die gleichzeitig mit dem Spektrum beobachtet wird. Da diese Skala durch verkleinerte Aufnahme einer Millimeterskala hergestellt und beliebig eingestellt wird, auch die Art und Beschaffenheit der Prismen von Einfluß ist, so sind nur die Skalen gleicher Instrumente direkt vergleichbar. Gewöhnlich dient die Skala nur dem Beobachter selbst, so daß diese Verschiedenheiten ohne Belang sind. Besser und rationeller ist es jedoch, an Stelle einer willkürlichen Skala die Wellenlängen einzutragen, wie das auf den beigegebenen Abbildungen geschehen ist.

Für die Untersuchung solcher Lösungen, für die man kein lang ausgedehntes Spektrum bedarf, bedient man sich statt des Bunsen-Kirchhoffschen Spektralapparates gewöhnlich kleinerer Apparate mit gerader Durchsicht, bei denen durch geeignete Kombination von Prismen aus verschiedenen Glassorten die Lichtbrechung vermieden, die Lichtzerstreuung, d. h. die Zerlegung in die verschiedenen Spektralfarben, wenn auch in vermindertem Maße, erhalten geblieben ist. Ein sehr bequemes, von ihm Taschenspektroskop genanntes, kleines Instrument ist von Browning (s. Fig. 84) konstruiert worden.

Das Licht tritt bei A in den Spalt, wird von der am Ende des inneren Rohres bei B befindlichen Kollimatorlinse parallel gemacht und durch einen Amicischen Prismensatz zerlegt. Durch das Rohr *C* wird mit Hilfe eines bei *D* liegenden Prismas eine durch die Schraube *E* verschiebbare Skala projiziert. Die zu untersuchenden gefärbten Lösungen werden in kleinen Küvetten oder Reagenzgläsern vor den Spalt gestellt. Das Instrument ist von H. W. Vogel unter dem Namen Universalspektroskop abgeändert worden.

Für sehr dünne Lösungen, um die es sich bei Blutuntersuchungen wegen Mangel an Material fast immer handelt, benutzen wir am liebsten das von Schmidt und Hänsch in Mikroskopform konstruierte, in Fig. 85 abgebildete, äußerst handliche Instrument.

Fig. 84.

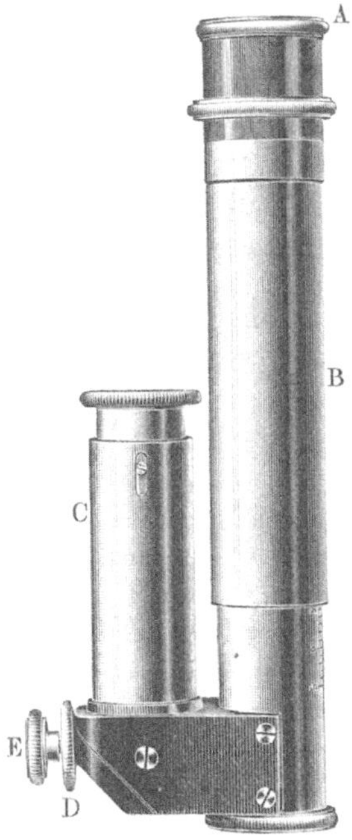

Taschenspektroskop nach Browning.

Fig. 85.

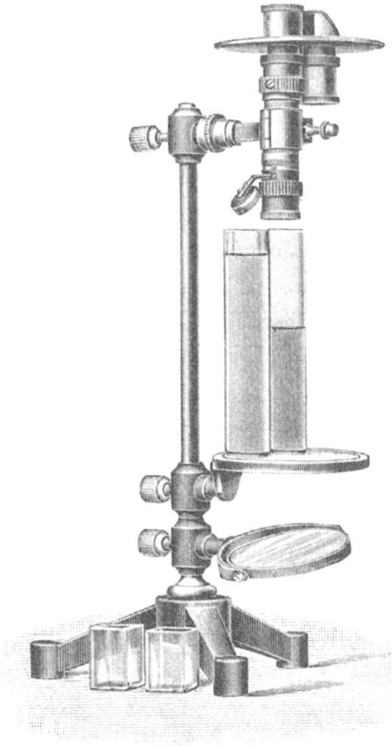

Spektroskop nach Schmidt und Hänsch.

Das Licht wird mit Hilfe eines Spiegels durch aufrechtstehende, die zu untersuchenden Flüssigkeiten enthaltende Glaszylinder mit planparallelem Boden in den Apparat geleitet. Da das Licht durch eine hohe Schicht hindurchgeht, genügen schon sehr schwache Lösungen. Es lassen sich unter das Instrument zwei solcher Glaszylinder nebeneinanderstellen; die sie passierenden Lichtstrahlen liefern dann zwei übereinanderstehende, koinzidierende Spektren, so daß man imstande ist, für die zu prüfende Flüssigkeit ein aus der vermuteten Flüssigkeit, z. B. Blut, hergestelltes Vergleichsspektrum zu erzeugen. Zum Gebrauche wird zuerst vor Aufstellung der Glaszylinder durch den möglichst engen Spalt mit Hilfe des Spiegels gewöhnliches Tageslicht durch den Apparat geschickt, die Lupe so eingestellt, daß die Fraunhoferschen Linien scharf und deutlich erscheinen. Dann erst stellt man die mit der zu prüfenden und mit der zu vergleichenden Flüssigkeit gefüllten Zylinder auf den Glastisch und erhält so die zu vergleichenden Spektren.

Das Hämoglobin des Blutes und seine Derivate zeichnen sich durch sehr charakteristische Absorptionsspektren aus. Zu Vergleichsspektren benutzt man frisches Blut oder auch Lösungen aus Blutflecken bekannter Herkunft; es empfiehlt sich, eingetrocknetes Blut verschiedenen Alters, verschiedener Herkunft an den verschiedensten Stoffen, Geweben, Holz, Eisen, Mauerwerk usw. für diesen Zweck vorrätig zu halten. Schaltet man zwischen Spalt und Lichtquelle eine mehr als 1 proz. vollständig klare Blutlösung in 1 cm Schichthöhe ein, so wird das Sonnenspektrum von Linie *D* bis zum violetten Ende ausgelöscht. Verdünnt man die Blutlösung bei gleichbleibender Schicht auf etwa 0,8 Proz., so entsteht ein heller Fleck im Grün zwischen *E* und *F* (s. 1 Fig. 86). Bei einer Verdünnung von 0,2 bis 0,01 Proz. immer bei 1 cm Schichthöhe zeigt das Spektrum nur zwischen *D* und *E* im Gelb und Grün zwei Absorptionsbänder, von denen das bei *D* gelegene Band schmal und scharf begrenzt, das bei *E* breiter und von verwaschenen Rändern ist. Oxyhämoglobinspektrum (2 der Fig. 86). Bei weiter fortgesetztem, sehr starkem Verdünnen bis auf 1 : 4500 verschwindet zuerst das Band bei *E*, dann auch das schmälere bei *D*.

Läßt man eine Blutlösung in verschlossenem Gefäß einige Zeit stehen oder schüttelt man sie mit reduzierenden Substanzen, so beobachtet man ein allmähliches Verblassen der beiden Streifen und schließlich erscheint ein breites, schlecht begrenztes Absorptionsband an Stelle des Zwischenraumes der beiden Oxyhämoglobinstreifen, das etwas links von *E* einsetzt, und wenig über *D* hinausragt; reduziertes Hämoglobinspektrum (3 der Fig. 86). Als Reduktionsmittel dienen schwach gelbes Schwefelammonium, dem etwas Ammoniak, oder nach Tollens einige Tropfen 40 proz. Formaldehyds zugesetzt werden; zur Beschleunigung der Reaktion kann man schwach bis höchstens auf 40^0 erwärmen. Ferner leisten zur Reduktion gute Dienste frisch bereitete, schwach ammoniakalische Lösungen von weinsaurem Eisen- oder Zinnoxydul oder Zinnchlorür. Man löst zu dem Zweck 1 g Ferrosulfat mit 1 g Weinsäure in 10 ccm Wasser und setzt kurz vor dem Gebrauche 6 ccm 10 proz. Ammoniak hinzu; die Flüssigkeit wird zweckmäßig noch bis zur fünffachen Menge mit Wasser verdünnt.

Durch Schütteln mit Sauerstoff oder Wasserstoffsuperoxyd kann allmählich das ursprüngliche Oxyhämoglobinspektrum wieder hergestellt werden. Sowohl dieses, als auch das reduzierte verschwinden in verdünnten Lösungen auf Zusatz von Essigsäure, weil das Hämoglobin in Globulin und Hämatin zerlegt wird. In konzentrierten Lösungen

Fig. 86.

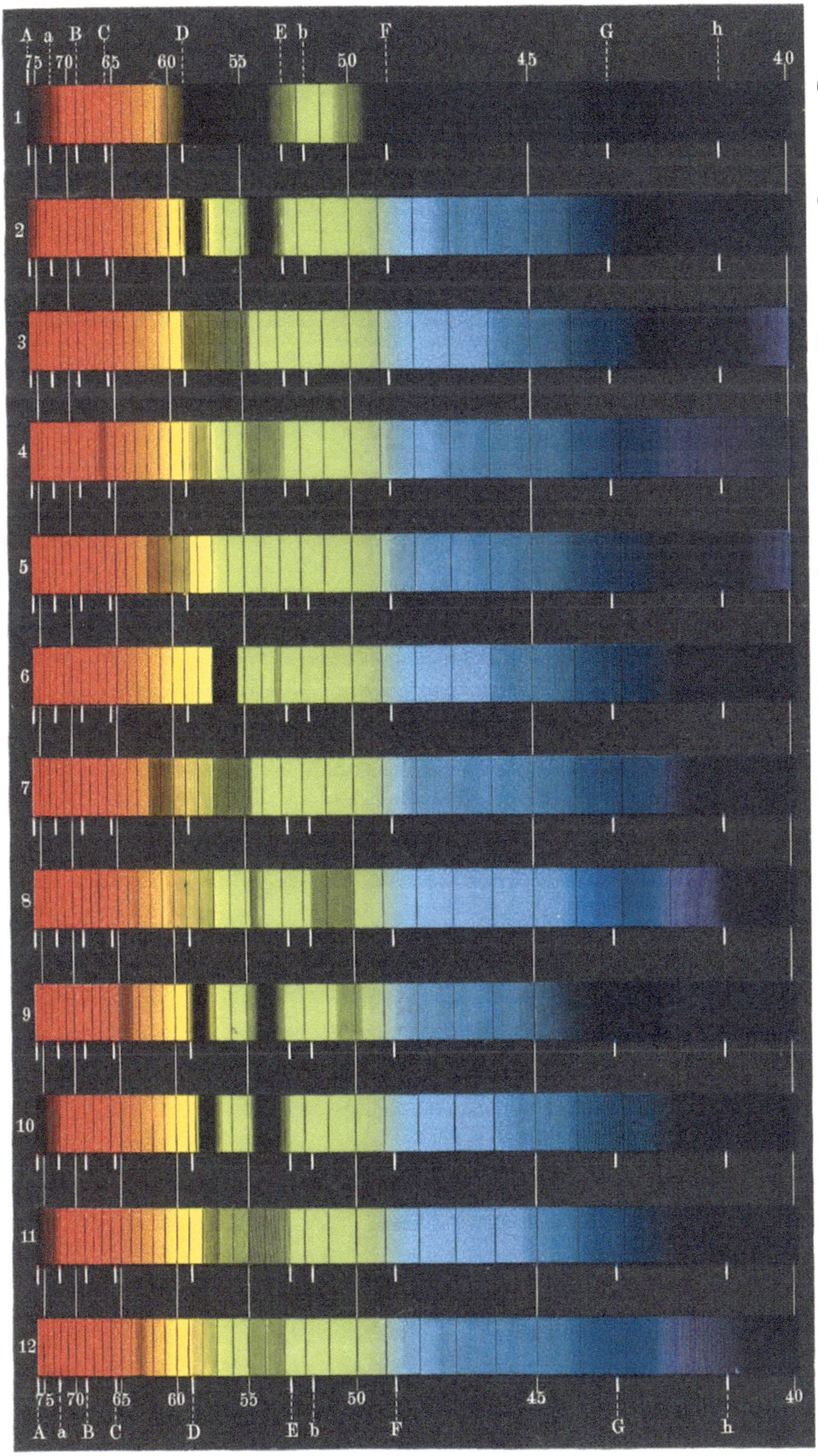

1. Oxyhämoglobin 0,8 %.
2. Oxyhämoglobin 0,18 %.
3. Hämoglobin (Blut reduziert).
4. Hämatin in saurer Lösung.
5. Hämatin in alkal. Lösung.
6. Hämochromogen. (Reduziertes Hämatin.)
7. Hämatoporphyrin in saurer Lösung.
8. Hämatoporphyrin in alkalischer Lösung.
9. Methämoglobin.
10. Kohlenoxydhämoglobin.
11. CO-Hämogl. u. O-Hämoglobin nach d. Redukt.
12. Sulfhämoglobin.

Baumert, Gerichtl. Chemie. II. (Dennstedt u. Voigtländer.) Friedr. Vieweg & Sohn in Braunschweig.

erhält man jedoch das Hämatinspektrum in saurer Lösung (4 der Fig. 86). Kein anderer Farbstoff zeigt dieses charakteristische Verhalten; das sonst ähnliche Absorptionsspektrum einer ammoniakalischen Karminlösung wird weder durch reduzierende, noch oxydierende Substanzen, noch durch Essigsäure geändert.

Im Spektrum des Hämatins in saurer Lösung sind die beiden Bänder verblaßt und außerdem ist ein schmaler, scharf begrenzter Absorptionsstreifen im Rot an der Fraunhoferschen Linie C entstanden. Bei bestimmter Konzentration können noch zwei andere schwächere Bänder, rechts von D und links von E, sichtbar werden. Auf Zusatz von Natronlauge verschwindet das schmale, scharf begrenzte Band bei C und es entsteht ein breiteres, mattes Band zwischen C und D: das Spektrum des Hämatins in alkalischer Lösung (5 der Fig. 86).

Auch bei direkter Behandlung einer Blutlösung mit Alkali kann das Hämatinspektrum in alkalischer Lösung erhalten werden.

Die schon aufgeführten Reduktionsmittel, am besten gelbes Schwefelammonium, verändern auch dieses Spektrum ganz charakteristisch; es entsteht in der sich purpurrot färbenden Lösung das sogenannte Hämochromogen- oder Stokes reduziertes Hämatinspektrum; der Streifen nahe der D-Linie ist verschwunden, während zwei Bänder zwischen D und E neu auftreten. Der erste Streifen ist dunkler und scharf begrenzt (6 der Fig. 86).

Bei der Behandlung des Blutes mit konzentrierter Schwefelsäure entsteht das Hämatoporphyrin, dessen Spektrum das „Hämatoporphyrinspektrum in saurer Lösung" (7 der Fig. 86) zwei Absorptionsbänder aufweist, nämlich einen charakteristischen, schmalen, nicht sehr dunkeln Streifen im Orange zwischen C und D, nahe an D, einen zweiten breiteren, dunkeln zwischen D und E. Der Raum zwischen beiden zeigt matte, schwache Absorption. Die Lösung des Hämatoporphyrins in Schwefelsäure darf nötigenfalls nur mit konzentrierter Schwefelsäure verdünnt werden, weil das Hämatoporphyrin beim Verdünnen mit Wasser ausfällt. Das so ausgefällte Hämatoporphyrin, in starkem Alkali gelöst, gibt das alkalische Hämatoporphyrin mit einem ebenfalls charakteristischen vierstreifigen Spektrum (8 der Fig. 86). Die Streifen liegen im Rot, Gelb und Grün; der erste im Rot ist sehr schmal und schwach, die drei anderen, besonders der am meisten nach rechts liegende, sind kräftiger. Beide Hämatoporphyrinspektren sind sehr charakteristisch und zum Nachweise von Blut besonders dann geeignet, wenn andere Reaktionen versagen.

Unter Umständen, namentlich in alten Flecken, kann man bei der Extraktion mit Wasser das für zersetztes Blut charakteristische Methämoglobinspektrum (9 der Fig. 86) bekommen. Außer den beiden Streifen des Oxyhämoglobins, die ein wenig nach D verschoben sind, sieht man im Rot und auch im Grün je einen schmalen, schattenartigen Streifen.

Bei allen Blutspektren ist das violette Ende mehr oder weniger ausgelöscht.

Im einzelnen verfährt man zum Nachweise von Blut mit Hilfe der Spektralanalyse wie folgt: Etwa vorliegendes frisches Blut wird mit destilliertem Wasser verdünnt und durch ein dichtes Filter oder in der Berkefeldschen Filterkerze klar filtriert. Blutflecke auf Stoffen, abgeschabte Krusten oder dgl. werden mit destilliertem Wasser überschichtet, Kohlensäure eingeleitet und dann die Lösung kräftig mit Luft geschüttelt. Die erhaltene, in starker Schicht rötlich gefärbte Lösung wird im Spektralapparate geprüft. Bei Vorhandensein von Blut erhält man zunächst das Oxyhämoglobinspektrum, das durch Reduktion in der beschriebenen Weise in das reduzierte Hämoglobinspektrum übergeht. Bei altem Blute kann man an Stelle des Oxyhämoglobinspektrums auch das seines ersten Zersetzungsproduktes, des Methämoglobins, erhalten. An Stelle kohlensäurehaltigen Wassers kann man auch schwach ammoniakalisches Wasser oder ganz verdünnte Cyankaliumlösung benutzen. Erzielt man mit reinem Wasser oder den angegebenen schwachen Lösungsmitteln keine gefärbte Lösung, so wiederholt man das Verfahren mit Essig- oder Oxalsäure unter schwachem Erwärmen. Geht hierbei Blutfarbstoff in Lösung, so erhält man damit das Hämatinspektrum in saurer Lösung.

Wenn auch mit Säure nichts in Lösung gegangen ist, so wird der Blutfleck oder die Blutkruste mit alkalischen Flüssigkeiten digeriert, z. B. mit Ammoniak oder alkoholischer Kaliumacetatlösung. Ist Blut vorhanden, so zeigt die Flüssigkeit das Hämatinspektrum in alkalischer Lösung.

Das Vorhandensein von Blut wird jedoch erst durch Stokes reduziertes Hämatin- oder Hämochromogenspektrum sicher bestätigt, indem man die Flüssigkeit mit einigen Tropfen Schwefelammonium reduziert. Liegen nur geringe Blutspuren vor, so arbeitet man am besten unmittelbar auf dieses am meisten beweisende Hämochromogen hin, und sieht von dem Hämatin in saurer und alkalischer Lösung überhaupt ab. Nach Riegler behandelt man zu dem Ende den Blutfleck unter Erwärmen auf dem Wasserbade mit einigen Tropfen einer alkalischen Hydrazinlösung [1]), die selbst bei nur geringen Substanzmengen eine purpurrot gefärbte Flüssigkeit mit dem besonders deutlichen Hämochromogenspektrum gibt.

Haben alle Lösungsmittel bei der Behandlung blutverdächtiger Substanzen versagt, dann bleibt als letzter Ausweg noch warme konzentrierte Schwefelsäure, mit der man das ebenfalls besonders charakteristische Hämatoporphyrinspektrum in saurer Lösung erhält.

---

[1]) 10 g Natriumhydroxyd werden in 100 ccm Wasser gelöst, dann 5 g Hydrazinsulfat hinzugefügt und die Lösung mit 100 ccm Alkohol von 96 Proz. gemischt und nach mehreren Stunden filtriert.

Befindet sich der Blutfleck auf einem Stoffe, der durch Schwefelsäure gefärbt oder angegriffen wird, so behandelt man erst einige Male mit kalter Schwefelsäure, um diese Zersetzungsprodukte zu entfernen und erst den so nicht angreifbaren Rückstand unter Erwärmen, um nun das zurückgebliebene Blut zu lösen.

Ist auf diese Weise keine reine Lösung zu erzielen, so wird die immer noch mißfarbige und trübe Säure durch Glaswolle filtriert, stark mit Wasser verdünnt und so das Hämatoporphyrin in rotbraunen Flocken ausgefällt, während die Verunreinigungen gelöst bleiben. Man läßt absetzen, wäscht durch Dekantieren, filtriert, trocknet über Schwefelsäure und verreibt den einen Teil des Rückstandes mit warmer Schwefelsäure, den anderen mit starkem Ammoniak oder Natronlauge; mit der sauren Flüssigkeit bekommt man das Hämatoporphyrinspektrum in saurer, mit der anderen das vierstreifige Hämatoporphyrinspektrum in alkalischer Lösung.

Treten diese beiden Spektren auf, so ist das Vorhandensein von Blut mit Sicherheit nachgewiesen, denn selbst sehr altes, fauliges, durch hohe Temperatur oder durch Verunreinigungen chemischer Art, z. B. Eisenoxyd (Rost), Kalk (Mörtel), verändertes und vollständig unlöslich gewordenes Blut, woraus Häminkristalle nicht mehr erhalten werden können, geben mit konzentrierter Schwefelsäure noch immer die Hämatoporphyrinlösung. Sogar in Blutkohle, selbst in verkohlten Leichen kann dieser Blutnachweis noch gelingen.

Die Spektraluntersuchung des Blutes wird immer möglichst in so dicker Schicht begonnen, daß nur Rot und Orange durchgelassen werden. Erst wenn hier die Abwesenheit von Absorptionsstreifen festgestellt ist, verdünnt man allmählich, bis auch die Absorptionsstreifen im Gelb und Grün erscheinen. Man arbeite mit engem Spalte, da bei Eintritt von viel Licht schwache Streifen, wie die des Methämoglobins und Hämatins in saurer Lösung, ausgelöscht werden. Die genaue Einstellung der Lupe ist von Zeit zu Zeit zu kontrollieren.

Ebenso, wenn nicht noch besser als die beschriebenen Spektralapparate, eignet sich für die spektralanalytische Untersuchung des Blutes in gerichtlichen Fällen Abbes Mikrospektroskop, das in allen Fällen brauchbar ist, selbst wenn nur die winzigsten Blutspuren vorliegen.

Das Mikrospektroskop (Fig. 87, a. f. S.) besteht aus einem besonderen Spektralokular, das einen in Länge und Breite verschiebbaren Spalt trägt. Es wird an Stelle der gewöhnlichen Okulare in den Mikroskoptubus eingesetzt. Über dem Okular befindet sich ein geradsichtiger Prismensatz, der um einen Zapfen beiseite geschlagen werden kann.

Durch ein seitliches Rohr mit Spiegel und Linse wird eine Wellenlängenskala auf das dem Auge erscheinende Spektrum projiziert. Außerdem läßt sich durch eine Hebelvorrichtung ein Vergleichsprisma an den Spalt anlegen, so daß auch andere an der Seite des Okulars eingeschaltete flüssige Medien spektroskopisch mit dem eigentlichen auf dem Mikroskoptische befindlichen Objekte verglichen werden können.

Man bringt die zu spektroskopierende Flüssigkeit in die Vertiefung eines Objektträgers mit konkavem Ausschliff unter das mit dem Mikrospektralapparat versehene Mikroskop. Ein Objektiv kann entbehrt werden, höchstens benutzt man ganz schwache Vergrößerungen.

Fig. 87.

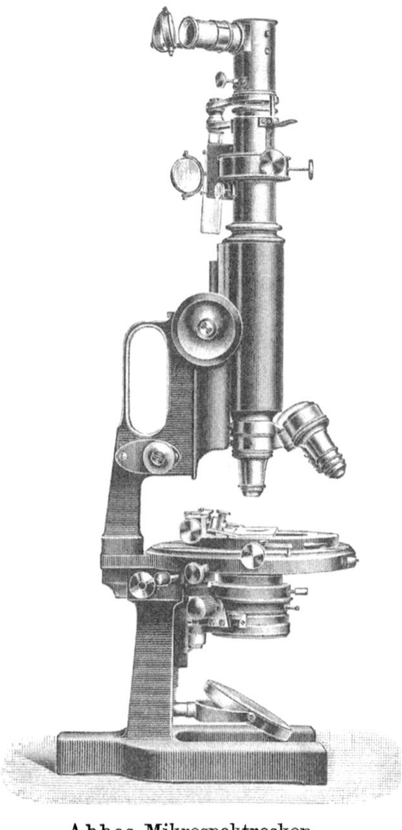

Abbes Mikrospektroskop.

Man schlägt den Prismensatz des Spektralapparates beiseite, stellt mit dem Okular erst auf den Spalt und dann mit der Mikrometerschraube des Mikroskops, nachdem man den Spalt wieder erweitert hat, auf den Rand der Flüssigkeit scharf ein. Der Prismensatz wird eingeklappt, der Spalt wieder verengert, bis das Spektrum am schärfsten erscheint.

Die Wellenlängenskala ist vor Beginn mit der Schraube auf die D-Linie = 589 genau einzustellen.

Hat man weder mit Wasser, noch mit Hydrazinreagens, noch mit konzentrierter Schwefelsäure eine gefärbte Lösung bekommen, so quetscht man die durch die bisherige Behandlung aufgeweichten, verdächtigen Partikelchen zwischen zwei Objektträgern, nacheinander entweder mit Wasser oder mit Hydrazinreagens oder mit konzentrierter Schwefelsäure, bis das Partikelchen durchscheinend geworden ist. Man stellt mit dem Okulare scharf auf irgend ein Luftbläschen oder dgl. ein, bringt eine möglichst gleichmäßig und intensiv gefärbte Schicht unter den Spalt, klappt den Prismensatz ein und spektroskopiert. In Zweifelfällen darf man nie unterlassen, ein Vergleichsspektrum mit gleich behandeltem frischem Blute herzustellen.

Sowohl die Häminprobe, wie die spektroskopische Prüfung sind jede für sich, wenn sie positiv und in ihren charakteristischen Eigentümlichkeiten ausfallen, als für die Gegenwart von Blut durchaus beweisend anzusehen.

Als Vorproben werden zuweilen noch einige Reaktionen benutzt, die auf der chemischen Zusammensetzung des Blutes, nämlich seinem Eiweiß- und Eisengehalt, beruhen. Aus Blutflecken erhält man mit reinem oder alkalischem Wasser eiweißhaltige Lösungen, die mit einigen Tropfen Salpetersäure oder Essigsäure und gelbem Blutlaugensalz eine weiße Trübung geben. Zum Nachweise des Eisens wird der wässerige oder alkalische Auszug eingedampft, mit Chlorwasser desorganisiert, der Rückstand wieder mit Wasser aufgenommen und mit Rhodankalium versetzt; bei Gegenwart von Eisen tritt rötliche Färbung ein. Ein positiver Ausfall der Eiweiß- und Eisenprobe beweist noch nicht die Gegenwart von Blut, da auch Speise- oder andere Flecke an Kleidungsstücken, Messern, Instrumenten, Eiweiß und Eisen enthalten können; eher könnte bei negativem Ausfall auf Abwesenheit von Blut geschlossen werden.

Weiter auf Blut deutet ein Dichroismus der schwach alkalischen oder mit Hydrazinreagens hergestellten Lösung, d. h. wenn sie im reflektierten Lichte grünlich, im durchfallenden rot erscheint. Man erhält diese, der alkalischen Hämatinlösung eigentümliche Erscheinung noch deutlicher, wenn man einen bluthaltigen Fleck mit heißem alkalischem Weingeist extrahiert. Auch der Dichroismus allein ist für Blut nicht beweisend, denn er kann auch von anderen Farbstoffen, die aus den Kleidern oder sonstwie an den Gegenstand gelangt sind, herrühren.

Endlich kann auch die sauerstoffübertragende Eigenschaft des Hämoglobins auf Harze, wie Guajak und Aloe, oder Leukobasen [1]), die dadurch charakteristische Färbungen annehmen, zum Nachweise des Blutes herangezogen werden. Die Färbung des Guajakharzes beruht nach Schönbein darauf, daß sich Ozonide der Guajakonsäure bilden, blaugefärbte Verbindungen, die durch Einwirkung von Wärme, von Säuren, mit Ausnahme von Essigsäure, ferner durch Alkalien wieder zerstört werden. Als Ozonträger dienen alte, insolierte, ätherische Öle, wie Terpentinöl, Eucalyptusöl u. a. oder Wasserstoffsuperoxyd. Diese Reaktionen sind meist äußerst empfindlich. Gibt man zu einer weingelben, alkoholischen Lösung des Guajakharzes [2]) einige Tropfen ozonisiertes Terpentinöl, d. h. Öl, das einige Zeit unverkorkt an der Sonne gestanden hatte, oder Wasserstoffsuperoxydlösung und dazu Wasser bis zur eben beginnenden Trübung, so tritt auf Zusatz eines Tropfens Blutlösung nach kräftigem Umschütteln intensive Blaufärbung ein. Diese von van Deen angegebene und nach ihm benannte Reaktion gibt nicht nur frisches, sondern auch eingetrocknetes Blut, das mit wenig alkalischem oder mit Essigsäure angesäuertem Wasser aufgenommen wurde. Die Reaktion wird noch schärfer, wenn man die durch Wasser entstandene Trübung durch Alkohol vorsichtig wieder aufhellt.

---

[1]) Z. B. eine farblose Lösung des Leukomalachitgrüns in Eisessig.

[2]) Die Tinktur wird wie folgt dargestellt: 1 Teil frisches Harz in 5 Teilen 90 proz. Alkohols gelöst, nach einigen Tagen klar filtriert. Im Dunkeln aufzubewahren.

Außer dem Hämoglobin besitzen aber auch viele andere Stoffe ebenfalls die Eigenschaft, das im Terpentinöl festgehaltene Ozon frei zu machen und die mit Wasser verdünnte Guajaktinktur zu bläuen, so gewisse oxydierende Fermente, wie Eiter, Speichel, Pflanzenextrakte, Leder, ferner sogar anorganische Stoffe und zwar nicht nur Platin, sondern auch die Halogene, Rhodanverbindungen, Salpeter- und salpetrige Säure, Bleioxyd, Ferro- und Cuprisalze, die letzten besonders in Gegenwart von Blausäure. Die Bedeutung der van Deenschen Reaktion wird hierdurch wesentlich eingeschränkt und kann daher nur unter bestimmten Bedingungen zum Nachweise des Blutes herangezogen werden.

Vitali gibt ihr die folgende Fassung:

Der mit einem geringen Zusatze von Alkali oder Essigsäure gewonnene Auszug der verdächtigen Substanz wird mit Guajakharztinktur auf 40 bis 50° erwärmt. Erfolgt Blaufärbung erst auf Zusatz von ozonisiertem Terpentinöl, so ist sie ausschließlich der Gegenwart von Hämoglobin zuzuschreiben. Die Reaktion tritt noch mit Blut ein, das bis auf 165° erhitzt wurde, selbst mit rosthaltigem Blute, das keine Häminkristalle mehr gibt. Rostflecke werden zweckmäßig mit Ammoniak befeuchtet, dann nach mehreren Stunden mit Wasser extrahiert, das mit Essigsäure angesäuerte Filtrat muß frei von Ferroverbindungen sein.

Schaer schlägt folgende Ausführung vor: Man versetzt die zu prüfende Flüssigkeit mit Guajaktinktur (1 g Guajakharz in 100 ccm absolutem Alkohol), wobei eine milchige Ausscheidung des Harzes erfolgt, die gleichzeitig den Blutfarbstoff mitreißt. Man filtriert durch ein dichtes oder gehärtetes Filter und trocknet mit Inhalt über Schwefelsäure im Vakuum. Ein kleines Bröckchen der trockenen Masse wird mit Weingeist befeuchtet und mit dem vorher mit Blut auf seine Wirksamkeit geprüften Hünefeldschen Reagens [1]) im Porzellanschälchen übergossen; bei Anwesenheit von Blut tritt nach kurzer Zeit intensive Blaufärbung ein.

An Stelle des Terpentinöls kann auch Wasserstoffsuperoxyd und für die Guajaktinktur eine frisch bereitete alkoholische 0,2 bis 0,5 proz. Guajakonsäurelösung verwendet werden.

Außerdem hat Schaer eine Zonenreaktion in folgender Form vorgeschlagen: Die Flecke werden nach dem Anfeuchten mit etwas konzentrierter Essigsäure, mit einer 70 proz. Chloralhydratlösung oder auch direkt mit einer 1 proz. Lösung von möglichst frischem Guajakharz in 70 proz. Chloralhydratlösung extrahiert. Überschichtet man diese Blutguajaklösung mit Hünefeldscher oder mit Guajaktinktur nicht bläuender 5 proz. Wasserstoffsuperoxydlösung, so tritt an der Berührungsstelle eine intensiv blaue, allmählich wachsende Zone auf.

---

[1]) 10 ccm Terpentinöl, 10 ccm Alkohol, 10 ccm Chloroform, 8 ccm Eisessig und 1 ccm Wasser.

Die der van Deenschen Reaktion eigentümliche Unsicherheit kann zum Teil ausgeschlossen werden, da die durch die schon erwähnten anorganischen Salze veranlaßte Blaufärbung schon vor Zusatz der Terpentinölmischung eintritt. Die Wirkung der Fermente, Oxydasen von Speichel, Eiter, Organextrakten usw. kann durch vorhergehendes Erwärmen im Wasserbade auf 100° oder durch Zusatz von Blausäure ausgeschaltet werden. Trotzdem sind immer noch Irrtümer möglich; denn es gibt auch sauerstoffübertragende Stoffe, die durch Erhitzen nicht zerstört werden. Unter allen Umständen sind daher stets Kontrollversuche mit einem Auszuge des nicht befleckten Teiles der Unterlage anzustellen. Nimmt man ebenfalls nach Schaer statt Guajaklösung eine schwache Aloinchloralhydratlösung [1]), so entsteht eine violettrote Zone, die allmählich in eine gleichmäßig rote Färbung übergeht. Wir ziehen die Schaerschen Modifikationen denen Vitalis vor, da ihre Färbungen reiner, deutlicher und haltbarer sind.

Die van Deensche Reaktion ist zwar von außerordentlicher Empfindlichkeit, sie tritt noch in 1 : 6000 verdünntem Blute ein, übertrifft also noch den spektralanalytischen Nachweis, der kaum noch bei einer Verdünnung von 1 : 4500 in 1 cm hoher Schicht gelingt, aber leider steht ihre Zuverlässigkeit mit ihrer Empfindlichkeit nicht auf gleicher Stufe. Daher darf, wenn die mikroskopische, spektroskopische und mikrochemische Prüfung versagt haben, allein auf Grund der Guajakprobe die Anwesenheit von Blut nicht als erwiesen angesehen werden. Umgekehrt kann bei negativem Ausfalle der Reaktion nicht einmal immer die Abwesenheit von Blut behauptet werden, denn sie bleibt aus, sobald der Blutfarbstoff unlöslich geworden ist.

Die van Deensche Reaktion kann als Vorprüfung auf Blut in Stoffen, Geweben u. dgl. vorteilhaft auch in der Weise benutzt werden. daß man eine Faser des Stoffes auf reines Fließpapier legt, mit Wasser befeuchtet und mit einem Glasstabe preßt, bis sich auf dem Papier eine rötliche oder gelbliche Färbung zeigt; diese wird bei Gegenwart von Blut mit Guajakharztinktur und ozonisiertem Terpentinöl gebläut.

---

[1]) 1 g Barbadosaloin in 1000 ccm 70 proz. Chloralhydratlösung oder 90 proz. Alkohol gelöst.

Unterscheidung von Menschen- und Tierblut.

Die Beantwortung der Frage, ob eine Blutspur vom Menschen oder von einem bestimmten Tiere herrühre, ist meist von noch größerer Bedeutung als die Frage, ob nur Blut überhaupt vorliegt.

Bis vor kurzem war hierüber keine sichere Entscheidung zu treffen, da das einzige einigermaßen zuverlässige Hilfsmittel, Bestimmungen von Form und Größe der Blutkörperchen, mit einiger Sicherheit nur in frischem Blute gelingt.

Ist das Blut jedoch eingetrocknet, so lassen sich seine Formelemente nur schwierig wieder herstellen, weil es beim Eintrocknen leicht homogen und lackfarben wird, indem der Blutfarbstoff sich von den Blutkörperchen trennt und in der Blutflüssigkeit, dem Serum und physiologischer Kochsalzlösung löslich wird. Die gleiche Veränderung tritt ferner ein bei Einwirkung von Wärme und Licht, bei Benetzung mit Wasser, Fleckreinigungsmitteln und Chemikalien überhaupt. Zwar quellen die eingeschrumpften Blutkörperchen bei Behandlung mit Lösungsmitteln wieder auf, ohne jedoch die frühere Größe und Form mit Sicherheit wieder zu erlangen.

Zum Messen der Blutkörperchen mit dem Objektmikrometer bringt man das mit Blutserum oder physiologischer Kochsalzlösung verdünnte frische Blut unter das Mikroskop bei der vorgeschriebenen und während der Messungen nicht zu verändernden Tubuslänge, wobei jedes Schieben und Pressen des Deckgläschens zu vermeiden ist. Man führt die Messungen ohne Zögern aus und nur an unveränderten Blutkörperchen möglichst in der Mitte des Gesichtsfeldes.

Aus alten Blutflecken lassen sich zwar die Blutkörperchen mit 30proz. Kalilauge loslösen, doch findet dabei eine nicht unerhebliche und nicht konstante Volumzunahme statt. Durch Zusatz eines gleichen Raumteiles Formaldehyd zu der Kalilauge wird die Quellung etwas verzögert und werden die Konturen deutlicher sichtbar gemacht. Um die Elemente ohne Quellung aufzuhellen und meßbar zu machen, kann man sich auch einer Mischung von 3 Teilen Pepsinglyzerin und 1 Teil Formaldehyd bedienen.

Man stelle sich stets Vergleichsobjekte her, indem man verschiedene Blutarten auf demselben Stoffe eintrocknet und mit gleicher Präparierflüssigkeit behandelt. Da die Größe der Blutkörperchen desselben Blutes nicht unbedeutend schwankt (s. Fig. 70 bis 77 a. S. 158 u. 159), so muß aus möglichst vielen Messungen der Durchschnitt genommen werden. Im Menschenblut schwankt die normale Größe zwischen 6,0 und 9,4 μ, bei dem ihm am nächsten kommenden Kaninchenblut von 6,5 bis 8,1 μ, und bei Meerschweinchenblut von 5,8 bis 8,1 μ.

Als Durchschnittswerte für Blutkörperchen der gewöhnlichsten Blutarten können etwa angenommen werden:

Mensch	= 7,9 μ	Rind	= 5,8 μ
Hund	= 7,0 „	Pferd	= 5,5 „
Kaninchen	= 7,0 „	Katze	= 5,0 „
Schwein	= 6,7 „	Schaf	= 4,5 „

Außerdem können sich bei Krankheiten, namentlich unter dem Einflusse von Medikamenten, selbst noch im Leichenblut, die Blutkörperchen bei Mensch und Tier bedeutend vergrößern.

Da gerade die Durchschnittszahlen von Blut gewöhnlicher Haustiere, wie Hunde, Schweine und Kaninchen, dem Menschenblute sehr nahe liegen, kann auf Grund dieser Messungen nie mit Sicherheit auf Menschenblut geschlossen werden, zumal man auch die Grenzzahlen mit in Betracht ziehen muß.

Sind Blutkörperchen aus Flecken mit Präparierflüssigkeiten isoliert worden, so können höhere, dem Menschenblut ähnliche Zahlen je nach der Dauer der Einwirkung auch in anderem Tierblut gefunden werden.

Die Frage, ob Menschenblut vorliegt, kann daher nie bejaht, wohl aber unter Umständen strikte verneint werden, nämlich dann, wenn die Blutkörperchen kleiner als 3 bis 4 μ sind.

Die mikrophotographische Aufnahme der Blutkörperchen, wobei man deren Größe durch gleichzeitige Aufnahme einer Skala mit Plagges Projektionsmikrometerokular [1]) festlegt, kann die Nachprüfung der Werte erleichtern. Stets sind in ganz gleicher Weise zum Vergleiche Photogramme von den Blutkörperchen der in Frage stehenden Blutarten herzustellen. Sollen die Aufnahmen zum Messen benutzt werden, so dürfen die Blutkörperchen, was sonst die Aufnahme erleichtert, nicht gefärbt werden.

Endlich ist neuerdings noch das folgende, höchst unsichere Verfahren wiederholt zur Unterscheidung der verschiedenen Blutarten auch in eingetrockneten Flecken vorgeschlagen worden.

Trockenes Blut, mit physiologischer Kochsalzlösung aufgenommen und mit Sodalösung schwach alkalisch gemacht, hat die Fähigkeit, Wasserstoffsuperoxyd unter Gasentwickelung zu zerlegen wie frisches Blut. Charakteristisch ist dabei, und man kann auch das zur vorläufigen Erkennung von Blutflecken benutzen, daß sich infolge des Eiweißgehaltes ein lange Zeit beständiger Schaum bildet. Die ent-

[1]) Siehe Zeiss, Katalog.

wickelte Gasmenge soll für die verschiedenen Blutarten verschieden und für sie charakteristisch sein. Für die quantitative Bestimmung muß im Dunkeln gearbeitet werden, da das Licht ebenfalls einwirkt. Menschenblut soll etwa viermal mehr Sauerstoff als Rinderblut und zehnmal mehr als Hammelblut entwickeln. Nach der Vorschrift soll 1 ccm Blut zu 250 ccm etwa 10 proz. Wasserstoffsuperoxyds gegeben werden, dann entwickelt

Menschenblut	580 bis 610 ccm	Sauerstoff.
Pferdeblut	320 ccm	"
Schweineblut	320 ccm	"
Rinderblut	170 ccm	"
Hammelblut	65 ccm	"

Selbst angenommen, daß diese Zahlen für frisches Blut stets genau zutreffen, so ist doch zweifelhaft, ob die offenbar auf Wirkung eines Fermentes zurückzuführende Reaktion auch unter allen Umständen beim Eintrocknen des Blutes noch unvermindert erhalten bleibt, außerdem läßt sich die in einem Fleck enthaltene Blutmenge nur sehr angenähert schätzen. Endlich ist die Methode schon aus dem Grunde unzulässig, weil Eiter, tierische und pflanzliche Fermente usw. in ganz ähnlicher Weise wirken. Trotzdem läßt sie sich unter Umständen z. B. zum Aufsuchen von Blutflecken auf dunkeln Stoffen, Metallen usw. als Vorprobe mit heranziehen, indem man einige Tropfen Wasserstoffsuperoxyd auf die verdächtigen Stellen gibt und etwa eintretendes Schäumen beobachtet.

Die gleiche Unsicherheit, wenigstens für die forensische Praxis, haftet der Unterscheidung der Tierblutarten durch die Kristallisation des Hämoglobins an, die überdies nur mit frischem oder eben erst eingetrocknetem Blute und dann auch nur unsicher gelingt. Man läßt zu dem Ende das Blut mit wenig Kanadabalsam, Äther, Galle usw. unter dem Deckglase, das teilweise mit Wachs oder Kanadabalsam abgeschlossen sein kann, sehr langsam eindunsten, dann sollen sich für die einzelnen Tierarten charakteristische Kristalle bilden. Das Hämoglobin des Menschen- und Hundeblutes soll in rechtwinkligen Prismen, die überdies schwierig zu erhalten sind, oder in sehr großen rhombischen Kristallen mit scharfen Kanten, das des Rinderblutes in Rhomboedern, das des Pferdeblutes in Würfeln, das des Kaninchenblutes in Tetraedern kristallisieren [1]).

Zum Schluß wollen wir noch die bei den verschiedenen Blutarten ungleiche Widerstandsfähigkeit des Blutfarbstoffs gegen Alkalien erwähnen, die sich nach Ziemke [2]) kolorimetrisch verfolgen lassen soll, indem man 0,1 proz. Sodaauszüge der fraglichen Blutflecke mit Auszügen von Blutflecken bekannter Herkunft vergleicht.

---

[1]) Kobert, Das Wirbeltierblut, Stuttgart.

[2]) Vierteljahrsschrift f. gerichtl. Medizin u. öff. San., III. Folge, Bd. 22, S. 77 bis 103 oder Zeitschr. f. Nahr.- u. Genußmittel 1902, S. 329.

Die biologische Untersuchung.

Eine sichere Unterscheidung von Menschen- und Tierblut, überhaupt die Feststellung einer bestimmten Blutart ist erst durch die Serumforschung ermöglicht worden. Die im wesentlichen von Uhlenhuth für forensische Zwecke ausgearbeitete Methode beruht auf der Fällung von Eiweißkörpern durch die sogenannten Präzipitine, Stoffe, die sich bei Zufuhr fremdartiger Eiweißsubstanzen im Blutserum des lebenden Tieres bilden und gerade die Eiweißkörper auszufällen vermögen, die dem Tierkörper einverleibt wurden.

Zur Entwickelung der Methode ist man auf folgendem Wege gelangt: Wird einem Tiere 5 bis 10 mal in etwa gleichen Zeitabschnitten das Blut einer anderen Tiergattung injiziert, so erlangt das Serum die Eigenschaft, die Blutkörperchen des Blutes, mit dem die Behandlung vorgenommen wurde, erst zu agglutinieren und dann aufzulösen, die Auflösungsfähigkeit ist spezifisch für die Blutkörperchen nur dieses Blutes. Ein mit Menschenblut behandeltes Tier, am besten eignen sich Kaninchen oder Meerschweinchen, bildet also Substanzen (Hämolysine), die nur Menschenblutkörperchen, ein mit Hühnerblut behandeltes solche, die nur Hühnerblutkörperchen lösen.

Deutsch kam zuerst auf den Gedanken, diese Hämolysine zur Unterscheidung von Menschen- und Tierblut zu benutzen, ein Vorschlag, der für forensische Zwecke nur geringen Wert hatte, da im eingetrockneten Blut, in Blutflecken u. dgl. die Blutkörperchen gewöhnlich schon gelöst sind.

Uhlenhuth und gleichzeitig, aber unabhängig von ihm, Wassermann und Schütze beobachteten jedoch, daß das spiegelblanke Blutserum eines, wie oben geschildert, behandelten Tieres die Eigenschaft erlangt, in dem vollständig klaren Blutserum eines anderen Tieres, jedoch nur derselben Gattung, mit dessen Blut die Behandlung vorgenommen wurde, bei angemessener Verdünnung zunächst eine Trübung und schließlich die Abscheidung eines flockigen Niederschlages hervorzurufen. Das wirksame Serum oder Antiserum fällt aber nicht nur die Eiweißstoffe des Blutserums aus, sondern auch die anderer Körperflüssigkeiten der betreffenden Tierart, wie die Eiweißkörper des Milchserums, des Spermas, der Zellflüssigkeiten, des Eiters, Harns u. a. m., es ist demnach diese Präzipitinwirkung nicht spezifisch für das Blut, sondern überhaupt für alle eiweißhaltigen Flüssigkeiten der in Betracht kommenden Tiergattung. Auch zur Erzeugung des Präzipitins können alle möglichen eiweißhaltigen Körperflüssigkeiten wie Blutserum, Milch, Pleuraflüssigkeit, Exsudate usw. verwendet werden. Die Präzipitine sind demnach kein ausschließliches Reagens auf Blut, sondern vielmehr auf alle Körper- und Zellflüssigkeiten desselben Tieres, worin die Eiweißkörper des Blutserums enthalten sind.

Die Eiweißkörper in den verschiedenen Blutarten müssen daher verschiedener Natur sein, mit der Einschränkung jedoch, daß sich das Serum verwandter Tiere nahesteht, da es ebenfalls, wenn auch nur in geringerem Grade und nur in konzentrierter Lösung, getrübt und gefällt werden kann.

So bilden z. B. Präzipitine für Hühnerblutserum auch im Taubenblut, ja sogar die des Menschenblutserums im Serum der anthropoiden Affen Niederschläge. Die Stärke der Fällung wächst aber mit der Nähe der Verwandtschaft, und wird umgekehrt um so schwächer, je weiter die Tiergattungen phylogenetisch voneinander stehen. Z. B. sind die Fällungen durch Präzipitine, die durch Menschenblut erzeugt werden, in dem Blutserum der Affen der neuen Welt geringer als bei denen der alten Welt. Die Wirkung des Präzipitins kann sich jedoch auch im Blute verwandtschaftlich weiter entfernter Tiergattungen zeigen, wenn man mit unverdünntem Blute arbeitet. Die dann immer nur geringfügigen und langsam sich bildenden Trübungen hat man als heterologe bezeichnet. Es kann daher die Wirkung der Präzipitine nicht als ausschließlich spezifisch angesehen werden, sie wird es vielmehr erst dadurch, daß die für eine bestimmte Tiergattung charakteristischen Fällungen noch in bestimmter Zeit und noch in bestimmter Verdünnung eintreten. Je reicher ein Serum an Präzipitinen ist, um so leichter gibt es auch heterologe Trübungen; so gibt ein hochwertiges Serum für Menschenblut auch im Tierserum Fällungen und zwar um so deutlicher, je konzentrierter die Blutlösung ist. Alle diese Fällungen können aber durch Innehaltung passender Versuchsbedingungen vermieden und daher Verwechselungen ausgeschlossen werden.

Bei der außerordentlichen Empfindlichkeit der Präzipitinwirkung, die sogar die Eiweißfällung mit chemischen Reagenzien noch übertrifft, läßt sich die Wirkung besonders gut und sicher gerade in stark verdünnten Lösungen beobachten. Man kann die Reaktion aber auch in konzentrierten Lösungen ohne Gefahr durchführen, wenn man dem für eine bestimmte Tiergattung eingestellten Antiserum durch vorhergehenden Zusatz der Sera anderer Tiere die fällende Wirkung für diese Sera nimmt. Setzt man z. B. zu einem Antiserum für Menschenblut der Reihe nach Rinder-, Schaf- und Pferdeblutserum, so wird man, wenn die Flüssigkeiten in konzentriertem Zustande angewendet wurden, Trübungen oder Fällungen erhalten. Entfernt man diese jedoch, z. B. durch Filtration, so wird durch erneuten Zusatz der angeführten Sera keine Fällung mehr, wohl aber noch mit reinem Menschenblutserum entstehen. Diese, man kann wohl sagen, verfeinerte, wenn auch umständliche Methode ist sogar zur Unterscheidung von Blut verschiedener Individuen derselben Gattung heranzuziehen versucht worden [1]).

---

[1]) Kister und Weichardt, Weiterer Beitrag zur Frage des biologischen Blutnachweises. Zeitschr. f. Medizinalbeamte 1902, Nr. 20. — Weichardt, Der Nachweis individueller Blutdifferenzen. Vorläuf. Mitteil. Hyg. Rundschau 1903, Nr. 15. — Ehrnrooth, Zur Frage des Nachweises individueller Blutdifferenzen. Vierteljahrsschr. f. gerichtl. Medizin, III. Folge, Bd. 28, S. 64.

Danach soll, wenn man das mit dem Blutserum eines bestimmten Individuums A herestellte Antiserum mit dem Blute gleicher Art aber eines anderen Individuums mischt, das Filtrat von dem entstandenen Niederschlage auf Zusatz des Blutes A oder eines mit physiologischer Kochsalzlösung hergestellten Auszuges aus einem Blutflecke des Individuums A eine zweite Trübung oder Fällung geben, nicht aber mit dem Blutserum eines anderen Individuums derselben Gattung.

Mischt man hochwertiges Antiserum mit Blutserum, so tritt immer, bei verdünnten Lösungen erst nach einiger Zeit, Trübung ein, die am besten zu erkennen ist, wenn man das Reagenzröhrchen während der Entstehung der Trübung gegen das Sonnenlicht, oder bei gewöhnlichem Licht über einem Bogen schwarzen Papiers betrachtet. Noch deutlicher wird der Vorgang, wenn man das vollständig blanke Röhrchen in einem Becherglase ganz klaren Wassers auf schwarze Unterlage stellt. Die Trübung verdichtet sich allmählich zu zarten, in der Flüssigkeit schwebenden Flöckchen, die sich bei ruhigem Stehen nach einigen Stunden zu Boden setzen, während die darüberstehende Flüssigkeit wieder vollständig blank wird.

Obwohl der Niederschlag in Säuren und Alkalien löslich ist, so hindert doch eine schwach saure Reaktion die Fällung noch nicht, wohl aber eine selbst nur geringe Alkalität. Eine starke Konzentration der Eiweißlösung verzögert zwar nicht die Trübung, wohl aber die Fällung. Gewisse Salze sind zur Präzipitatbildung erforderlich, denn der Niederschlag bildet sich nicht, sobald ein wirksames Serum durch Dialyse von einem Teil seiner Salze befreit wird. Die Empfindlichkeit der Reaktion ist sehr groß; sie tritt noch in einer 1 : 100000 verdünnten Blutlösung ein, sogar bei sehr altem, selbst bei faulendem Blute. Weniger kräftig werden die Niederschläge in anderen eiweißhaltigen Flüssigkeiten des betreffenden Tieres, wie Eiweißurin, Spermalösung, eiterhaltigem Sputum u. dgl.

Beschreibung des Verfahrens.

Von allen Tieren haben sich zur Gewinnung eines präzipitinreichen Serums, des sogenannten Antiserums, am besten Kaninchen und zwar vor allem starke männliche Tiere, bewährt, denen in Zeitintervallen von 4 bis 6 Tagen je 10 ccm Blut ohne Gefahr eingespritzt werden können. Größere Tiere, wie Ziegen, Schafe oder Hunde, eignen sich im allgemeinen nicht wegen ihrer meist geringen Reaktionsfähigkeit und weil die nötigen größeren Mengen Menschenblut nicht immer leicht und regelmäßig zu beschaffen sind. Ungefähr am sechsten Tage nach der letzten Einspritzung ist die Bildung des Antikörpers oder Präzipitins auf der Höhe und die größte Wirksamkeit des Serums erreicht. Nicht jedes Tier ist brauchbar. Manche magern sehr rasch schon nach den ersten Einspritzungen ab, andere wieder bilden nur wenig wirksames Serum. Wenn ein Tier, wie es namentlich bei weißen Kaninchen vorkommt, nach der fünften Einspritzung noch keine oder nur sehr schwache Präzipitinwirkung zeigt, so wird es für diesen Zweck ausgeschaltet. Durch Krankheit, besonders bei Fieber, geht die erlangte Wirksamkeit zurück, man kann dann, um das Serum zu retten, das Tier schlachten und das Serum in noch zu beschreibender Weise konservieren. Auf Auswahl und Behandlung der Tiere ist große Sorgfalt zu verwenden. Man halte sie in sauberen, luftigen Räumen und nicht zu kleinen Käfigen von mindestens $^1/_2$ cbm Rauminhalt, bei guter Fütterung.

Da sich die Fähigkeit, wirksames Serum zu bilden, zu vererben scheint, benutze man besonders bewährte Tiere zur Nachzucht. Beim Ankauf achte man darauf, daß die Kaninchen aus sauberen und namentlich seuchefreien Ställen stammen. Treten trotzdem Erkrankungen ein, so sind die erkrankten Tiere sofort abzusperren und die Räume ausgiebig zu reinigen und zu desinfizieren.

Das zu den Einspritzungen dienende Blut muß steril aufgefangen werden. Tierblut ist aus Schlachthäusern leicht in beliebiger Menge steril zu erhalten, größere Schwierigkeiten macht die Beschaffung des Menschenblutes.

Zwar eignet sich z. B. mit dem Heurteloupschen Schröpfapparat steril entnommenes Blut besonders für den augenblicklichen Gebrauch, aber leider findet sich nicht immer jemand, der geneigt ist, Blut abzugeben. Leichenblut, z. B. Blut gesunder Selbstmörder, hat sich nicht bewährt. Zwar geht die Immunisierung rasch von statten, man erhält auch ein sehr wirksames Serum, aber die Tiere gehen meist schnell zugrunde. Mit der Erkrankung verschwinden auch die schon gebildeten Präzipitine, so daß selbst bei sofort ausgeführter Tötung das Serum nicht immer gerettet werden kann.

Als beste und sicherste Blutquelle erweisen sich die öffentlichen Entbindungsanstalten, da hier das reichlich vorhandene Blut auch ohne Schwierigkeit steril aufgefangen werden kann.

Trotz aller Sorgfalt und Vorsicht muß jedoch auch bei Anwendung dieses Blutes mit einem gewissen Verlust an Tieren gerechnet werden.

Außerdem erhält man das Blut nicht immer regelmäßig, so daß es nicht immer rechtzeitig zur Verfügung steht. Man kann jedoch diesen Übelstand wie folgt vermeiden: Das eingelieferte Blut wird, um es von dem Gerinnsel zu trennen, durch ein Porzellansieb in Portionen von je 10 g in flache Kristallisierschalen gegossen, mit je 1 ccm Chloroform durchgerührt und über Schwefelsäure im Vakuum, während die Luftpumpe in Tätigkeit bleibt, getrocknet. Nach dem Trocknen werden die Schälchen mit Fließpapier bedeckt und über konzentrierter Schwefelsäure im Exsikkator aufbewahrt. Um sie zum Gebrauch fertig zu machen, läßt man die eingetrocknete Masse 2 bis 3 Stunden unter wiederholtem Durchkneten mit einem Glasstabe mit 10 ccm physiologischer Kochsalzlösung stehen und gießt die Flüssigkeit durch ein Porzellansieb. Selbstverständlich sind alle Gefäße, Instrumente und Flüssigkeiten zu sterilisieren. Das beschriebene Verfahren hat sich auch bei Blut anderer Herkunft, z. B. Aderlaßblut und anderen Blutarten, die nicht leicht in großer Menge und steril zu erhalten sind, z. B. bei Hühnerblut usw., bewährt.

Will man frisches Blut unmittelbar benutzen, so wird es sofort nach dem Auffangen durch Schütteln mit sterilisierten Glasperlen defibriniert, das abgeschiedene Serum, wenn nötig, durch ein Berkefeld- oder Silberschmidtsches Filter filtriert und mit sterilen Pipetten in sterile Reagenzgläser gebracht.

Die Einspritzung führt man folgendermaßen aus: Das Tier wird von einem Gehilfen mit der einen Hand von oben vorn unter den Schulterblättern und mit der anderen Hand hinten vor dem Kniegelenk ergriffen, freischwebend in die Rückenlage gebracht und gestreckt festgehalten. Man kann das Blut subkutan, intraperitoneal oder intravenös einspritzen; wir ziehen die Einspritzung in die Bauchhöhle vor, weil das Blut leichter resorbiert wird und seltener Eiterherde entstehen. Man schneidet mit einer scharfen Schere, die, wie alle zur Verwendung kommenden Instrumente, Pinzetten, Spritze usw., im strömenden Dampf sterilisiert werden muß, die Haare bis nahe der Haut sorgfältig weg, wäscht mit lauem Seifenwasser und danach, um die Bauchdecke zu sterilisieren, mit Alkohol ab.

Indem man mit zwei Fingern der linken Hand die Haut in einer Falte ergreift und beiseite zieht, durchstößt man mit der Kanüle der in der rechten Hand etwas seitlich schräg gehaltenen Spritze die Bauchwand, wobei sorgfältig darauf zu achten ist, daß auch die innere Bauchhaut mit ergriffen und durchstochen wird, führt die Kanüle etwa 2 cm tief vorsichtig ein und entleert die Spritze nicht zu hastig durch allmählichen Druck. Während dieser Operationen hat der Gehilfe dafür zu sorgen, daß das Tier nicht in Zuckungen gerät, weil sonst eine oft tödlich verlaufende Verletzung des Darms oder innerer Organe eintreten kann.

Die Wunde wird mit Jodoformkollodium verklebt und das Tier in einen besonderen, sorgsam gereinigten Einzelkäfig gebracht, wo es gewöhnlich einige Zeit auf dem Bauch gestreckt liegen bleibt, um meist schon nach wenigen Stunden wieder Freßlust zu zeigen. Die Heilung der Wunde erfolgt rasch.

Die Einspritzungen werden in Zwischenräumen von 4 bis 6 Tagen wiederholt. Einzelne Tiere liefern schon nach der fünften bis sechsten Einspritzung ein kräftig wirkendes Präzipitin, andere erst nach der achten bis zehnten, wieder andere geben selbst bei fortgesetzter Behandlung nur sehr geringwertige Sera.

Tiere mit hochwertigem Serum behalten bei guter Pflege und Fütterung einige Wochen ihre Wirksamkeit, dann läßt diese allmählich nach, um schließlich ganz zu erlöschen. Man kann allerdings durch wiederholtes Einspritzen in angemessenen Pausen die Wirksamkeit oft lange erhalten, es liegt aber die Gefahr vor, daß bei fortgesetzter Behandlung Tiere mit hochwertigem Serum plötzlich eingehen. Aus diesem Grunde bewahre man Tiere mit stark wirksamem Serum nicht lange auf, sondern schlachte sie und konserviere das wertvolle Serum mit einigen Tropfen Chloroform.

Kleine Blutmengen können dem lebenden Tiere aus der Ohrvene entnommen werden. Hält man das Ohr gegen das Licht, so sieht man den Verlauf der Adern. Man öffnet den Hauptstrang an der Basis des Ohres, indem man durch Aufschlitzen der Haut die Ader freilegt und anschneidet. Man kann auch die Ader durch festes Klopfen der Ohrwurzel mit dem Finger, oder durch Bedecken mit einem heißen nassen Wattebausch zum Schwellen bringen und so deutlich sichtbar machen. Einem kräftigen Individuum können ohne Gefahr bis zu 5 ccm Blut entnommen werden. Man fängt es in einem sterilen Reagenzglase auf, wäscht die Wunde mit steriler Kochsalzlösung, verschließt sie mit einer Klemmpinzette, die nach drei bis vier Stunden wieder entfernt werden kann und bepinselt das Ohr mit Jodoformkollodium. Wenn das Blut beim Austritt gerinnt, so wird das Koagulum mit dem Rande des sterilen Reagenzglases von Zeit zu Zeit abgestrichen. Das aufgefangene Blut wird, wenn es noch nicht freiwillig geronnen sein sollte, durch Schütteln mit sterilen Glasperlen defibriniert. Man zerdrückt das Gerinnsel mit einem sterilen Glasstabe, bringt die abgepreßte Flüssigkeit nach Zusatz eines Tropfens Chloroform mit steriler Pipette in ein schmales langes Glasrohr und zentrifugiert, bis die Flüssigkeit blank geworden ist.

Wenn man die sterile Behandlung des Blutes peinlich durchgeführt hat, so ist das gewonnene Serum mit wenig Chloroform Monate lang haltbar.

Um das ganze Blut zu gewinnen, wird das Tier mit Hilfe eines mit Chloroform getränkten, in einem großen Trichter befindlichen Wattebausches bewußtlos gemacht, auf den Rücken gelegt, Brust und Bauch mit Seife und Alkohol abgewaschen, das Fell und die Weichteile von der Brust gelöst und die vordere Brustwand und die Lungen entfernt. Man durchschneidet die Herzspitze, so daß sich das Blut in die Brusthöhle ergießt und schöpft es mit sterilem Porzellan- oder Glaslöffel in einen sterilen Erlenmeyerkolben. Man kann das Blut sofort zentrifugieren oder nachdem es 12 bis 24 Stunden auf Eis gestanden hat, das Serum abgießen und nach Zusatz von etwas Chloroform zentrifugieren. Man lasse das Blut nicht länger als angegeben über dem Blutkuchen stehen, weil sich sonst im Serum Blutfarbstoff auflöst. Auch durch Filtration mit Berkefeld- oder Silberschmidtfilter kann das Serum klar und keimfrei gemacht werden. An Stelle des Chloroforms, das bei 50 bis 55° die Eiweißkörper des Serums, also auch das Präzipitin, ausfällen soll — so hohe Temperatur kommt allerdings hier gar nicht in Frage —, wird auch 0,2 proz. Karbolsäure als Konservierungsmittel empfohlen. Davon ist jedoch abzuraten, da sie in den auf Blut zu prüfenden Auszügen auch bei Abwesenheit von Blut Fällungen hervorrufen kann.

Unerläßliche Bedingung für das Gelingen des biologischen Blutnachweises ist die völlig spiegelblanke Beschaffenheit der Versuchsflüssigkeiten, die am besten durch nötigenfalls wiederholtes Zentrifugieren des von dem Gerinnsel abgehobenen und mit Chloroform versetzten Serums erreicht wird. Man schüttele nicht zu kräftig mit dem Chloroform, da sonst selbst nach langem Zentrifugieren die Flüssigkeit trübe bleibt und sich erst nach einigem Stehen wieder klärt.

Beim Verdünnen des Serums mit physiologischer Kochsalzlösung tritt zuweilen milchige Opaleszenz, ja sogar Fällung ein, die mit der Präzipitintrübung Ähnlichkeit hat; solche Sera sind zu verwerfen. Diese Opaleszenz soll sich besonders zeigen, wenn das Blut nach reichlich eingenommener Nahrung mit Verdauungsstoffen angereichert ist. Es empfiehlt sich deshalb, die Tiere vor dem Schlachten einige Stunden hungern zu lassen.

Die Wirksamkeit des Serums wird wie folgt geprüft: In 2 ccm eines mit physiologischer Kochsalzlösung 1 : 500, nach Uhlenhuth 1 : 1000, verdünnten Blutes der entsprechenden Art muß bei Zimmertemperatur (15°) auf Zusatz von 0,1 ccm Antiserum nach 1 bis 2 Minuten im durchfallenden Lichte, bei Betrachtung gegen schwarzes Glanzpapier eine hauchartige, an Intensität allmählich zunehmende Trübung entstehen, die nach einigen Stunden in eine flockige Abscheidung übergeht. Schwachwertige Sera geben erst nach längerer Zeit Trübungen und Fällungen, dann wird es zweifelhaft, ob diese nicht durch andere Umstände herbeigeführt sein können. Da Trübungen auch durch Bakterien entstehen, so muß man mit peinlicher Sorgfalt steril arbeiten und bis zum Schlusse den Zutritt von Keimen fernhalten. Wir benutzen 15 cm lange und 1 cm breite Reagenzröhrchen, die durch Überstülpen einer ziemlich gut schließenden 2 cm langen Glaskappe verschlossen werden. Watteverschluß ist nicht zu empfehlen, da oft beim Sterilisieren Stäubchen oder Beläge, wahrscheinlich fettartiger Natur, aus der Watte an die innere Wandung der Gefäße und in die Flüssigkeit gelangen und diese trüben können. Auch die Reinigung dieser Gefäße ist sorgfältig zu überwachen, da seröse Flüssigkeiten an der Wandung antrocknen und selbst durch Alkalien oder Säuren nicht zu entfernende Häutchen bilden, die leicht übersehen werden. Kommt die Serumlösung später damit in Berührung, so können sich Flocken loslösen und Trübungen erzeugen oder vortäuschen.

Man muß daher bei allen diesen Prüfungen stets eine Anzahl blinder Versuche nebenhergehen lassen, indem man z. B. ein Röhrchen mit physiologischer Kochsalzlösung, ein zweites mit 2 ccm verdünntem Antiserum beschickt. Diese Flüssigkeiten dürfen nach 24 Stunden keinerlei Trübung zeigen.

Eine zweite Reihe von Gläschen wird mit Antiserum, physiologischer Kochsalzlösung und Blutlösungen bekannter Konzentration derjenigen Blutart, auf die geprüft werden soll, versetzt, z. B. in Verdünnung von 1 : 1000, 1 : 10 000 und 1 : 20 000. In diesen Flüssigkeiten muß je nach der Konzentration stärker oder schwächer anfangs Trübung, dann bald ein zarter, flockiger Niederschlag entstehen, während die darüber stehende Flüssigkeit wieder völlig blank wird.

Ein zu untersuchender Blutfleck ist mit 0,8 bis 1,6 proz. Kochsalzlösung zu behandeln, weil destilliertes oder Leitungswasser und schwächere Kochsalzlösung schon Trübung in jedem beliebigen Serum verursachen kann. Auch andere nicht aus Blut stammende Verunreinigungen können bei der Maceration in die Flüssigkeit übergehen und mit dem Antiserum Fällungen hervorrufen oder umgekehrt die Serumfällung verhindern, z. B. Gerbsäure, Appreturmittel, Farbstoffe und andere Chemikalien, auch Staub, Holz, Erde usw. Man hat daher gleichzeitig Auszüge aus unbefleckten Teilen des betreffenden Gegenstandes herzustellen, und mit dem Antiserum mit und ohne Zusatz des betreffenden Blutes zu prüfen. Auch etwa neben den Blutflecken befindliche, an sich nicht blutverdächtige andere Flecke werden mit physiologischer Kochsalzlösung extrahiert und in gleicher Weise geprüft. Diese Auszüge müssen durch sehr dichte reine Filter bis zur Klärung filtriert werden. Oft erhält man sie erst durch Schütteln mit reinem Filtrierpapier, Zentrifugieren und Filtrieren im Berkefeldfilter blank. Zuweilen lassen sich diese Trübungen durch Zusatz von physiologischer Kochsalzlösung beseitigen; ist das nicht der Fall oder entstehen gar flockige Ausscheidungen, so wird die Methode unsicher. Umgekehrt darf man aber unvermutete Fällungen nicht immer ohne weiteres auf Verunreinigungen schieben, denn auch der Fall kann eintreten, daß Auszüge aus einem beseitigten und nicht mehr erkennbaren Blutfleck die Serumfällung geben und dadurch gleichzeitig die Gegenwart und Herkunft des Blutes erkennen lassen. So wurde z. B. bei der Untersuchung eines farbigen Wollhemdes auf Hühnerblut (es handelte sich um einen Hühnerdiebstahl) gefunden, daß der Auszug der Rückenteile keine Fällungen gab, wohl aber der Brustteil, obwohl auch an diesem bei der Durchmusterung verdächtige Flecke nicht erkennbar waren. Die Untersuchung führte aber zu dem Resultate, daß ursprünglich auf der Brust vorhandene Blutflecke durch Abwaschen mit Wasser über den ganzen Vorderteil des Hemdes verteilt worden waren.

Fremde, durch Serum fällbare Substanzen lassen sich aus der Lösung eines zu prüfenden Fleckes mit Blutserum nicht behandelter Kaninchen entfernen, erst das klare Filtrat ist dann mit Antiserum zu versetzen. Man behandelt daher jeden Auszug verdächtiger Blutflecke vorher mit dem Serum unbehandelter Tiere.

Ehe man zur Anwendung der biologischen Methode der Blutunterscheidung schreitet, wird man immer erst versuchen, das Vorhandensein von Blut überhaupt nachzuweisen. Für diesen Zweck sind nur die spektroskopische Methode und die Teichmannschen Häminkristalle brauchbar. Ist die Teichmannsche Reaktion bejahend ausgefallen, so wird man, bevor man mit der Behandlung des Fleckes beginnt, besonders wenn nur wenig Material vorliegt, mit Lupe und Mikroskop festzustellen suchen, ob der Blutfleck etwa auf einem anderen Flecke aufgelagert ist. Man hat dann bei der Serumreaktion besonders festzustellen, ob nicht etwa der untere nicht aus Blut bestehende Fleck allein schon fällbare Substanzen enthält. Trifft das zu, dann ist ein sicheres Resultat nicht möglich.

Auch die Wahl der Lösungsmittel kann Schwierigkeiten verursachen, da physiologische Kochsalzlösung bei einer Temperatur unter 40⁰ nicht immer die die Reaktion bedingenden Stoffe mit Sicherheit auflöst, besonders wenn der Fleck Sonne und Staub ausgesetzt war, oder auf fettiger Unterlage ruht oder auf Eisen angerostet ist.

Bei Anstellung des Versuchs ist höhere Temperatur als 40⁰ zu vermeiden. Deshalb muß auch bei negativem Ausfalle der Reaktion in der Kochsalzlösung noch immer mit der Möglichkeit gerechnet werden, daß der Fleck nicht gelöst wurde. Man versuche es dann noch mit anderen Lösungsmitteln, z. B. 0,1- bis 2 proz. Natriumbikarbonat-, 2 proz. Borax-, 0,1 proz. Soda- und endlich konzentrierter Cyankaliumlösung. Diese Lösungen geben zwar mit reinem Serum keine Trübung oder Fällung, jedoch können sie bewirken, daß die Präzipitinfällung nur sehr langsam oder gar nicht entsteht. Die mit den gleichen, wie bei Benutzung von Kochsalzlösung angegebenen Kautelen angestellte Reaktion ist daher nur dann beweisend, wenn sie positiv, nicht immer aber, wenn sie negativ ausfällt.

Auch eine Spur, etwa zwei Tropfen einer 10 proz. Natron- oder Sodalösung zu 10 ccm der Kochsalzlösung erhöht die lösende Kraft. Die erhaltene Lösung muß jedoch vor dem Zusatze des Antiserums mit Kohlensäure übersättigt werden, da in alkalischen Flüssigkeiten Antiserum keine Fällung gibt. Wenn die Extraktion eines verdächtigen Fleckes einige Zeit fortgesetzt werden muß, so füge man etwas Chloroform hinzu, um Wachstum von Mikroorganismen zu verzögern.

Oft ist es von Interesse, sich über das Vorhandensein und die Menge des gelösten Eiweißes zu orientieren. Hierzu eignen sich die Kochprobe mit Salpetersäure und die Fällungen mit Ferrocyankalium und Essigsäure oder Millons Reagens. In der meist schwach gelblich gefärbten Lösung muß deutliche Trübung eintreten; bilden sich sehr starke Fällungen, so ist für den physiologischen Versuch entsprechend zu verdünnen, weil starke Konzentration die Fällung verzögert. Auch Schaumbildung beim Schütteln einer Flüssigkeit deutet auf die Anwesenheit von Eiweiß.

Die Serumreaktion ist als positiv anzusehen, wenn nach ein bis zwei Minuten eine Trübung entsteht und die Wirksamkeit des Serums in verdünntem frischem Blut und in einer aus einem eingetrockneten

Fleck derselben Blutart hergestellten Lösung mit Erfolg kontrolliert wurde.

Die Trübung muß allmählich wolkig werden, nach 30 Minuten müssen deutlich Flocken entstehen, die sich nach mehreren Stunden vollständig absetzen, während die überstehende Flüssigkeit spiegelblank wird. Die Temperatur darf 40° während der ganzen Dauer des Versuches nicht übersteigen. Neben den schon angegebenen Kontrollversuchen unterlasse man nicht, solche von Antiserum in physiologischer Kochsalzlösung mit dem Serum anderer Tiere, wie Kaninchen, Schweinen, Rindern und Pferden, einhergehen zu lassen.

Man erkennt die Trübungen am deutlichsten im durchfallenden Lichte, wenn man die Röhrchen in ein Becherglas mit destilliertem Wasser stellt und von unten nach oben zwischen Lichtquelle und Becherglas einen Bogen schwarzes Glanzpapier hindurchzieht. Man kann auch das Becherglas in den Strahlenkegel eines Projektionsapparates bringen und senkrecht zur Achse des Strahlenkegels beobachten.

Sind nun alle Kontrollröhrchen spiegelblank geblieben, während die Lösungen des Blutfleckes in den verschiedenen Konzentrationen innerhalb einer Stunde deutliche Trübung zeigen, dann ist die Anwesenheit des in Frage stehenden Blutes mit Sicherheit nachgewiesen. Tritt jedoch die Fällung nicht ein, so ist der Beweis des Gegenteils nicht mit der gleichen Sicherheit erbracht, es sei denn, daß mit einem anderen Serum die Identität mit einem anderen Blute festgestellt wird. In manchen Fällen wird die Reaktion ausbleiben, z. B. bei starker Fäulnis, während sie bei schwacher Fäulnis meist immer noch gut gelingt. Auch können die fällbaren Substanzen im Blute beim Eintrocknen durch Bestandteile der Unterlage bereits ausgefällt sein, z. B. bei Rostflecken. Endlich tritt die Reaktion nicht ein, wenn der betreffende Fleck lange Zeit feucht gelegen hat und mit Schimmelpilzen durchsetzt ist, oder wenn das eingetrocknete Blut übermäßig erhitzt wurde, z. B. bei Waschversuchen mit kochendem Wasser. Dagegen verträgt trockenes Blut ein Erhitzen bis 150°. Ist das Blut überhaupt erst einmal eingetrocknet und hat es weiter trocken gelegen, dann ist das Alter des Fleckes ohne Bedeutung.

Es ist wünschenswert, daß der Sachverständige sich sein Antiserum selbst herstellt. Nur dann wird er mit voller Sicherheit die Verantwortung für die Resultate übernehmen können. Nicht nur können bei Benutzung fremden Serums trotz aller Vorsicht und Kontrolle Verwechselungen unterlaufen, der Sachverständige begibt sich auch des Vorteils der zunehmenden Erfahrung und Geschicklichkeit, die die ununterbrochene Beschäftigung mit der Herstellung der Sera und ihrer Prüfung von selbst mit sich bringt.

Dagegen können wir uns nicht der Meinung Uhlenhuths anschließen, daß die Reaktion ausschließlich den Gerichtsärzten vorbehalten bleiben müsse. Im Gegenteil wird gerade der Gerichtschemiker, der ganz besonders an die Anstellung subtiler Versuche, an Sauberkeit und Ordnung gewöhnt sein muß, sofern er nur über die nötigen bakteriologischen und physiologischen Kenntnisse verfügt, vor allen anderen befähigt sein, auch diese Versuche nach den Regeln der Kunst auszuführen. Allerdings gilt auch hier, daß erst Übung den Meister macht und daß daher nur der die nicht geringe Verantwortung auf seine Schultern nehmen darf, der sich durch lange Übung volle Sicherheit in allen in Betracht kommenden Operationen angeeignet hat; das gilt aber für den Arzt in gleichem Grade wie für den Chemiker.

Die Einwirkung giftiger Gase auf Blut.

Bekanntlich wird der Gasaustausch zwischen der atmosphärischen Luft und den Körperflüssigkeiten durch das Blut, und zwar durch die roten Blutkörperchen, vermittelt. Im wesentlichen besteht die tierische Atmung in einer Aufnahme von Sauerstoff und Abgabe von Kohlenstoffdioxyd. Das in den Lungen mit Sauerstoff beladene, hellrot gewordene Blut wird vom Herzen in den Arterien durch den Körper getrieben (arterielles Blut) und kehrt nach Abgabe des Sauerstoffs mit Kohlensäure beladen, dunkelrot gefärbt, durch die Venen zum Herzen und von hier durch die Lungenschlagader in die Lungen zurück (venöses Blut).

Im allgemeinen zeigt sich in den Absorptionsspektren des arteriellen und des venösen Blutes kein auffallender Unterschied, nur weist das zweite in starker Konzentration im Rot etwas schwächere und im Grün etwas stärkere Absorption auf. Beim Einatmen giftiger Gase, z. B. Kohlenoxyd, Schwefelwasserstoff, Cyan, Blausäure, die ebenfalls vom Hämoglobin aufgenommen werden, erleidet das Blut Farbstoffveränderungen, die sich sowohl durch die Färbung, als auch durch das spektrale Verhalten kenntlich machen können.

Am leichtesten erkennbar und allein für die Praxis von Wichtigkeit ist jedoch nur das Kohlenoxydblut, ausgezeichnet durch eine charakteristische hellrote Färbung, die bei Vergiftungen mit diesem Gase sowohl dem arteriellen, wie auch dem venösen Blute eigentümlich ist.

Diese, in dünnen Schichten hellrote, in dicken Schichten kirschrote Färbung ist lange Zeit haltbar, auch nach dem Tode, und bleibt sogar auf Zusatz gewisser chemischer Reagenzien, z. B. Natronlauge, Schwefelammonium, Bleiessig, Kupfersulfat, Tannin, Pyrogallol usw., bestehen, die sonst die Farbe des Blutes verändern.

Die Haltbarkeit der roten Färbung wächst im allgemeinen mit der Menge des aufgenommenen Kohlenoxyds, umgekehrt kann das nur in geringer Menge vorhandene Kohlenoxydhämoglobin durch Sauerstoffaufnahme wieder in Oxyhämoglobin übergehen. Aus diesem Grunde muß kohlenoxydverdächtiges Blut vor der Berührung mit Luft (Sauerstoff) bewahrt und z. B. beim Transport in bis zum Rande gefüllten Fläschchen aufbewahrt werden. Während eine ähnliche hellrote Färbung des Blutes auch durch andere Umstände, wie Oxalsäure- und Blausäurevergiftung, auch durch starke Abkühlung des Blutes, z. B. in gefrorenen Leichen, hervorgerufen werden kann, ist das folgende spektralanalytische Verhalten nur dem Kohlenoxydblut eigentümlich.

Das Spektrum des Kohlenoxydhämoglobins (vgl. 10 Fig. 86) ist dem des Oxyhämoglobins zum Verwechseln ähnlich, nur ist der bei *D* liegende Absorptionsstreifen etwas nach dem violetten Ende hin verschoben, so daß der Zwischenraum zwischen den beiden charakteristischen Absorptionsstreifen etwas schmäler erscheint. Auch soll der am roten Ende des Spektrums in beiden auftretende Streifen beim Kohlenoxydhämoglobin etwas deutlicher sein. Die schwache Verschiebung des Streifens bei *D* ist nur in guten Apparaten mit genauer Skala oder mit einem Vergleichsspektrum sicher festzustellen.

Ein wesentlicher Unterschied zeigt sich jedoch in dem Verhalten der beiden Spektren auf Zusatz von Reduktionsmitteln.

Setzt man zu einer Blutlösung von angemessener Verdünnung, so daß die Absorptionsstreifen scharf und deutlich sichtbar werden, die schon auf S. 174 erwähnten Reduktionsmittel (Schwefelammonium, Eisentartrat), so erhält man beim Oxyhämoglobin alsbald durch Abschwächung und Zusammenfließen der Absorptionsstreifen das (reduzierte) Hämoglobinspektrum, während das Kohlenoxydhämoglobin sein Spektrum völlig unverändert bewahrt.

Ist das Blut sehr arm an Kohlenoxyd, so bleibt neben dem Kohlenoxydspektrum das Oxyhämoglobinspektrum bestehen, bei der Reduktion wird der Zwischenraum zwischen den beiden Streifen etwas verdunkelt: kombiniertes Kohlenoxyd- und Hämoglobinspektrum (vgl. 11 Fig. 86). In solchen Fällen darf man daher das Blut nicht zu stark verdünnen oder man muß in dicker Schicht beobachten, das (reduzierte) Hämoglobinspektrum wird dadurch weniger beeinflußt, d. h. sein an sich schwacher Absorptionsstreifen wird im Gegensatz zu den beiden Streifen des Kohlenoxydhämoglobins weniger verstärkt.

Obwohl man in dem spektralanalytischen Verhalten den einzig sicheren Beweis für eine Kohlenoxydvergiftung besitzt, so darf bei negativem Befunde doch nicht immer mit Sicherheit die Vergiftung ausgeschlossen werden, da, sofern der Tod nicht alsbald eingetreten ist, durch erneutes Atmen in reiner Luft das Kohlenoxydhämoglobin wieder verschwinden kann. Ähnliche Unterschiede in der Intensität zeigen sich auch, je nachdem der Tod durch langes Einatmen kohlenoxydarmer oder durch kurzes Einatmen kohlenoxydreicher Luft verursacht worden ist, im zweiten Falle sind die Absorptionsstreifen deutlicher.

Der Nachweis einer Kohlenoxydvergiftung ist eine dem Gerichtschemiker oft gestellte Aufgabe, denn durch dieses Gas verursachte Todesfälle können sowohl durch Zufall, als auch absichtlich bei Mord oder Selbstmord eintreten.

Das Kohlenoxyd entwickelt sich nicht nur bei der unvollständigen Verbrennung unserer gewöhnlichen Heizmaterialien, z. B. in zu früh geschlossenen Öfen, in Kohlenbecken, auch bei Bränden usw., sondern es ist auch im Leuchtgase und in dem viel für technische Zwecke benutzten, auch wohl dem Leuchtgase absichtlich zugemischten sogenannten Wassergase und in Minengasen enthalten. Es kann daher leicht absichtlich oder unabsichtlich in Wohnräume oder sonst von Menschen betretene Räume gelangen und Todesfälle veranlassen. Im übrigen ist die Widerstandsfähigkeit der einzelnen Individuen gegen Kohlenoxyd sehr verschieden.

Zur Prüfung wird das der Leiche entnommene Blut, das, wie schon erwähnt, nur in völlig geschlossenen Gefäßen aufbewahrt oder transportiert werden darf, soweit mit destilliertem Wasser verdünnt, bis im Spektralapparat die beiden charakteristischen Absorptionsstreifen deutlich hervortreten. Unter allen Umständen ist neben diesen Objekten mit reinem Säugetierblut beliebiger Herkunft durch Einstellen einer angemessen verdünnten Lösung ein Vergleichsspektrum zu erzeugen. Setzt man zu beiden Flüssigkeiten gleichzeitig und in gleicher Menge eines der erwähnten Reduktionsmittel hinzu, so muß in dem reinen Blute das Oxyhämoglobinspektrum alsbald in das (reduzierte) Hämoglobinspektrum übergehen.

Geschieht das gleiche bei dem verdächtigen Blute, so ist es kohlenoxydfrei, bleiben seine Streifen mindestens einige Stunden bestehen, so ist es kohlenoxydhaltig. Bleibt auch das Spektrum des reinen Blutes unverändert, so muß in beiden Lösungen der Zusatz von Reduktionsmitteln so lange immer in gleicher Menge wiederholt werden, bis die Reduktion wenigstens in dem reinen Blute eingetreten ist.

Das charakteristische spektrale Verhalten des Blutes gegen Kohlenoxyd kann auch umgekehrt zum Nachweise dieses Gases in der Luft benutzt werden. Zu dem Ende wird entweder eine große Menge der zu untersuchenden Luft in einem Peligotschen Rohr oder dergleichen durch eine verdünnte Blutlösung in nicht zu schnellem Strome gesaugt oder wenige Cubikcentimeter sehr verdünnter Blutlösung in einer etwa 20 Liter fassenden Flasche mit der betreffenden Luft etwa eine halbe Stunde geschüttelt und dann das Blut spektralanalytisch untersucht. Ist die Luft sehr kohlenoxydarm, so kann man auch ein kleines Tier, z. B. eine Maus oder Taube, tagelang in dem betreffenden Raume atmen lassen, dann das Tier schlachten und das Blut, wie beschrieben, prüfen. Sinkt die Menge des Kohlenoxyds in der Luft unter 0,06 Proz., so ist auf Erfolg nicht mehr mit Sicherheit zu rechnen.

Für den Nachweis anderer giftiger Gase, wie Schwefelwasserstoff und Blausäure, können wir uns auf folgende Bemerkungen beschränken. Wird Blut mit Schwefelwasserstoff behandelt, so nimmt es eine schmutziggrünliche Färbung an, für die das in Fig. 86 unter Nr. 12 gezeichnete Sulfhämoglobinspektrum eigentümlich ist; neben den beiden Absorptionsstreifen des Oxyhämoglobins befindet sich ein schmaler, schwacher Streifen im Rot, der nur in dicker Blutschicht und bei engem Spalte deutlich erkennbar ist. Bei Vergiftung mit Siel-, Kloaken-, Abortgasen usw. wird das Blut auf dieses Spektrum zu prüfen sein, obgleich bisher unter diesen Umständen das Sulfhämoglobinspektrum noch nie mit Sicherheit beobachtet worden ist.

Eine ähnliche hellrote Färbung des Blutes, wie man sie bei Kohlenoxydvergiftungen findet, tritt auch bei Blausäure und Cyanvergiftungen ein, sei es durch Einatmen der Gase oder per os. Im letzten Falle werden gewöhnlich blutige Massen im Magen vorgefunden von dunkelroter Färbung, die, wenn sauer, das Hämatinspektrum in saurer Lösung, wenn alkalisch, z. B. bei Cyankaliumvergiftung, das Hämatinspektrum in alkalischer Lösung geben. Gewöhnlich zeigt das Leichenblut eine hellrote Färbung, obgleich man immer nur das Oxyhämoglobinspektrum findet. Dieselbe hellrote Färbung erhält man auch, wenn man umgekehrt eine schwach gelbe Methämoglobinlösung mit einer Spur Blausäure versetzt, so daß das Blut auch zum Nachweise einer Blausäurevergiftung benutzt werden kann. Zu dem Zwecke verdünnt man 1 ccm Blut auf 100 ccm mit Wasser und versetzt vorsichtig tropfenweise mit einer 0,1 proz. Ferricyankaliumlösung, bis die rote Farbe in Gelb übergegangen ist (Methämoglobin) und schichtet nun vorsichtig einen Tropfen der auf Blausäure zu prüfenden Flüssigkeit direkt oder des aus der mit Weinsäure angesäuerten Masse gewonnenen Destillats auf die Methämoglobinlösung. Bei Gegenwart von Blausäure geht die gelbe in eine prachtvoll rote Färbung über.

Verfolgt man diesen Vorgang spektroskopisch, so beobachtet man ein vollständiges Verschwinden des Methämoglobinspektrums, ohne daß an seiner Stelle ein neues Spektrum aufträte.

Da eine ähnliche Rotfärbung auch durch andere Stoffe, z. B. Nitrate, Nitrite, Alkalien usw. bewirkt wird, so muß die Gegenwart dieser Körper durch besondere Versuche ausgeschlossen werden.

Die an sich empfindliche spektroskopische Blausäurereaktion verliert dadurch wesentlich an Bedeutung.

Endlich wird das Methämoglobin auch bei anderen Vergiftungen, z. B. mit Chloraten, Arsenwasserstoff, Nitro- und Amidoverbindungen der Fett- und aromatischen Reihe, Sulfonal, Chinolin, Hydrazin usw. gebildet, es läßt sich dann mit dem Harne häufig das Hämatoporphyrinspektrum erhalten, das jedoch nur im Harne und im Blute des Lebenden, nicht aber der Leiche, für eine Vergiftung beweisend ist.

Sperma und Spermaflecke.

Die Prüfung auf das Vorhandensein von menschlichem Samen an Leib- und Bettwäsche, Kleidungsstücken, Möbelbezügen und dergl. zum Nachweise von Sittenverbrechen wird oft dem Gerichtschemiker übertragen, obgleich ausschlaggebende chemische Reaktionen hierbei nicht in Betracht kommen. Als allein beweisend für das Vorhandensein von Samen gilt zurzeit der Nachweis von Samenfäden, der nur auf mikroskopischem Wege erbracht werden kann. Obwohl jeder geübte Mikroskopiker in frischen Befleckungen diese charakteristischen Gebilde leicht auffinden kann, so wird doch die Vorbereitung der wirklich vorkommenden Objekte, auch Erkennung und Unterscheidung der darin meist sonst noch enthaltenen Gebilde nur dem physiologisch und histologisch einigermaßen Bewanderten mit Sicherheit gelingen.

Die Samenfäden oder Spermatozoen sind der Hauptbestandteil des Sekretes der Hoden. Sie sind stecknadelähnliche Gebilde, an denen Kopf und Schwanz unterschieden wird. Das Köpfchen ist von oben gesehen scheiben-, von der Seite gesehen birnförmig. Der Kopf des menschlichen Samenfadens ist 3 bis 5 μ lang und 2 bis 3 μ breit. An die spitzere Rundung des Köpfchens schließt sich der oft charakteristisch gebogene Schwanz, an dem man folgende Abschnitte unterscheiden kann. Unmittelbar am Köpfchen sitzt ein etwa 6 μ langes, pfriemförmiges Verbindungsstück, das eine Spur breiter ist als das 40 bis 60 μ lange, sich nach hinten verjüngende Hauptstück des Schwanzes. Die Spitze endlich wird durch einen etwa 10 μ frei hervorragenden nur bei sehr starker Vergrößerung, s. Fig. 88, erkennbaren Achsenfaden gebildet.

Die Formen der Samenfäden der Tiere weichen in Gestalt und Größe von denen des Menschen ab; sie sind meist größer und zeigen elliptische, birnförmige oder walzenförmige Gestalt. Neben den Samenfäden finden sich im Samen noch andere histologische Elemente, wie Samenzellen, spärliche Epithelien der Samenwege, zahlreiche Lecithinkörner, geschichtete Amyloidkörner, zuweilen körniges gelbes Pigment und Leukocyten, denen allen aber bei Abwesenheit der Samenfäden wenig Bedeutung für den Nachweis von Samen beizumessen ist.

In frischem Zustande reagiert der Samen neutral bis alkalisch, die Trockensubstanz beträgt 9 bis 18 Proz., davon entfallen etwa 2 Proz. auf die mineralischen Bestandteile. Die Samenflüssigkeit hat einen schwachen, aber eigenartigen Geruch, der auch beim Anfeuchten und Reiben der trockenen Flecke wieder hervortritt. Die weißlich gelbe, zähklebrige Samenflüssigkeit wird an der Luft dünnflüssig, auf Zusatz von Wasser gelatinös und beim Eintrocknen hornartig. Sie enthält verschiedene Eiweißkörper, Serumalbumin, Alkalialbuminat, Albumosen, Nucleïn, Mucin, ferner Lecithin, Cholesterin, Fett, Guanin u. a. m. An Salzen

Fig. 88.

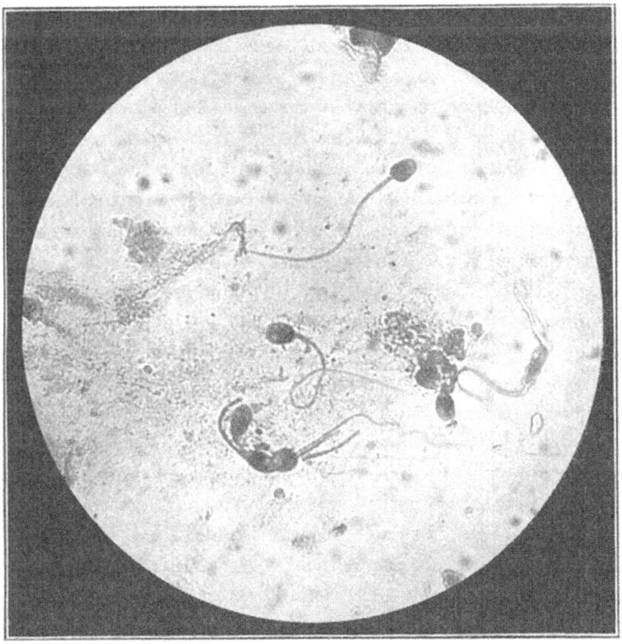

Samenfäden bei starker Vergrößerung mit Ölimmersion.
Apochromat 2 mm, Apertur 1,3.

finden sich hauptsächlich die Phosphate der Alkalien und alkalischen Erden neben Sulfaten, Chloriden und Karbonaten. Beim Stehen scheiden sich zuweilen rhomboedrische, pleurosigmaähnliche Kristalle aus, die sogenannten Sperminkristalle, die auch als kristallinische Salze der Schreinerschen Base bezeichnet werden. Sie sollen das Phosphat des Diäthylendiamins (Piperazins), $C_4H_8(NH)_2$, sein.

Auf Leinwand oder dergleichen eingetrocknetes Sperma zeigt oft charakteristische, scharfbegrenzte, landkartenartige Konturen. Die Flecke sind steif, von grauer, gelber, auch rötlicher Farbe, mit dunkleren Rändern und bei schräger Beleuchtung von eigentümlichem Glanze.

Jedoch können auch andere menschliche Sekrete Flecke ähnlicher Beschaffenheit geben, so Scheiden- und Nasenschleim usw.

Aber nur in seltenen Fällen wird man bei Sittenverbrechen Flecke von diesem Aussehen vorfinden. Meist handelt es sich um Personen niedrigen Standes, um Kinder der armen Volksklassen, deren Reinlichkeit und Reinhaltung oft viel zu wünschen übrig läßt. Außerdem geschieht die Einlieferung der beschmutzten Gegenstände, wie Kinderhemden, Kinderhosen, Bettzeug, Kleider usw., oft erst lange Zeit nach der Tat, sogar erst nach weiter fortgesetztem Gebrauche, wodurch die Flecke abgerieben oder mürbe gemacht, überhaupt beschädigt sein können. In oder neben den Spermaflecken finden sich oft Harn, Kot, Blut, auch dick aufgelagerte weiße und gelbe, selbst gonorrhöische Ausflüsse der Scheide; eine bestimmte Zeichnung der Samenflecke ist dann kaum mehr zu erkennen. Es müssen in diesem Falle die Proben für die Präparate von den verschiedenen, je nach Sachlage verdächtigen Stellen, z. B. bei einem Hemd vorwiegend von den inneren und unteren Teilen, genommen werden. Auch nach Wischflecken an den Kleidern und an den Stellen, wo das Verbrechen mutmaßlich stattfand, z. B. an Unterlagen, Bettlaken, Möbelbezügen usw. ist zu suchen. Selbst wenn makroskopisch nach dem Charakter der Flecke auf eine andere Herkunft, z. B. von Harn, Kot und Blut, zu schließen ist, so soll man trotzdem eine sorgfältige Durchmusterung nicht unterlassen, da sich Sperma auch auf einem dieser Flecke abgelagert oder sich damit gemischt haben kann.

Der strikte Beweis für Anwesenheit von menschlichem Sperma wird sicher nur durch das Auffinden von Samenfäden, also durch die mikroskopische Untersuchung erbracht, was durch die große Widerstandsfähigkeit der Samenfäden begünstigt wird, die, einmal eingetrocknet, lange unverändert bleiben. Selbst stark wirkende Chemikalien, wie Schwefelsäure, Salzsäure, Ammoniak, Sublimat, auch sehr verdünnte Alkalien zerstören ihre Gestalt nicht so leicht. Auf dem Objektträger ausgeglüht, behalten sie infolge ihres hohen Gehaltes an Mineralbestandteilen ihre Form bei. Wird ein beflecktes Stück Leinwand oder Baumwolle mit konzentrierter Schwefelsäure behandelt, so lösen sich die Fasern nach einigen Stunden zu einer braunen Masse auf, worin man schwarzbraun gefärbte, sonst aber der Form nach wohl erhaltene Samenfäden eingebettet findet, erst nach kräftigem Hin- und Herbewegen werden sie verwischt und zerdrückt. Von konzentrierter Salpetersäure oder starken Alkalilaugen werden sie jedoch zerstört, ebenso von 10- bis 15proz. Salzlösungen, worin sie sehr bald zu Gallertklumpen zusammenfließen. Bis zu einem bestimmten Grade widerstehen sie der beginnenden Fäulnis, verschwinden aber, wenn diese intensiv einsetzt.

Die trockenen Spermatozoen sind außerordentlich leicht zerbrechlich; das starre Schwänzchen bricht schon beim schwachen Reiben vom Köpfchen ab, ebenso bei wiederholtem Befeuchten und Trocknen des Fleckes,

z. B. beim Benetzen mit Urin und Trocknen am Körper. Die Rudimente können für diagnostische Zwecke kaum verwertet werden, auch nicht zu einem Wahrscheinlichkeitsbefunde. Bei der Vorbereitung zur mikroskopischen Untersuchung ist deswegen mit den Flecken sorgsam und vorsichtig umzugehen, jedes Drücken, Zerzupfen, Reiben möglichst zu vermeiden. Der beim Kneten des angefeuchteten Fleckes für menschliches Sperma charakteristische Geruch ist namentlich bei schmutzigen Gegenständen ein kaum verwertbares Erkennungszeichen, außerdem wird hierdurch der Fleck für die weitere Untersuchung beschädigt oder untauglich gemacht.

Für die Herstellung und Behandlung der Präparate werden Methoden in großer Zahl angegeben. Bei gut erhaltenen Flecken genügt die einfache mikroskopische Durchsuchung der einige Zeit feucht gehaltenen Gewebefasern. Handelt es sich aber, wie gewöhnlich, um alte, verunreinigte Flecke, so wird die Untersuchung zeitraubend und mühsam. Dann wird man auch mit Erfolg versuchen, in dem großen Wust der Verunreinigungen die Samenfäden durch Färbung kenntlich zu machen.

Unter Berücksichtigung aller dieser Umstände verfährt man wie folgt: Man schneidet aus der verdächtigen Stelle kleine Stücke aus, weicht sie in einem Uhrgläschen mit wenig destilliertem Wasser mehrere Stunden auf, zerlegt das Gewebe vorsichtig in die einzelnen Fasern, und bringt diese mit Wasser auf den Objektträger. Bei etwa 300- bis 400 facher Vergrößerung untersucht man vorwiegend die Ränder der einzelnen Fasern, wo die Samenfäden gewöhnlich anhaften. Meist sind jedoch die Fasern mit einer weißlich glänzenden, wenig transparenten Masse inkrustiert, so daß die Spermatozoen schwer erkennbar und wegen der zu großen Dicke des Präparates schlecht aufzufinden sind.

Die Quellfähigkeit der Schleimmassen kann auch nach Alter des Fleckes usw. verschieden sein. Manchmal gelingt es, das Sperma schon nach ein- bis zweistündiger Maceration von der Unterlage loszulösen, oft aber erst nach tagelanger Einwirkung. Nach dem Quellen treten die Köpfchen infolge ihrer erhöhten Brechbarkeit im mikroskopischen Bilde deutlicher hervor, strecken die Schwänzchen und zeigen zuweilen eine eigentümliche Rundung. Die Zahl der Spermatozoen in den verschiedenen Flecken kann stark wechseln, und selbst die Verteilung in demselben Fleck ungleichmäßig sein. Oft findet man in Dutzenden von Präparaten nur wenige Samenfäden, vielleicht sogar unter vielen nur in einem einzigen. Deswegen müssen, wenn auch in den ersten Präparaten nichts gefunden wurde, alle nur einigermaßen verdächtigen Stellen präpariert und durchmustert werden.

Erstrecken sich die verdächtigen Flecke über große Flächen und hat man in den einzelnen Präparaten nichts gefunden, so wird man, um ganz sicher zu gehen, die befleckten Teile mit Wasser wiederholt behandeln, vorsichtig abpressen und die ablaufende, wolkig trübe Flüssigkeit in einem Dekantierzylinder oder Kelch mit ausgehöhltem Hahn so lange stehen lassen, bis sich die schwebenden Partikelchen zu Boden gesetzt haben.

In dem Bodensatze sammeln sich die Samenfäden an, so daß man sie hier, wenn überhaupt vorhanden, sicher finden wird, wenn man eine Reihe von Tropfen durchsucht. Das Absetzen kann durch Zentrifugieren beschleunigt werden oder dadurch, daß man etwa $^1/_2$ ccm 0,1 proz. Sublimatlösung zusetzt; es bildet sich ein flockiger Niederschlag von Quecksilberalbuminat, der sich rasch zu Boden setzt und die Samenfäden mitreißt. Gleichzeitig wird durch das Sublimat die Flüssigkeit konserviert, so daß das oft rapide Wachstum der Bakterien, das die Durchmusterung und das Auffinden von Samenfäden erschwert, ebenso verhindert wird wie die Fäulnis.

Als sehr brauchbar ist auch die folgende Methode zu empfehlen: Man zerschneidet die Flecke mit einer kleinen scharfen Präparierschere vorsichtig in Stücke von der Größe eines Deckgläschens, bringt sie zwischen vorher mit Äther gereinigte Objektträger und läßt von der Seite so viel schwach ammoniakalisches Wasser hinzufließen, daß der Raum zwischen den Gläsern benetzt ist. Nachdem die Präparate 10 bis 15 Stunden in der feuchten Kammer gestanden haben, läßt man sie an der Luft soweit austrocknen, daß die Ränder des Gewebes ziemlich fest an dem Glase haften. Nimmt man nun vorsichtig die Objektträger voneinander und hebt das Zeugstückchen mit der Pinzette ab, so können die zurückbleibenden schleimigen Massen, nachdem man sie mit einem Deckgläschen bedeckt hat, mikroskopisch durchsucht werden. Das Gewebestückchen wird zum Schluß noch mehrfach befeuchtet, an einem Deckgläschen vorsichtig abgestreift und die hier verbleibenden Rückstände ebenfalls mikroskopisch geprüft. Man wird auch wohl einen Tropfen der Flüssigkeit eindunsten und mit dem Rückstande die noch zu beschreibende Florencesche Reaktion versuchen.

Zur Aufhellung der Präparate kann man einen Tropfen 5 proz. Essigsäure oder einer Lösung von zwei Tropfen 30 proz. Kalilauge in 10 ccm Wasser oder Glyzerin zusetzen, wodurch das Auffinden der Samenfäden erleichtert wird, ohne daß sie selbst nach langer Zeit und nach dem Eindunsten der Flüssigkeit zerstört werden, es wird überdies die Entwickelung von Mikroorganismen gehindert. Unter keinen Umständen darf jedoch das Deckgläschen in der Flüssigkeit schwimmen; die Flüssigkeitsmenge zwischen Deckglas und Objektträger soll vielmehr nur so groß sein, daß das Deckgläschen immer noch fest auf dem Objektträger liegt und auch die Durchsuchung mit Ölimmersionssystem möglich ist. Tritt nämlich bei dem Aufdrücken, z. B. mit dem Objektive, noch Flüssigkeit unter dem Deckgläschen hervor, so können die Samenfäden herausgeschleudert werden und während vielleicht vorher das ganze Gesichtsfeld reichlich damit durchsetzt war, bleiben sie dann nur sehr vereinzelt zurück. Die überschüssige Flüssigkeit darf auch nicht mit Fließpapier weggenommen werden; man muß vielmehr ein zu feuchtes Präparat eintrocknen lassen. Zweckmäßig läßt man in dem Präparat einige Gewebefasern liegen, die dann ein zu festes Andrücken des Deckglases verhindern. Andererseits darf man die Flüssigkeit nicht zu weit eintrocknen lassen, weil beim Abspringen des trockenen Deckglases die Schwänzchen abbrechen können.

Hefezellen, die leicht mit Samenfäden verwechselt werden können, besonders wenn sie sich an ein Fäserchen angelagert haben, lassen sich daran erkennen, daß sie sich mit Jodlösung intensiv gelb färben. Hierdurch treten der körnige Inhalt und die Vakuolen hervor, die den Spermatozoen fehlen. Fettröpfchen haben eine mehr bläulich-violette Tönung und lassen sich nach dem Austrocknen des Präparates mit Äther entfernen.

Manchmal hat sich auch irgend ein rundliches Gebilde an den dunkel und fadenförmig erscheinenden Rand eines Epithels oder einer Membran gelagert und nimmt das Aussehen eines Samenfädchens an. Auch können Bakterien, z. B. der sogenannte Trommelschläger-Bazillus, der aus Kopf und einem schwanzförmigen Fortsatze besteht, zu Täuschungen Veranlassung geben; sie sind jedoch bedeutend kleiner und haben nicht das starke Lichtbrechungsvermögen.

Das ganze Präparat ist systematisch zu durchsuchen, dabei aber namentlich die Umgebung der Gewebefasern und die Ränder des Deckglases zu berücksichtigen. Oft sind die Präparate dicht durchsetzt mit schleimigen Substanzen, Epithelien, Mikroorganismen, weißen Blutkörperchen, Fettröpfchen, gelben und blauen Pigmentkörperchen, Schimmelpilzmycelien, Hefezellen und auch mit Kristallen, vorwiegend den sargdeckelförmigen der phosphorsauren Ammonmagnesia.

Dadurch wird das Erkennen der Samenfäden erschwert, außerdem wird durch die struktur- und farblosen Massen das Auge ermüdet. Dann ist eine Auffärbung des Präparates und wenn möglich, eine besondere Färbung der Samenfäden von Vorteil. Das bloße Auffärben erreicht man mit ammoniakalischer Karmin- oder alkoholischer Jodlösung, besser ist eine wässerige Lösung von Jod in Jodkalium (1 g J, 4 g JK in 100 g Wasser), da sich aus Jodtinktur Jod körnig abscheiden kann. Diese Methoden jedoch bieten keine besonderen Vorteile, weil eine gleichmäßige Färbung aller Bestandteile des Präparates eintritt.

Als Farbstoffe eignen sich besser Safranin oder Vesuvin in 1 proz. wässeriger, klar filtrierter Lösung, Methylengrün in salzsaurer oder Methylenblau in sehr schwach alkalischer Lösung.

Zum Färben läßt man zu dem noch feuchten oder schwach eingetrockneten Präparat einen Tropfen der Farbstofflösung fließen. Man kann auch nach Koch das durch dreimaliges Hindurchziehen durch die Flamme auf einem Deckgläschen hergestellte Trockenpräparat mit der Fläche nach unten auf der Farblösung schwimmen lassen. Gewöhnlich ist dann nach 5 bis 10 Minuten die Färbung beendet, die, wenn sie zu kräftig ausgefallen ist, durch Hineinlegen in Alkohol leicht wieder abgeschwächt werden kann.

Auch Doppelfärbungen hat man empfohlen; zu dem Ende läßt man die Trockenpräparate in einer Lösung von 2,5 g Eosin in 30 ccm Spiritus und 70 ccm destillierten Wassers mindestens eine Stunde lang schwimmen. Das wieder lufttrocken gewordene Deckglas spült man mit verdünntem Alkohol 1 : 2 leicht ab und bringt es in die Böhmersche Hämatoxylinlösung [1]), die Lösung muß einige Zeit im Lichte gestanden haben. Um Überfärbung zu vermeiden, setzt man 1 bis 3 Tr. Essigsäure zu. Nach wenigen Minuten bis zu einigen Stunden hat der hintere Teil des Köpfchens eine dunkelblaue, der vordere Teil, das Mittelstück und das Schwänzchen eine rote Farbe angenommen. Alle übrigen organischen Gebilde des Präparates mit Ausnahme der Nucleïnsubstanzen, sind nur rot gefärbt. So schöne und charakteristische Bilder die Doppelfärbung auch geben mag, so kommt es doch oft vor, daß dabei die Schwänzchen einschrumpfen, so daß das mikroskopische Bild beeinträchtigt wird. Das ist aber nach Möglichkeit zu vermeiden, da man in der forensischen Praxis selten über viele Samenfäden wie etwa bei frischem Sperma verfügt. Die einfache Färbung genügt auch vollkommen und leistet, zumal für photographische Zwecke, dieselben Dienste wie die kunstvollste Doppelfärbung.

Wir benutzen zum Färben ausschließlich nicht zu konzentrierte alkalische Methylenblau- oder Jodeosinlösung oder auch neutrale Safraninlösung. Der vordere blasenförmige, ovale Kopfteil wird dann nur wenig oder gar nicht gefärbt, dagegen kräftig das Mittelstück und der daran grenzende Teil des Kopfes. Man hat den Eindruck, als setze sich das Mittelstück bedeutend verbreitert in das Köpfchen hinein fort, das Köpfchen selbst stülpt sich als zartes Bläschen über die stark gefärbte Nucleïnsubstanz.

Man kann auch das Präparieren und Färben verbinden, indem man die befleckten Stoffstückchen 2 bis 24 Stunden in die schwach alkalische Farbstofflösung [2]) legt und dann, wie schon beschrieben, weiter behandelt oder die abgelösten Krusten in die Farbflüssigkeit einbettet.

Für die nicht leichte photographische Aufnahme, die man jedoch nie unterlassen wird, um die vergänglichen Gebilde für die Zukunft zu sichern, eignen sich am besten die mit Jodeosin oder Vesuvin gefärbten Präparate.

Die Aufnahme geschieht sonst in ganz analoger Weise, wie die der Blutkörperchen mit Apochromat 4 mm oder Achromat *DD* und Projektionsokular 4, für sehr starke Vergrößerungen Ölimmersion mit Apochromat 2 mm, Apertur 1,30.

---

[1]) 0,35 Hämatoxylin, 10 absol. Alkohol, 0,1 Alaun, 30 Wasser.

[2]) 10 ccm dest. Wasser, 4 Tr. 30 proz. Kalilauge, 1 Tr. konz. Farbstofflösung (Jodeosin oder Methylenblau).

Fig. 89.

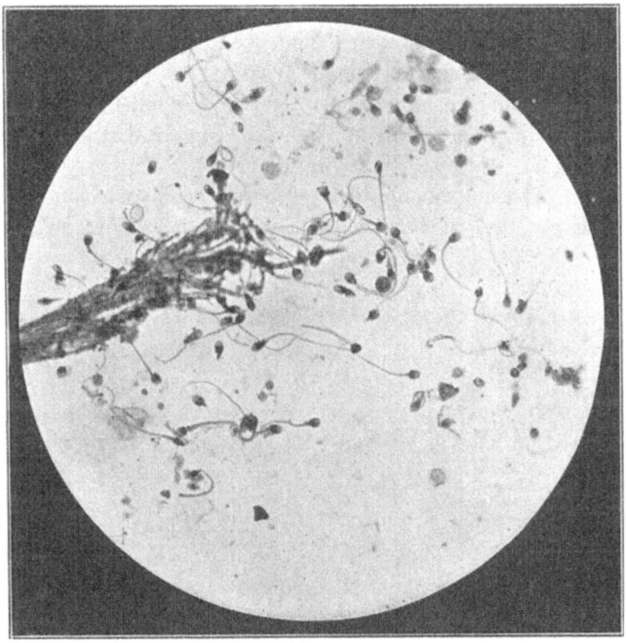

Fig. 90.

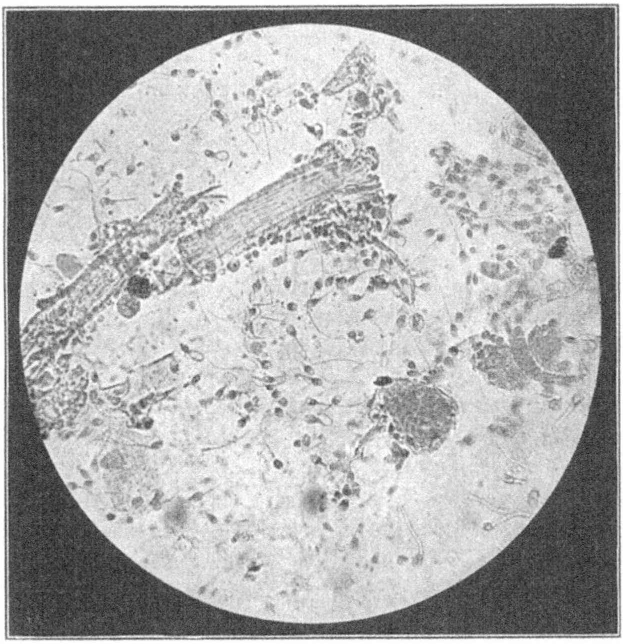

Sowohl die Objektivlinse, als auch die Frontlinse des Abbeschen Kondensors werden mit dem Präparate durch Immersionsflüssigkeit verbunden. Der sonst empfohlenen Einbettung in Kanadabalsam ziehen wir die in schwach glyzerinhaltigem Wasser vor.

Fig. 91 stellt ein aus einer Kruste gewonnenes Präparat dar, Fig. 89 und 90 (a. v. S.) solche aus Fasern. Fig. 89 und 90 schwach mit Jodeosin, Fig. 91 stark mit Vesuvin gefärbt.

Werden Spermatozoen nicht gefunden, so liegt noch immer die Möglichkeit vor, daß vorhanden gewesene durch Fäulnis, Schimmelpilze

Fig. 91.

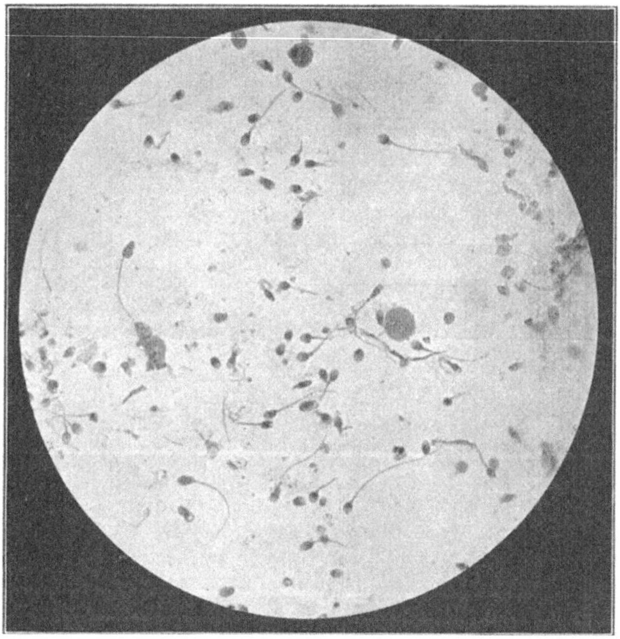

oder dergleichen zerfallen sind, oder daß, was allerdings seltener vorkommt, das Sperma Samenfäden nicht enthielt.

Für diese Fälle kann nur noch die Florencesche Reaktion insofern einen Anhalt geben, als sie bei negativem Ausfalle mit einiger Sicherheit auf die Abwesenheit von Sperma schließen läßt. Fällt sie positiv aus, so kann zwar Sperma, aber auch eine beliebige andere eiweißhaltige Substanz vorliegen.

Die Florenceschen Kristalle entstehen bei der Behandlung des Spermas mit konzentrierter Jodlösung. Man ist geneigt, ihre Bildung auf das aus dem Lecithin abgespaltene Cholin zurückzuführen, mit dem man sie auch tatsächlich leicht erhält. Vaginal- und Uterussekret geben die Kristalle nicht.

Läßt man zu frischem Samen oder einem wässerigen Auszuge von Samenflecken unter Kühlung mit Eis eine Jodlösung [1]) fließen, so entsteht eine schokoladenbraune Fällung, die unter dem Mikroskop aus mahagonibraunen, spießigen, manchmal gekreuzten oder rosettenförmig angeordneten, an den Enden oft splitterig ausgezackten Kristallen besteht.

Die Kristalle haben Ähnlichkeit in Farbe und Aussehen mit den Teichmannschen Häminkristallen; sie sind aber hygroskopisch und in warmem Wasser, Alkohol, Äther, Säuren, Alkalien und überschüssiger

Fig. 92.

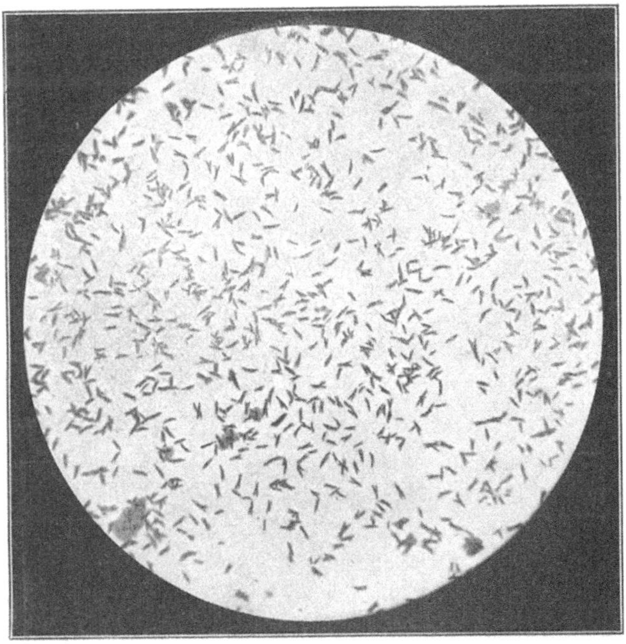

Florence-Kristalle. Übersichtsbild in schwacher Vergrößerung mit Apochromat 16 mm und Projektionsokular 2. Kameraauszug 0,5 m.

Jodkaliumlösung leicht löslich, überhaupt unbeständig, indem sie nach kurzer Zeit zu schwarzbraunen Tröpfchen zusammenfließen (s. Fig. 95 a. S. 211). Sie lassen sich jedoch durch Abkühlen und Zusatz von Jodlösung immer wieder neu erzeugen. Erst nach 20- bis 30 maliger Wiederholung dieses Verfahrens bleiben sie schließlich aus. Sehr schön erhält man sie, wenn man den Auszug des Samenfleckes durch Eindampfen etwas konzentriert und einen Tropfen Jodlösung zufließen läßt.

Zwar bilden sich die Florenceschen Kristalle mit nicht zu altem oder verfaultem Sperma leicht und sicher, leider sind sie aber nicht

[1]) 1,65 g Jod, 2,56 g Jodkalium in 30 ccm Wasser. Die Lösung muß entweder frisch hergestellt oder über freiem, fein zerriebenem Jod aufbewahrt werden.

Fig. 93.

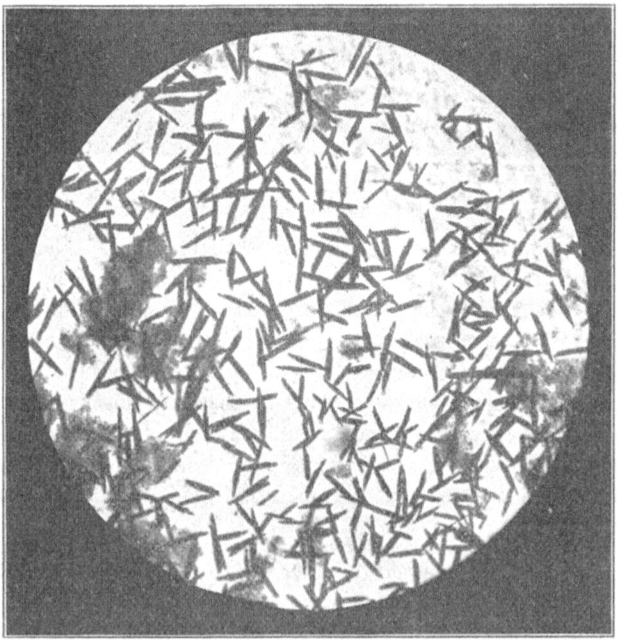

Florence-Kristalle, mit Apochromat 8 mm, Projektionsokular 2 und Kameraauszug 0,5 m.

Fig. 94.

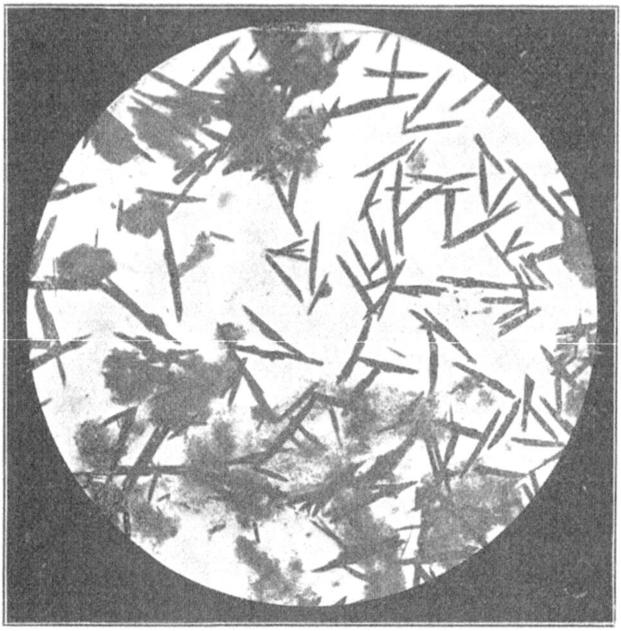

Florence-Kristalle, mit Apochromat 8 mm, Projektionsokular 2 und Kameraauszug 0,5 m.

spezifisch für menschlichen Samen, sie entstehen vielmehr auch mit vielen anderen tierischen und pflanzlichen Flüssigkeiten, wie Nasenschleim,

Fig. 95.

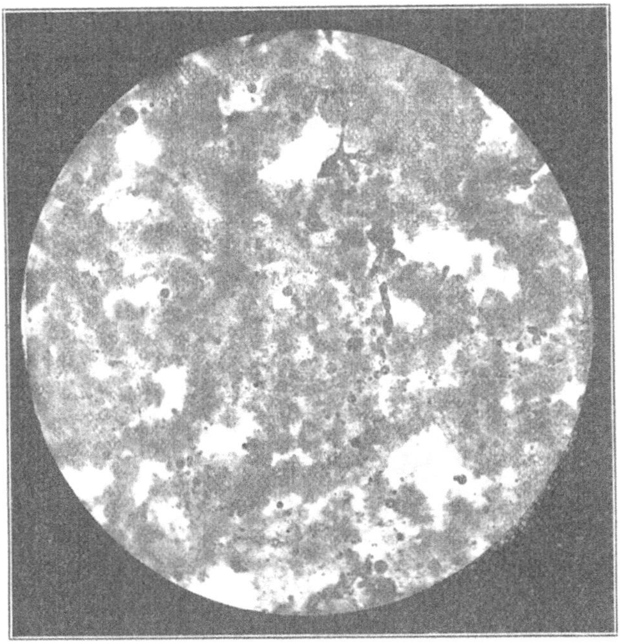

Zusammengeflossene Kristalle.

Sputum, Eigelb, auch aus Auszügen tierischer und pflanzlicher Organe usw.

Bekanntlich ist die Jodjodkaliumlösung auch ein Gruppenreagens für eine große Zahl organischer Basen; die damit entstehenden, sonst den aus Sperma gebildeten sehr ähnlichen Kristalle sind aber nie so schön ausgebildet und meist auch heller und von anderer Form.

Fig. 96.

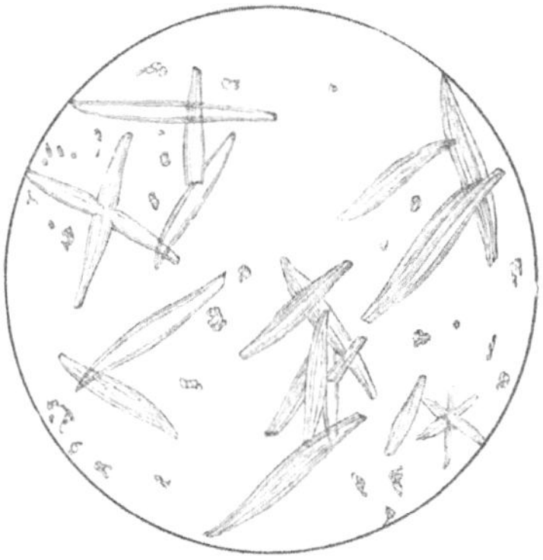

Umgekehrt kann jedoch auch die Beimengung großer Mengen schleimiger Sekrete und Exkrete, wie Vaginalschleim, Eiter, blennorrhöischer und gonorrhöischer Ausflüsse die Reaktion verhindern, so daß ihr Ausbleiben nicht immer das Vorhandensein absolut ausschließt.

Endlich wird noch den Spermin- oder sogenannten Böttcherschen Kristallen eine gewisse diagnostische Bedeutung zugeschrieben. Es sind dies rhomboedrische Kristalle von Pleurosigmaform, die sich im frischen Sperma nach Zusatz löslicher Phosphate bilden sollen.

Die beigegebene Abbildung, Fig. 96, ein offenbar idealisiert gezeichnetes Präparat, ist entnommen aus A. Eulenburgs Realenzyklopädie. Uns selbst ist es niemals gelungen, so schön ausgebildete Kristalle zu erhalten. In eingetrockneten und wieder aufgeweichten Samenflecken begegnet man wohl Kristallen von Kochsalz, von Ammoniummagnesiumphosphat, Harnsäuregries, zuweilen auch kurzen, prismatischen Stäbchen, spießigen Kriställchen, kaum aber, selbst nicht nach Zusatz von phosphorsaurem Ammon, rhomboedrischen Kristallen, die man mit den beschriebenen Sperminkristallen sicher identifizieren kann.

Anhang.

Über Brandstiftungen.

Wenn nach Kassners Statistik im Deutschen Reiche jährlich etwa 4000 Brandstiftungen vorkommen, während durchschnittlich nur auf 500 Verurteilungen wegen dieses Deliktes zu rechnen ist, so beweist das schon zur Genüge, wie verhältnismäßig leicht zwar der Nachweis der Brandstiftung zu führen ist, wie schwer und selten dagegen die Überführung des Täters gelingt.

Das ist leicht verständlich, denn keine Straftat läßt sich bei einiger Um- und Vorsicht so vorbereiten und durchführen, daß jede Spur einer verbrecherischen Handlung verschwindet und der Verlauf ganz den Anschein eines natürlichen Vorganges annimmt. Außerdem werden im Falle des Gelingens auch die etwa vorhandenen Spuren vernichtet und der Untersuchungsrichter ist fast ausschließlich auf den Indizienbeweis angewiesen.

Trotzdem wird auch in diesen Fällen wie überhaupt bei der Vermutung der Brandstiftung die Hilfe des Gerichtschemikers oft in Anspruch genommen, das würde sogar noch mehr der Fall sein, wenn nicht nur der Richter, sondern auch der Sachverständige sich genauer über die übliche Praxis der Verbrecher und über die Bedingungen, unter denen ein Brand entstehen oder fortschreiten kann, aus der einschlägigen Literatur unterrichten wollten. Leider gehen Richter wie Sachverständige oft von der Meinung aus, daß die allgemein verbreiteten Kenntnisse über Feuer für die Beurteilung der fraglichen Fälle genüge und daß ein besonderes Studium überflüssig sei[1]).

---

[1]) In dem allgemeinverständlich gefaßten kleinen Buche „Die Feuergefahr im Hause“ von M. Dennstedt, Hamburg 1903, Leopold Voss, ist alles Wissenswerte übersichtlich zusammengestellt.

Die an den Sachverständigen gewöhnlich gerichteten Fragen lassen sich etwa wie folgt zusammenfassen:

1. Ist die angenommene natürliche Brandursache möglich oder steht sie mit den allgemeinen Anschauungen im Widerspruch?
2. Sind Vorbereitungen getroffen worden, die auf die künstliche Erzeugung eines Brandes hindeuten?
3. Sind am Tatorte oder bei dem Verdächtigen gefundene Stoffe oder Vorrichtungen geeignet, einen Brand hervorzurufen?
4. Sind die bei dem Verdächtigen und die am Tatorte gefundenen, zur Brandstiftung dienlichen Stoffe von gleicher Beschaffenheit, so daß gleiche Herkunft anzunehmen ist?

Ist die Ursache eines Brandes nicht festzustellen — nach der Statistik der Hamburger Feuerwehr belaufen sich die nicht ermittelten Ursachen auf fast die Hälfte aller Fälle — und liegt der Verdacht der Brandstiftung vor, so scheiden für den Gerichtschemiker fast immer alle die Fälle aus, bei denen die vermutete Brandstiftung Erfolg hatte und das Objekt vollständig zerstört wurde; es sei denn, daß die Natur etwa gelagerter Waren eine Selbstentzündung möglich erscheinen läßt und darüber ein Gutachten des Sachverständigen eingefordert wird oder daß bei einem Verdächtigen Stoffe vorgefunden wurden, die zu einer Brandstiftung geeignet erscheinen und deren Besitz, sei es nach Art oder Menge, auffällig erscheint, so daß der Sachverständige zu einem Gutachten über diese Stoffe aufgefordert wird.

Haben dagegen die zur Brandstiftung vorgenommenen Maßnahmen keinen Erfolg gehabt — die trotz allem naturwissenschaftlichen Unterricht noch immer weit verbreitete Unkenntnis über die Natur des Feuers und die zu seiner Entwickelung notwendigen Bedingungen läßt glücklicherweise diesen Fall noch recht häufig eintreten —, so gibt schon die Besichtigung der Brandstelle in den meisten Fällen genügenden Aufschluß, sei es, daß die zur Erzeugung des Feuers getroffenen Vorrichtungen an mehreren räumlich voneinander getrennten Orten gefunden werden — mehrere Brandherde —, sei es, daß leicht brennbare Stoffe an Orten gefunden werden, wo sie nur in böswilliger Absicht hingebracht sein können.

Zur Brandstiftung können alle leicht entzündlichen und leicht brennbaren Stoffe benutzt werden, sie eignen sich um so besser dazu, je niedriger ihre Entzündungstemperatur oder ihr Entflammungspunkt liegt und je größer die Verbrennungswärme ist und damit im Zusammenhange, je höher die bei ihrer Verbrennung entwickelte Temperatur werden kann, weil dadurch die Entzündung des eigentlichen Brandobjektes erleichtert wird.

Außerdem ist für den Brandstifter noch von Wichtigkeit, daß die Substanz leicht und unauffällig beschaffbar, daß ihr Besitz oder ihr Vorhandensein an der Brandstelle wegen ihrem allgemeinen Gebrauch im gewöhnlichen Leben einigermaßen erklärlich ist und daß sie sich durch besondere Eigenschaften, z. B. charakteristischen Geruch, nicht allzu sehr bemerkbar macht. Schon allen diesen Bedingungen zu genügen, ist schwer, noch schwieriger aber ist, die brennbaren Stoffe in unverdächtiger Weise in Brand zu setzen, namentlich auch in der Art, daß der Brandstifter noch ohne Gefahr, entdeckt zu werden, die Brandstelle verlassen kann.

Handelt es sich um solche Stoffe, wie Holz, Stroh, Heu, Kohlen oder dergleichen, die im kompakten Zustande nur langsam in Brand geraten, so hat der Verbrecher meist Zeit, sich zu entfernen, wenn er sich auch bei zu großer Vorsicht leicht zu früh entfernt, so daß der Brand wieder erlischt; die hinterlassenen Brandspuren führen dann immer zur Entdeckung der Brandstiftung, wenn auch nicht des Täters.

Das Umgekehrte tritt bei den sehr leicht brennbaren Stoffen ein, hier wird der Verbrecher nicht genügend Zeit zur Flucht haben, wenn er nicht Vorkehrungen trifft, die die eigentliche Entzündung verzögern, sie erfüllen ihren Zweck um so besser, wenn sie dem Täter gestatten, für den Zeitpunkt des eigentlichen Ausbruches noch einen weit entfernten Ort zu erreichen.

Die gewöhnlichsten Hilfsmittel sind Entzünden einer langen und zugleich langsam brennenden Kerze, die in eine leicht entzündliche Substanz gesteckt wird, lange und langsam brennende Zündschnüre, zusammengenähter Feuerschwamm u. dgl. und endlich die verschmitzteren Vorrichtungen, die sich bis zur sogenannten Höllenmaschine ausbilden lassen.

Über eine solche, mit allem Raffinement in die Wege geleitete Brandstiftung soll hier berichtet werden. Obwohl ihr Mechanismus durch die chemische Untersuchung klar zutage kam, gelang trotzdem nicht die Überführung des Verbrechers, weil sich Untersuchungsrichter und Sachverständige entgegen oder doch wenigstens nicht in die Hände arbeiteten. Der Fall beweist, daß sich der Untersuchungsrichter, wenn er einmal einen Sachverständigen zurate gezogen hat, auch diesem die Untersuchung allein überlassen muß und nicht etwa mit Versuchen auf eigene Faust eingreifen darf.

In einem Kramladen brach Feuer aus, das sich durch den aus den Fensterfugen quellenden Rauch bemerkbar machte und von der Feuerwehr, noch ehe es großen Umfang angenommen hatte, gelöscht wurde. Die Untersuchung ergab, daß im ganzen Laden in großer Menge aufgestapelte Waren in Brand geraten, aber nur stark verkohlt waren, weil es an genügender Luftzufuhr gemangelt hatte.

Das Feuer schien auf einem Regal entstanden zu sein und von da aus sich weiter verbreitet zu haben. An der verdächtigen Stelle fand sich ein stark angekohlter dicker Pappkasten, vollgefüllt mit einer oberflächlich ebenfalls stark angekohlten dichten Masse, die hauptsächlich aus Watte bestand, darüber zusammengeschmolzene fettige Klumpen und Stücke einer halb geschmolzenen, zusammengesinterten Substanz.

Die Untersuchung ergab, daß das Fett aus Stearinsäure, die andere Masse aus Celluloid bestand; es schienen stark verbogene und zerquetschte Spielbälle zu sein.

Dieser Befund führte auf die Vermutung, daß der Täter die Schachtel mit dem leicht brennbaren Materiale vorbereitet, eine Stearinkerze hineingestellt, angezündet und den Raum verlassen und verschlossen hatte.

Der verdächtige Besitzer des Ladens hatte am Tage des Brandes eine Reise angetreten. Da der von ihm benutzte Zug bekannt und ferner anzunehmen war, daß er die Reise unmittelbar nach der vermuteten Tat angetreten haben dürfte, da man außerdem wenigstens ungefähr die Stunde des Beginns des Brandes kannte, so war zu hoffen, daß eine Überführung des Täters gelingen möchte, wenn sich in dem Laden noch Kerzen vorfänden, deren Material mit dem gefundenen Kerzenstoff und deren Brenndauer mit der Zeit des vermuteten Tatbestandes übereinstimmte.

Tatsächlich wurden unter den arg verwüsteten Waren noch sechs unbeschädigte Kerzen vorgefunden.

Leider benutzte der Untersuchungsrichter die Hälfte dazu, um mit ihnen selbständig Versuche über ihre Brenndauer anzustellen; das Resultat stimmte auch mit dem vermuteten Tatbestande überein. Die anderen drei uns zugesandten Kerzen waren aber nicht Stearin-, sondern Paraffinkerzen, und es war nicht mehr festzustellen, ob die von dem Untersuchungsrichter verbrannten Kerzen von derselben oder von anderer Beschaffenheit gewesen waren. So führte das Analysenresultat eher zu einer Entlastung, als zu einer Belastung, und diente dazu, den an sich schon schwachen Indizienbeweis noch mehr zu schwächen, so daß das Verfahren eingestellt werden mußte.

Manchmal benutzt der Verbrecher aber als mechanische Zünder weniger einfache Mittel und Vorrichtungen, z. B. das herabsinkende Gewicht einer Uhr, an dem unten in Papier eingewickelt ein Gemisch von chlorsaurem Kali und Zucker befestigt ist, das bei dem tiefsten Stande des Gewichtes in ein Gefäß mit Schwefelsäure taucht.

Genau so zuverlässig wirken einige mit den Köpfen nach unten an dem Gewicht befestigte schwedische Zündhölzchen, auch deren Masse entzündet sich bei der Berührung mit konzentrierter Schwefelsäure. Die erzeugte Flamme wird in beiden Fällen auf zweckmäßig daneben angeordnete brennbare Stoffe übertragen. Hier hat der Täter den Vorteil, daß er den Beginn des Brandes genau nach der Zeit berechnen und danach seine Vorkehrungen treffen kann.

Oder der Verbrecher ersetzt den Klöppel einer von außen in Bewegung zu setzenden elektrischen Glocke, z. B. der Hausglocke, durch ein dünnwandiges, mit konzentrierter Schwefelsäure gefülltes Glasgefäß, das durch die Bewegung beim Schließen des Stromes zerbricht und die Flüssigkeit auf ein darunter befindliches Gemisch von chlorsaurem Kali und Zucker oder auf eine offene Schachtel schwedischer Streichhölzer fließen läßt; die entstehende Flamme wird, wie oben geschildert, weiter übertragen. Der ganz Raffinierte wird auch nicht selbst das Läutewerk in Bewegung setzen, sondern das durch einen Unbeteiligten, z. B. Depeschenboten, vornehmen lassen.

Solche und ähnliche Vorrichtungen werden jedoch nur selten ersonnen und durchgeführt. Ist es aber geschehen und haben sie Erfolg gehabt, so werden sie meist im Brande zerstört, ist das aber nicht der Fall, so wird der Sachverständige wohl ohne Mühe das Wesen des Mechanismus ergründen und dem Richter die gewünschte Auskunft erteilen können.

Der gewöhnliche Brandstifter aber, der sein Verbrechen nicht von langer Hand plant, der es vielmehr erst im Augenblicke der Not oder des Affekts ersinnt und ausführt, arbeitet weniger umständlich.

Gewöhnlich bedient er sich der leicht zugänglichen und leicht brennbaren Flüssigkeiten: Benzol, Benzin, Äther, Schwefelkohlenstoff, Holzgeist, Spiritus oder Petroleum, seltener des Terpentinöls oder der fetten Öle.

Die ersten fünf, als zu leicht flüchtig und daher die Flamme zu schnell verbreitend, werden selten angewendet, außerdem sind sie schwerer in geeigneter Menge, ohne Verdacht zu erregen, zu beschaffen und machen sich außerdem durch ihren Geruch auffällig.

Bleiben nur Spiritus und Petroleum, Terpentinöl und fette Öle.

Der Spiritus, wenigstens der denaturierte, hat ebenfalls einen zu auffälligen Geruch und ist deshalb nicht beliebt, der reine Sprit ist zu teuer.

Terpentinöl hat zu auffälligen Geruch und fette Öle sind zu schwer entzündlich und brennbar.

Somit erweist sich das Petroleum allen Anforderungen des Brandstifters am besten entsprechend, als das gewöhnlichste Mittel; tatsächlich kann man annehmen, daß von 100 Brandstiftungen, die dem Gerichtschemiker unter die Hände kommen, wenigstens 90 sich auf Petroleum beziehen.

Wird, was leider selten geschieht, aber anzustreben ist, der Sachverständige zu der Besichtigung der Brandstelle hinzugezogen, so wird er, vorausgesetzt, daß es nicht zu einem wirklichen Brande gekommen ist, meist schon durch den Geruch auf das Vorhandensein einer dieser Flüssigkeiten aufmerksam.

Etwa vorhandene Gefäße, die sich durch Lage, Inhalt, Geruch usw. verdächtig machen, werden beschlagnahmt und vor allen Dingen gut und sicher verkorkt oder, wenn das nicht angeht, der Inhalt in solche Gefäße übergefüllt.

Finden sich auf dem Fußboden, auf Möbeln, Teppichen, Gardinen oder dergleichen Flecke, die durch Geruch oder dunkle Farbe usw. auffallen, so sind die betreffenden Gegenstände entweder einfach zu beschlagnahmen, und wenn sie sich ihrer Größe und Form wegen nicht weiter verpacken lassen, so wie sie sind, ins Laboratorium zu schaffen, oder sie werden möglichst dicht zusammengerollt, zusammengepreßt, mit reinem Packpapier umhüllt und mit Bindfaden fest umschnürt. Die Fußbodenbretter werden entweder herausgestemmt oder abgehobelt.

Handelt es sich nicht oder vermutlich nicht allein um Petroleum, sondern auch um die anderen Flüssigkeiten, so ist dieses einfache Verfahren nicht anwendbar, denn diese Stoffe sind viel zu flüchtig und würden, noch ehe die Gegenstände zur Untersuchung gelangten, verduftet sein.

Man muß dann in für diesen Zweck vorbereitete reine Glasgefäße mit weitem Halse, der mit einem gut schließenden, reinen Korkstopfen oder eingeriebenen Glasstöpsel versehen ist, alle die Stoffteile, an denen sich Reste der vermuteten Flüssigkeiten befinden, hineinpressen und sofort gut verschließen, auch auf einer schon vorher bereit gehaltenen Etikette die Herkunft genau bezeichnen. Der Sachverständige darf dabei vor einem ausgiebigen Gebrauch von Messer und Schere nicht zurückschrecken und muß, wenn nötig, auch Möbelpolster, Vorhänge, Gardinen zerschneiden; lassen sich die verdächtigen Stücke in den Nähten trennen, um so besser.

Haftet die Flüssigkeit an Orten oder Gegenständen, z. B. der Mauer, dem Fußboden usw., die sich nicht so ohne weiteres mitnehmen oder zerschneiden lassen, so wird man, nachdem man Größe und Gestalt der Flecke notiert und aufgezeichnet hat, durch Abhobeln, Abstoßen usw. für die Untersuchung genügendes Material herrichten, sachgemäß verpacken und mitnehmen.

Hier ist besonders darauf zu achten, daß die ausgegossene Flüssigkeit auch in vorhandene Spalten, in die Ritzen des Fußbodens, in die Spalten zwischen Wand und Fußboden geflossen und dort von Schutt, Erde, Staub u. dgl. aufgesaugt sein kann. Man wird dann den Fußboden aufreißen, die Bretter aufheben und das etwa sich vorfindende poröse, verdächtige Material sammeln und zweckentsprechend asservieren. Die Arbeit im Laboratorium besteht immer darin, daß man daraus brennbare Substanzen zu isolieren und ihre Identität festzustellen versucht.

Da es sich mit Ausnahme des fetten Öles immer um leicht flüchtige Stoffe handelt, so beginnt man mit der Wasserdampfdestillation, um die flüchtigen von den nicht flüchtigen zu trennen.

Das verdächtige und, wenn nötig, durch Lagern auf Eis gekühlte Material wird zerkleinert und in einen genügend großen Rundkolben gebracht, der mit den entsprechend gebogenen Röhren versehene Kork aufgesetzt und fest gebunden, der Kühler angeschlossen und ein lebhafter Wasserdampfstrom durchgeblasen; die Vorlage wird sorgfältig mit kaltem Wasser oder Eis gekühlt. Der Kolben selbst wird nie mit der Flamme direkt erhitzt, sondern höchstens im Wasser- oder Salzbade.

Wir benutzen stets ein Chlorkalzium- oder Kochsalzbad, das sich einige Grade über 100 erhitzen läßt, um so zu verhindern, daß bei lange fortgesetzter Destillation sich zu viel Wasser im Destillationskolben ansammelt.

Ein besonderes Kühlen der Vorlage ist bei Petroleum überflüssig, hier genügt eine Florentiner Flasche oder die später zu beschreibende Einrichtung, die mechanisch das Wasser von dem übergehenden Öle trennt; das Wasser wird vorläufig ebenfalls aufgesammelt.

Schon im Kühler kann man erkennen, ob in Wasser unlösliche Flüssigkeiten mit übergehen, der lösliche Spiritus macht sich, wenn er nicht in zu geringer Menge vorhanden ist, durch die charakteristische Schlierenbildung im Kühlrohre bemerkbar.

Der charakteristische Geruch wird oft, namentlich wenn nur kleine Substanzmengen vorliegen und die Substanz sich auf alten Stoffen oder Möbeln, getragenen Kleidern usw. befindet, durch einen eigentümlichen Modergeruch verdeckt. Man setzt die Destillation so lange fort, als nur immer Öltropfen oder dergleichen übergehen.

Hat sich in der Vorlage eine unlösliche Schicht auf dem Wasser gebildet, so gießt man die gut gekühlte Flüssigkeit in einen entsprechend großen Scheidetrichter, verschließt gut, sichert den Pfropfen durch Festbinden und läßt bis zur völligen Trennung und Klärung an einem kühlen Orte ruhig stehen.

Durch den bei der Destillation auftretenden Geruch wird man schon immer über die Natur der Flüssigkeit orientiert sein, im übrigen lassen sich die einzelnen in Frage kommenden Stoffe, nachdem man sie vom Wasser getrennt hat, an ihren Reaktionen erkennen.

Benzin, Petroleumäther u. dgl. sind in Wasser unlöslich und mit 90proz. Alkohol nicht in jedem Verhältnis mischbar, Salpetersäure von 1,4 spez. Gew. wirkt auch nicht bei schwachem Erwärmen ein; beide Reaktionen zur Unterscheidung von Benzol.

Schwefelkohlenstoff (Schwefelalkohol) ist erkennbar neben dem Geruch durch die beim Verbrennen auftretende schweflige Säure. Beim Kochen mit alkoholischer Bleizuckerlösung oder mit Bleizucker und Ammoniak tritt Abscheidung von schwarzem Schwefelblei ein. Zum sicheren Nachweise destilliere man das verdächtige Material unter schwachem Erwärmen im langsamen Luftstrome in eine mit Eis gekühlte Vorlage (U-Rohr) und behandle einige Tropfen des Destillates mit der fünffachen Menge alkoholischen Ammoniaks einige Zeit im geschlossenen Gefäße auf dem Wasserbade. War Schwefelkohlenstoff vorhanden, so bleibt beim Eindampfen des Reaktionsproduktes ein kristallinischer Rückstand von Schwefelcyanammonium, dessen wässerige Lösung mit einigen Tropfen verdünnter Eisenchloridlösung und etwas Salzsäure eine blutrote Färbung gibt.

Noch sicherer und schärfer ist die von A. W. Hofmann angegebene Triäthylphosphinreaktion. Das Destillat wird mit etwas Äther aufgenommen und mit einer ätherischen Lösung von Triäthylphosphin versetzt; es entsteht bei Gegenwart von Schwefelkohlenstoff eine Abscheidung tief dunkelroter Kristalle.

Der Äther (Schwefeläther) kann in kleinen Mengen nur an seinem Geruche, sonst am spezifischen Gewichte und Siedepunkt erkannt werden, Terpentinöl an Geruch, Siedepunkt, Refraktometerzahl und der heftigen Reaktion mit Salzsäure vom spez. Gew. 1,19.

Andere in Wasser unlösliche Flüssigkeiten mit Ausnahme des noch zu besprechenden Petroleums werden kaum vorkommen.

Die fetten Öle bleiben im Destillationskolben zurück, höchstens gehen Spuren von Fettsäuren über. Um das zurückgebliebene Fett zu erhalten, wird man nach beendeter Destillation abkühlen, die Flüssigkeit abgießen und den Rückstand bei 100° trocknen. Die abgegossene Flüssigkeit wird mit Äther ausgeschüttelt, auch der getrocknete Rückstand mit Äther extrahiert und der Äther verdampft.

Geringe Mengen Fett können aus dem Fußboden, den Kleidungsstücken usw. stammen. Nur wenn erhebliche Mengen davon gefunden werden und wenn der Befund nach Sachlage verdächtig erscheint, wird die Natur und Art des Fettes nach den Regeln der Fettanalyse (Verseifungszahl, Jodzahl usw.) festzustellen sein.

Alkohol und Holzgeist sind beide in Wasser löslich, gehen aber trotzdem leicht mit Wasserdämpfen über und finden sich in den ersten Fraktionen des Destillates angereichert. Ist nur wenig vorhanden, so wird das Destillat noch einmal zu etwa ein Drittel destilliert und dieses Destillat für die Anstellung der Reaktionen benutzt.

Der Holzgeist wird daran erkannt, daß er selbst in verdünnter Lösung Kaliumpermanganat 1 : 1000 augenblicklich entfärbt, außerdem gibt er die Liebensche Jodoformreaktion wie der gewöhnliche Alkohol. Das Vorhandensein gewöhnlichen Alkohols ist nur dann als erwiesen anzusehen, wenn der Benzoesäureäther von richtigem Schmelzpunkt (213°) erhalten werden kann.

Während die bisher erwähnten Flüssigkeiten für den Nachweis von Brandstiftungen nur selten in Frage kommen und man niemals ein solches Verbrechen als erwiesen oder auch nur als wahrscheinlich ansehen wird, wenn sich Spuren davon auffinden lassen, so liegt die Sache beim Petroleum etwas anders.

Das Petroleum ist für diesen Zweck so beliebt und dabei so leicht und unauffällig beschaffbar, daß man immer Verdacht schöpfen wird, wenn man auch nur Spuren von Petroleum an Orten, in Stoffen oder an Gegenständen findet, wo seine Anwesenheit nicht erklärt oder vermutet werden kann, zumal jeder bemüht sein wird, etwa vergossenes oder verspritztes Petroleum seines belästigenden Geruches wegen so bald und so gründlich wie möglich zu beseitigen.

Bei vermuteter Brandstiftung wird man daher in erster Linie auf Petroleum fahnden. Über die Auffindung und Asservierung am Orte der Tat ist schon genügend gesprochen. Petroleumverdächtige Gegenstände, Holz, Kleidungsstücke, Stoffe u. dgl. mehr, die dem Sachverständigen zugeschickt werden, werden sofort mit Auge und Nase durchsucht. Handelt es sich um große Objekte, so werden die verdächtigsten Stellen herausgeschnitten und die Stücke in ein gut verschließbares Glasgefäß oder den schon beschriebenen Destillierkolben gegeben.

Fußbodendielen, Wandbretter, Holzteile von Brettern u. dgl. werden ebenfalls, und zwar von allen Seiten genau durchmustert und durchsucht, die verdächtigen Stellen, die oft in ihrer Begrenzung nur deutlich bei schräger Beleuchtung wahrnehmbar sind, mit Rot- oder Blaustift umrandet und danach mit einem feinen Hobel in dünnen Spänen abgehobelt, so tief die erkennbaren Flecke und der Geruch reichen.

Die Späne bringt man in den Destillierkolben, übergießt mit wenig Wasser und destilliert im Dampfstrome, während der Kolben in ein fast siedendes Chlorkalziumbad gesetzt wird. Das Petroleum geht nur sehr langsam mit Wasserdampf über, man erhält daher sehr viel Flüssigkeit im Verhältnis zu der geringen Menge des Öles; die Destillation muß daher oft stundenlang fortgesetzt werden.

Am besten fängt man das Destillat in einem Florentiner Fläschchen auf, wobei man das Wasser nur dann aufbewahrt, wenn auch auf wasserlösliche brennbare Flüssigkeit geprüft werden muß, z. B. Spiritus.

Häufig lassen sich trotz anhaltend fortgesetzter Destillation nur wenige Tropfen unlöslichen Öles, meist Petroleum, gewinnen. Um die Menge ohne Umfüllen messen zu können, benutzen wir zum Auffangen des Destillates eine kurze enge und in $^1/_{10}$ ccm geteilte Bürette, die mit Hilfe eines kurzen Gummischlauches und eines hakenförmig gebogenen, als Heber wirkenden Glasrohres mit Draht fest verbunden wird, so daß ein Abgleiten unmöglich ist. Bei der Destillation wird dieses Rohr parallel zur Bürette ebenfalls senkrecht aufgestellt. Die enge Öffnung ist entweder etwas erweitert oder ein kleiner Trichter aufgesetzt. Anfangs destilliert man bei geschlossener Bürette und läßt erst, wenn das Rohr zum Teil gefüllt ist, indem man den Bürettenhahn öffnet, das sich ansammelnde Wasser aus dem Heberrohre in ein untergestelltes Gefäß überfließen. Man kann auch die Destillation bei offenem Hahne und schon mit Wasser gefülltem Rohre beginnen. Zum Schlusse, wenn kein Öl mehr übergeht, wird die Destillation unterbrochen, die Bürette geschlossen, das Heberrohr entfernt, die Menge des Öles abgelesen. Man kann dann gleich in der Bürette, nachdem man das Wasser abgelassen hat, auch das Trocknen des übergegangenen Öles mit Chlorkalzium vornehmen.

Die ganze Einrichtung ist in der beigegebenen Abbildung (Fig. 97 a. f. S.) dargestellt. Gehen nur Spuren von Öl zweifelhafter Beschaffenheit über, so wird man mit einer gleichen Menge Material von unverdächtigen Stellen der Objekte eine Kontrolldestillation vornehmen.

Geht nichts mehr über, so wird die Destillation unterbrochen, das übergegangene Öl, wenn man nicht die eben beschriebene Bürette angewendet hat, in einem kleinen Scheidetrichter vom Wasser getrennt und alsbald zu der nie zu unterlassenden Reinigung übergegangen. Diese besteht darin, daß das mit wenig Chlorkalzium getrocknete Öl zuerst mit etwa dem fünften Teile seines Volumens konzentrierter Schwefelsäure gemischt, eine Stunde unter zeitweisem Umschwenken am Rückflußkühler auf dem Wasserbade erwärmt wird.

Nach dem Erkalten wird mit etwa der zehnfachen Menge Wasser verdünnt und mit Äther ausgeschüttelt. Der Äther wird vorsichtig auf dem Wasserbade abdestilliert, der Rückstand mit alkoholischer Kalilauge am Rückflußkühler erwärmt, erkalten gelassen, mit Wasser verdünnt und wiederum mit Äther ausgeschüttelt. Der jetzt beim Ver-

Fig. 97.

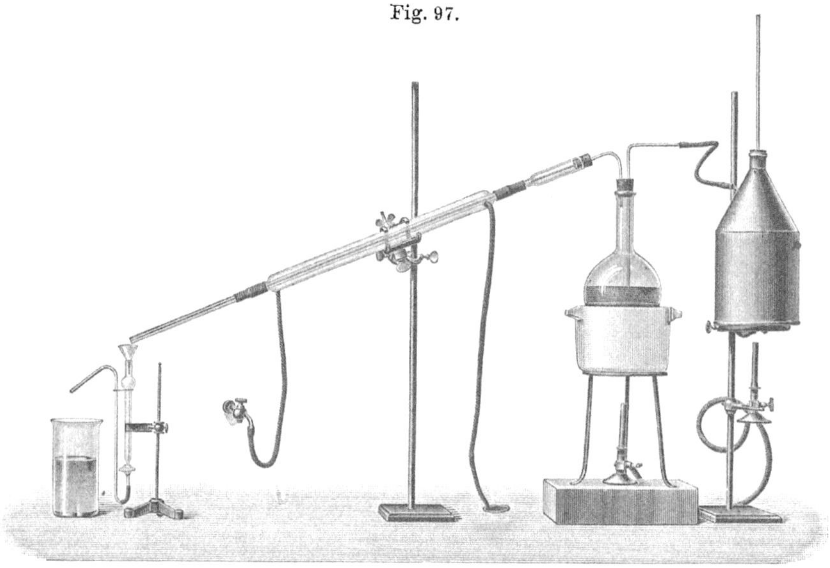

dampfen des Äthers hinterbleibende Rückstand stellt reines Petroleum dar, allerdings der am leichtesten flüchtigen Bestandteile beraubt, denn diese sind meistens schon durch das Liegen an der Luft in großer Oberfläche, vielleicht auch durch die Hitze des schon begonnenen Brandes mehr oder weniger verdunstet. Außerdem fehlen dem gereinigten Produkte die am höchsten siedenden Bestandteile, denn diese sind mit Wasserdampf nicht flüchtig.

Das gereinigte Destillat zeigt aber sonst alle charakteristischen Eigenschaften des Petroleums, Geruch, Geschmack, Fluoreszenz, spezifisches Gewicht, Unlöslichkeit in 90 proz. Alkohol usw.

Genügt die Menge, so wird zunächst das spezifische Gewicht bestimmt und die Schwer- oder Unlöslichkeit in 90 proz. Alkohol festgestellt. Treffen die übrigen Eigenschaften ebenfalls zu, so ist das Vorhandensein von Petroleum nachgewiesen.

Etwa aus dem Holze stammendes ätherisches Öl (Terpentinöl) wird durch seine Löslichkeit in 90 proz. Alkohol erkannt.

Ist die Menge des erhaltenen Öles sehr gering, manchmal handelt es sich nur um wenige Tropfen, so muß man zwar die Bestimmung des spezifischen Gewichtes unterlassen, aber der Geruch und die auch in ätherischer Lösung auftretende Fluoreszenz und die mit einer Spur auf einem Uhrglase festgestellte Löslichkeit oder Unlöslichkeit in 90 proz. Alkohol geben schon volle Sicherheit. Endlich gibt eine ziemlich sichere Bestätigung die Refraktometerzahl, die bei destilliertem Petroleum etwa 58 bis 64 beträgt, während die anderen, sonst in Frage kommenden flüchtigen Öle bei weitem höhere Refraktometerzahlen aufweisen.

Der Geschmack ist ganz unverkennbar, wenn man eine Spur der Flüssigkeit auf Brot bringt und kaut, auch das knatternde Geräusch, das Daumen und Zeigefinger beim Reiben aneinander hervorbringen, wenn auch nur eine Spur Petroleum an ihnen haftet, ist charakteristisch. Endlich sei das Quietschen eines mit einem Hauch Petroleum versehenen Korkes im Halse einer Glasflasche erwähnt.

Alles das sind natürlich einzeln keine sicheren Reaktionen auf Petroleum, wohl aber, wenn sie alle zutreffen.

Ist nun die in einem verdächtigen Objekte enthaltene Petroleummenge vermutlich ganz minimal und daher zu erwarten, daß man mit der Destillationsmethode nicht zum Ziele gelangt, dann wird das ganze Objekt zerkleinert und eventuell in mehreren Portionen im Soxhlet mit Äther extrahiert, der Äther verdunstet und sonst wie eben geschildert weiter verfahren.

Zwar kann der Nachweis des Petroleums allein schon in vielen Fällen den Verdacht der Brandstiftung erbringen, sehr oft aber wird damit die Untersuchung noch nicht beendet sein.

Der Beschuldigte wird unter allen Umständen das Vorhandensein von Petroleum auf unverdächtige Weise zu erklären versuchen. Ist er mit großem Raffinement vorgegangen, so wird er eine plausible Erklärung, z. B. die Möglichkeit einer Lampenexplosion oder ähnliches vorbereitet haben, auf der anderen Seite wird auch der Untersuchungsrichter noch weitere Fragen stellen, z. B. ob das gefundene Petroleum genau übereinstimmt, also derselben Herkunft ist, mit etwa bei dem Beschuldigten beschlagnahmtem oder bei dem Krämer, wo dieser zu kaufen pflegte, vorgefundenem usw.

Während bei allen übrigen zur Brandstiftung dienenden Flüssigkeiten die Frage, ob sie ganz bestimmter Herkunft sind, kaum je gestellt, und wenn sie gestellt wird, kaum je beantwortet werden kann, höchstens mit Ausnahme eines der kaum benutzten fetten Öle, da sie alle einfache chemische Verbindungen, also von stets denselben Eigenschaften sind, ist das beim Petroleum anders.

Das raffinierte Leuchtpetroleum besteht aus einem unentwirrbaren Kohlenwasserstoffgemisch, das je nach Herkunft, Art der Herstellung und

Reinigung doch so charakteristische Unterschiede aufweisen kann, daß man oft mit voller Bestimmtheit in der Lage sein wird, zwei vorliegende Proben mit Sicherheit als verschieden, umgekehrt aber auch oft mit großer Wahrscheinlichkeit als identisch zu erklären.

Zwar wird in den Ursprungsländern das Rohprodukt immer nach denselben Prinzipien gereinigt und raffiniert, doch je nach den Konjunkturen des Handels wird man von den niedrig siedenden Benzin- und den hoch siedenden Paraffin- und Vaselinbestandteilen bald mehr, bald weniger herausnehmen oder darin belassen, so daß das Petroleum derselben Herkunft in Zusammensetzung, spezifischem Gewichte, Entflammungspunkt immerhin in gewissen Grenzen schwankt.

So schwankte z. B. das über Hamburg im Jahre 1904 eingeführte Leuchtpetroleum im Entflammungspunkte von 21^0 bis 30^0, im spezifischen Gewichte von 0,785 bis 0,806.

Die verschiedene Zusammensetzung zeigt sich in der verschiedenen Größe der einzelnen Fraktionen bei der fraktionierten Destillation.

Ist demnach auf einer Brandstelle Petroleum gefunden und ebenso bei einem Verdächtigen Petroleum beschlagnahmt worden, so kann, wenn beide in genügender Menge vorliegen, sehr wohl die Frage gestellt und beantwortet werden, ob die beiden Proben identisch sind oder nicht.

Man beginnt stets mit der Bestimmung des spezifischen Gewichtes bei 15^0 und benutzt dazu nach Belieben Pyknometer oder Westphalsche Wage.

Zeigen dabei die zu vergleichenden Öle große Differenzen, d. i. mehr als fünf Einheiten der dritten Dezimale, so kann man schon mit ziemlicher Sicherheit die Verschiedenheit der Öle behaupten, um so sicherer, je größer die Differenz ist. Sind dagegen die spezifischen Gewichte gleich oder einander sehr nahe, so können die Öle identisch sein.

Es folgt die Bestimmung des Entflammungspunktes nach der in der Bekanntmachung vom 20. April 1882 gegebenen Anweisung für die Untersuchung des Petroleums auf seine Entflammbarkeit mittels des Abelschen Petroleumprobers.

Diese Anweisung nebst der dazu gehörigen Verordnung, betreffend das Feilhalten von Petroleum vom 24. Februar 1882 sind am Schlusse im Wortlaute abgedruckt.

Bei genauer Innehaltung der gegebenen Anweisung können zwar Differenzen bis zu $1^1/_2{}^0$ zwischen den Einzelbeobachtungen vorkommen, sie sind aber in Wirklichkeit so selten, daß z. B. bei den Testungen des gesamten über Hamburg eingeführten Petroleums im Chemischen Staatslaboratorium in den Jahren 1885 bis 1904 nur bei je zwei Proben im Jahre 1901 und 1904 eine Differenz von mehr als $^1/_2{}^0$ beobachtet wurde.

Der Testpunkt gibt daher ein ausgezeichnetes Mittel, die Verschiedenheit oder Gleichheit zweier Petroleumproben festzustellen. Zeigt sich die Differenz zumal im Mittel von mehreren nahezu übereinstimmenden

Beobachtungen höher als 1^0, so kann die Verschiedenheit der Proben als erwiesen angesehen werden.

Stimmen die Testpunkte überein, mit Differenz von höchstens $^1/_2$^{0}, so ist die Identität zwar nicht sicher erwiesen, wohl aber wahrscheinlich, um so wahrscheinlicher, wenn auch die spezifischen Gewichte übereinstimmen.

Für die Ausführung der Testpunktbestimmung ist zu bemerken, daß zwar bei genauer Befolgung der Anweisung Irrtümer kaum vorkommen können. Trotzdem wird der, der nicht gewöhnt ist, solche Bestimmungen täglich zu machen, gut tun, sich erst an anderem beliebigen Petroleum zu überzeugen, daß er die Handhabung des Apparates beherrscht. Erst wenn er bei demselben Petroleum in einer Reihe von Versuchen keine höheren Differenzen als 0,5^0 erzielt, wird er zu der eigentlichen Bestimmung übergehen.

Als dritte Prüfung dient die fraktionierte Destillation. Obgleich hierzu jeder sachgemäß konstruierte Apparat brauchbar ist, wenn nur die vergleichende Destillation in demselben Apparat und unter denselben Bedingungen vorgenommen wird, so benutzen wir doch ausschließlich die Englersche Methode[1]), die immer genau übereinstimmende Resultate gibt, wenn nach Vorschrift gearbeitet wird. Wer das Verfahren nicht kennt, hat sich ebenfalls erst an einem beliebigen Petroleum einzuarbeiten.

Wir fangen nur zwei Fraktionen auf, und zwar bis 150^0 und von 150 bis 270^0, der Rückstand im Kolben wird gewogen und das spezifische Gewicht bestimmt, daraus das Volumen berechnet.

Stimmen die Resultate der einzelnen Fraktionen bis auf $^1/_2$^{0} überein, ist ferner das spezifische Gewicht des Rückstandes dasselbe und stimmt außerdem der Testpunkt und das spezifische Gewicht des ursprünglichen Petroleums überein, so kann die Identität der beiden zu vergleichenden Proben mit voller Sicherheit ausgesprochen werden, ebenso die Verschiedenheit, wenn die Resultate in den angegebenen Grenzen differieren.

Es ist wohl kaum nötig, besonders hervorzuheben, daß für diese Prüfungen immer nur das ursprüngliche Petroleum selbst, niemals aber das am Brandort vergossene, wieder gewonnene und gereinigte Produkt angewendet werden darf.

Dagegen kann man ohne Bedenken auch den Inhalt eines Lampenbassins benutzen, selbst wenn schon ein Teil davon in der Lampe verbrannt sein sollte, da eine merkliche Änderung der Zusammensetzung während des Verbrennens nicht eintritt.

Endlich hat der Brandstifter das Interesse, um auch für den ungünstigsten Fall gedeckt zu sein, das Vorhandensein des ausgegossenen Petroleums zu motivieren; dazu dient gewöhnlich die von einem ein-

---

[1]) Chemikerzeitung 1886, S. 1238.

gesperrten Tiere, einem Hunde oder einer Katze umgeworfene oder die explodierte Petroleumlampe.

Der erste Fall gehört kaum zur Kompetenz des Gerichtschemikers, nur wird unter Umständen zu prüfen sein, ob die Menge des ausgegossenen Petroleums überhaupt in dem fraglichen Lampenbassin oder dem sonst etwa angegebenen Behälter enthalten gewesen sein konnte.

Ist das Bassin zertrümmert, so läßt es sich doch gewöhnlich leicht aus den noch vorhandenen Scherben in seinen Größenverhältnissen annähernd rekonstruieren, schlimmstenfalls genügen auch die Aussagen der Zeugen, Hausgenossen usw. Das ausgeflossene Petroleum wird zwar in den meisten Fällen von dem Fußboden aufgesaugt sein, indem man sich aber genau die Form und Größe des Fleckes aufzeichnet, kann man durch einen Versuch feststellen, wie viel Petroleum etwa für die Erzeugung eines solchen Fleckes notwendig ist. Es kommt dabei nicht auf die Genauigkeit in Kubikcentimetern an, denn ein Verdacht erscheint nur dann gerechtfertigt, wenn das Mißverhältnis zwischen Lampeninhalt und Fleck sehr auffällig ist.

Weiter ist zu prüfen, ob das ausgeflossene Petroleum durch einfaches Fließen wirklich den tatsächlich vorhandenen Fleck gebildet haben kann. Das geschieht durch Auswägen des Fußbodens mit der Libelle; kein Fußboden, namentlich wenn er schon alt und viel betreten ist, also z. B. in verwohnten Häusern, ist vollkommen eben, sondern nach der einen oder anderen Seite geneigt.

Man kann die vorhandene Neigung auch durch Aufgießen von Wasser feststellen, aber nur, wenn der Fleck groß genug ist, um außerdem noch genügend Material für die chemische Untersuchung herzugeben; denn diese darf nie unterlassen werden.

Endlich die explodierte Petroleumlampe.

Über die Möglichkeit und die nötigen Bedingungen und Umstände einer solchen Explosion herrschen selbst unter den Fachleuten noch immer recht krause Ansichten.

Wirkliche Klarheit ist erst in die Sache gekommen durch im Chemischen Staats-Laboratorium in Hamburg systematisch durchgeführte Versuche und dadurch, daß seit einigen Jahren alle Lampen, die in Hamburg zu einem angeblich durch Explosion verursachten Unfall Veranlassung gegeben haben, dem Laboratorium mit den Akten zugeführt werden[1]).

Hierdurch hat sich herausgestellt, daß wirkliche Lampenexplosionen zwar sehr selten, aber doch häufiger sind, als im allgemeinen angenommen wird. Ferner, daß die Explosion nur bei Lampen ganz besonderer Konstruktion möglich ist und auch dann nur beim Zusammentreffen ganz

[1]) Siehe Berichte d. Ch. St.-L. für 1903 und 1904 in „Jahrbuch der Hamburg. wissenschaftlichen Anstalten und M. Dennstedt, Feuergefahr im Hause. Hamburg, Leopold Voss.

bestimmter Umstände. Wie selten diese zusammentreffen, geht daraus hervor, daß wir uns oft tagelang durch Schütteln, Neigen, schwaches und starkes Blasen usw. ohne Erfolg bemüht haben, die Explosion solcher Lampen zu bewirken, die hierzu hervorragend zweckmäßig konstruiert waren und die auch tatsächlich zu Bränden durch Explosion Veranlassung gegeben hatten. Nur ein einziges Mal, als wir schon nicht mehr an die Möglichkeit einer Explosion überhaupt zu glauben wagten, ist eine dieser Lampen in unserer Hand, und zwar durch einen ganz schwachen Luftzug, zur Explosion gekommen. Für eine Lampenexplosion müssen die folgenden Bedingungen gleichzeitig zusammentreffen.

1. Der Behälter darf nur zum Teil mit Petroleum gefüllt sein.

2. Der Raum über dem Petroleum muß ein solches Gemisch von Petroleumdampf und Luft enthalten, daß annähernd der vorhandene Sauerstoff zur vollständigen Verbrennung des Dampfes ausreicht.

3. Zwischen der Flamme und dem Bassin muß offene Verbindung bestehen, und endlich muß

4. zur Überwindung des in der brennenden Lampe nach oben gerichteten starken Luftzuges die Flamme nur für einen Augenblick nach unten gedrückt werden, was durch das Öffnen oder Schließen einer Tür, eines Fensters, wie überhaupt durch einen beliebig erzeugten schwachen Wind geschehen kann.

Man sieht, daß sich von diesen vier Bedingungen nur die dritte sicher durch geeignete Konstruktion der Lampe ausschließen läßt.

Leider ist die Mehrzahl der im Gebrauch befindlichen, namentlich der billigen Lampen, so konstruiert, daß eine meist ziemlich weite Verbindung von der Flamme zum Bassin besteht, sei es durch ein rundes Loch in der Mitte des kleinen, das Räderwerk des Dochtes bedeckenden Bleches oder durch mehrere halbrunde Löcher an dem äußeren Rande dieses Bleches. Auch Öffnungen, die sich außerhalb des Brennerkorbes befinden, so daß die Flamme erst durch die Maschen dieses Korbes nach außen gedrückt werden muß, lassen eine Explosion noch möglich erscheinen. Manchmal ist auch die mittlere Öffnung des genannten Bleches durch ein oben offenes Metallrohr direkt mit der Flamme in Verbindung gebracht. Ist dieses Rohr nicht sehr eng, unter 1 mm, so kann es ebenfalls Explosion ermöglichen. Es sei nebenbei bemerkt, daß alle diese Öffnungen für die Gebrauchsfähigkeit einer Lampe völlig gleichgültig sind und, ohne sie irgendwie zu beeinträchtigen, z. B. in der Lichtstärke, im rußfreien Brennen usw., auch geschlossen werden können. Die allgemeine Beseitigung dieser Öffnungen scheitert jedoch an dem unausrottbar eingewurzelten Vorurteil der Lampenfabrikanten von der Unentbehrlichkeit dieser Löcher, ein Vorurteil, das sich durch keine wissenschaftlichen Versuche und auch nicht durch den Umstand beseitigen läßt, daß schon viele Tausende vollständig geschlossener Lampen im Gebrauche sind.

Wird nun bei einem Brande als Entstehungsursache Lampenexplosion vermutet oder behauptet, so kann sowohl der Befund an Ort und Stelle. als auch die Konstruktion des Brenners darüber Aufschluß geben, ob eine Explosion überhaupt möglich, vielleicht auch wahrscheinlich oder ob sie durchaus unmöglich war.

Bei einer wirklichen Lampenexplosion, die gleichzeitig eine Entzündung in der Nähe befindlicher brennbarer Stoffe bewirkt hat, ist gewöhnlich das Lampenbassin, und zwar meist in kleine Scherben zerschmettert, wenn es aus Glas oder ähnlichem Material bestand, Metallbassins sind gewöhnlich an den Löt- und Falzstellen auseinandergerissen.

Die Glassplitter sind oft kreisförmig um den früheren Standpunkt der Lampe angeordnet. Das Bassin kann aber auch der Explosion standgehalten haben — ihre Heftigkeit richtet sich nach dem Mischungsverhältnis zwischen Petroleumdampf und Luft —, dann wird entweder der ganze Brennerkopf aus seinem Gewinde herausgerissen und liegt in einiger Entfernung von der Lampe, oder auch dieser bleibt fest und es werden nur die kleinen Bleche über und unter dem Räderwerk herausgerissen oder verbogen. In diesem Falle kann die aus der Lampe fahrende Stichflamme Entzündung brennbarer Stoffe bewirkt haben.

Hat demnach der Sachverständige Gelegenheit, die Brandstelle selbst zu sehen oder ist ein wirklich sachverständiges Protokoll aufgenommen worden, so kann er schon aus dem Befunde auf die Möglichkeit oder Unwahrscheinlichkeit einer Explosion schließen.

Ist das jedoch nicht der Fall, ist aber die Lampe oder wenigstens der Brenner erhalten geblieben und beschlagnahmt, so ist aus diesem fast immer sicher festzustellen, ob eine Explosion möglich oder durchaus unmöglich war.

Man hat zu dem Ende den Brenner daraufhin zu untersuchen, ob eine durchgehende offene Verbindung von der Flamme bis in den Ölbehälter reicht, ist sie vorhanden, dann war Explosion möglich, wenn nicht, unmöglich.

Das manchmal von dem Gerichte gestellte Verlangen, mit der betreffenden Lampe Versuche über ihre Explosionsfähigkeit anzustellen, ist stets abzulehnen, denn, wie schon angeführt, sind die Bedingungen, auch wenn die Lampe nach ihrer Konstruktion dazu geeignet ist, so schwer zu treffen, daß selbst wochenlang fortgesetzte negative Versuche nichts beweisen. Gewöhnlich ist der Brenner verbogen, verbeult, und wenn er im Feuer gelegen hat, auseinandergelötet. Dann müssen die einzelnen Teile, vorausgesetzt, daß sie alle sorgfältig gesammelt wurden, gesäubert und wieder zusammengestellt werden; in den meisten Fällen wird man ein sicheres Urteil über die Beschaffenheit des Brenners vor dem Brande gewinnen und danach die gestellten Fragen beantworten können.

Andere als Petroleumlampen oder Petroleumkocher, für die im allgemeinen dieselben Gesichtspunkte maßgebend sind, werden kaum benutzt, um durch eine vorgetäuschte Explosion eine Brandstiftung zu verdecken, denn Spiritusleuchtlampen sind noch zu wenig im Gebrauch und daher in ihrem Wesen nicht bekannt und Spirituskochlampen werden kaum ohne Aufsicht gelassen, so daß der Täter sich unter allen Umständen der Gefahr aussetzt, zum wenigsten der fahrlässigen Brandstiftung geziehen zu werden.

1. Verordnung, betreffend das Feilhalten von Petroleum.

Vom 24. Februar 1882.

§ 1. Das gewerbsmäßige Verkaufen und Feilhalten von Petroleum, welches unter einem Barometerstande von 760 mm schon bei einer Erwärmung auf weniger als 21° des hundertteiligen Thermometers entflammbare Dämpfe entweichen läßt, ist nur in solchen Gefäßen gestattet, welche an in die Augen fallender Stelle auf rotem Grunde in deutlichen Buchstaben die nicht verwischbare Inschrift „Feuergefährlich" tragen.

Wird derartiges Petroleum gewerbsmäßig zur Abgabe in Mengen von weniger als 50 kg feilgehalten oder in solchen geringeren Mengen verkauft, so muß die Inschrift in gleicher Weise noch die Worte: „Nur mit besonderen Vorsichtsmaßregeln zu Brennzwecken verwendbar" enthalten.

§ 2. Die Untersuchung des Petroleums auf seine Entflammbarkeit im Sinne des § 1 hat mittels des Abelschen Petroleumprobers[1]) (Fig. 98, S. 235) unter Beachtung der vom Reichskanzler wegen Handhabung des Probers zu erlassenden näheren Vorschriften (s. S. 230) zu erfolgen.

Wird die Untersuchung unter einem anderen Barometerstande als 760 mm vorgenommen, so ist derjenige Wärmegrad maßgebend, welcher nach einer vom Reichskanzler zu veröffentlichenden Umrechnungstabelle (s. S. 234) unter dem jeweiligen Barometerstande dem in § 1 bezeichneten Wärmegrade entspricht.

§ 3. Diese Verordnung findet auf das Verkaufen und Feilhalten von Petroleum in den Apotheken zu Heilzwecken nicht Anwendung.

§ 4. Als Petroleum im Sinne dieser Verordnung gelten das Rohpetroleum und dessen Destillationsprodukte.

§ 5. Diese Verordnung tritt mit dem 1. Januar 1883 in Kraft.

---

[1]) Die für diesen Zweck zu benutzenden Petroleumprober sind von der Physikalisch-Technischen Reichsanstalt zu prüfen. Jedem Prober wird ein Beglaubigungsschein mit Angabe des etwa vorhandenen, ihm eigentümlichen Fehlers beigegeben.

2. Anweisung für die Untersuchung des Petroleums auf seine Entflammbarkeit mittels des Abelschen Petroleumprobers[1]).

Bekanntmachung vom 20. April 1882.

I. Vorbereitungen.

1. Wahl des Arbeitsraumes. Für die Untersuchung des Petroleums ist ein möglichst zugfreier Platz in einem Arbeitsraume von der mittleren Temperatur bewohnter Zimmer zu wählen. (Als mittlere Temperatur gilt eine solche von + 18 bis 20° C.)

2. Behandlung des Petroleums vor Beginn der Untersuchung. Das Petroleum ist vor der Untersuchung in einem geschlossenen Behälter innerhalb des Arbeitsraumes genügend lange aufzubewahren, so daß es nahezu die Temperatur des letzteren angenommen hat. (Entnahme und Aufbewahrung der Petroleumproben. Vor Entnahme der Petroleumproben aus den Lagerfässern hat man sich zu vergewissern, daß der Inhalt der letzteren genügend durchgemischt worden ist. Liegt die Vermutung vor, daß dies nicht geschehen ist, und läßt sich die Durchmischung nicht sofort nachholen, so ist mittels eines Hebers aus dem oberen und dem unteren Teile des Fasses je eine Probe zu entnehmen; beide Proben sind dann in einen verschließbaren Behälter zu gießen und durcheinander zu schütteln. Die Petroleumproben sind bis zum Beginn der Untersuchung in geschlossenen Behältern innerhalb des Arbeitsraumes aufzubewahren.)

3. Ablesung des Barometerstandes und Festsetzung des Wärmegrades, bei welchem das Proben zu beginnen hat. Vor Beginn der Untersuchung wird der Stand eines geeigneten, im Arbeitsraume befindlichen Barometers in ganzen Millimetern abgelesen und auf Grund desselben aus nachfolgender Tafel derjenige Wärmegrad des Petroleums (siehe Nr. 12) ermittelt, bei welchem das Proben durch das erste Öffnen des Schiebers[2]) zu beginnen hat.

Bei einem Barometerstande				erfolgt der Beginn des Probens
von	685 mm	bis einschl.	695 mm	bei + 14,0° C.
von mehr als	695 „	„ „	705 „	„ + 14,5 „
„ „ „	705 „	„ „	715 „	„ + 15,0 „
„ „ „	715 „	„ „	725 „	„ + 15,5 „
„ „ „	725 „	„ „	735 „	„ + 16,0 „
„ „ „	735 „	„ „	745 „	„ + 16,0 „
„ „ „	745 „	„ „	755 „	„ + 16,5 „
„ „ „	755 „	„ „	765 „	„ + 17,0 „
„ „ „	765 „	„ „	775 „	„ + 17,0 „
„ „ „	775 „	„ „	785 „	„ + 17,5 „

[1]) In einer Beilage zum Beglaubigungsscheine der Physikalisch-Technischen Reichsanstalt ist ebenfalls eine Anweisung enthalten, die in manchen Punkten von der Bekanntmachung vom 20. April 1882 abweicht. Diese Abweichungen sind dem Text in kleinerem Druck und eingeklammert beigegeben.

[2]) *S* des unten (S. 233) abgebildeten Abelschen Apparates.

(Bei hochtestenden Petroleumsorten wird durch einen Vorversuch der ungefähre Entflammungspunkt festgestellt und dann mit dem eigentlichen Proben 5 bis 7° unterhalb des Entflammungspunktes begonnen.)

4. Ermittelung des maßgebenden Entflammungspunktes. Weicht der gemäß Nr. 3 gefundene Barometerstand von dem im § 1 der Verordnung (s. S. 229) vom 24. Februar 1882 bezeichneten Normal-Barometerstande (760 mm) um mehr als $2^1/_2$ mm nach oben oder unten ab, so ist noch derjenige Wärmegrad zu ermitteln, welcher gemäß § 2, Absatz 2 daselbst bei dem jeweiligen Barometerstande dem Normal-Entflammungspunkte (21° C bei 760 mm) entspricht und maßgebend ist. Zu diesem Zwecke sucht man in der obersten Zeile der Umrechnungstabelle (S. 234) die der Höhe des beobachteten Barometerstandes am nächsten kommende Zahl auf, geht in der mit dieser Zahl überschriebenen Spalte bis zu der durch einen leeren Raum oberhalb und unterhalb hervorgehobenen Zeile hinab. Die Zahl, auf welche man in dieser Zeile trifft, bezeichnet den maßgebenden Wärmegrad, unter welchem das Petroleum entflammbare Dämpfe nicht abgeben darf, wenn es nicht den Beschränkungen in § 1 der Verordnung vom 24. Februar 1882 unterliegen soll. (Beispiele: Zeigt das Barometer einen Stand von 742 mm, so liegt der maßgebende Wärmegrad bei 20,3° C, zeigt es jedoch 744 mm, so liegt derselbe bei 20,5° C.)

5. Aufstellung des Probers. Nach Ausführung der in Nr. 3 und 4 vorgeschriebenen Ermittelungen wird der Prober, zunächst ohne das Petroleumgefäß (*G*)[1] (auf einer ebenen und horizontalen Tischplatte), so aufgestellt, daß die rote Marke des in den Wasserbehälter eingehängten Thermometers (t^2) sich nahezu in gleicher Höhe mit den Augen des Untersuchenden befindet.

6. Füllung des Wasserbehälters und Vorwärmung des Bades. Hierauf wird der Wasserbehälter (*W*) durch den Trichter (*c*) mit Wasser von 50° C bis 52° C so weit gefüllt, daß dasselbe anfängt, durch das Abflußrohr abzulaufen.

Ist Wasser von der erforderlichen Wärme anderweitig nicht zu beschaffen, so kann man den Wasserbehälter des Probers selbst, unter Anwendung der beigegebenen Spirituslampe (*L*) oder eines Gasbrenners oder dergleichen, dazu benutzen, das Wasser vorzuwärmen. Bei dieser Art der Vorwärmung ist aber jedenfalls eine Überhitzung des Tragringes an dem Dreifuße zu vermeiden.

7. Füllung der Zündungslampe. Die mit einem rund geflochtenen Dochte versehene Zündungslampe (*l*) wird mit loser Watte angefüllt und so lange Petroleum auf die Watte gegossen, bis diese und der Docht sich gehörig vollgesogen haben. Hierauf wird der nicht angesogene Überschuß an Petroleum durch Auftupfen mit einem Tuche entfernt, die Watte aber in der Lampe belassen. Die Mündung der

---

[1]) Diese in den Text eingeschalteten Buchstaben beziehen sich auf Fig. 98, S. 235.

Dochttülle ist zugleich von etwa anhaftendem Ruß (und von Unreinigkeiten) zu befreien.

8. Reinigung des Petroleumgefäßes und seines Deckels, sowie des zugehörigen Thermometers; Behandlung des Petroleums unmittelbar vor der Einfüllung. Das Petroleumgefäß (*G*) und sein Deckel nebst zugehörigem Thermometer (t^1) werden nunmehr, jedes für sich, gut gereinigt und erforderlichen Falles mit Fließpapier getrocknet.

Der Schluß der Vorbereitungen besteht darin, daß das Petroleum, falls seine Temperatur (Nr. 2) nicht mindestens 2° C unter dem gemäß Nr. 3 ermittelten Wärmegrade liegt, bis zu 2° unter letzterem abgekühlt wird. Das Gefäß ist auf dieselbe Temperatur zu bringen, wie das Petroleum, und, falls es zu diesem Zwecke in Wasser getaucht wurde, aufs neue sorgfältig zu trocknen (ohne seine Temperatur wesentlich zu erhöhen).

II. Das Proben.

9. Erwärmung des Wasserbades auf 54,5 bis 55° C. Nach Beendigung aller Vorbereitungen und nach genügender Vorwärmung des Wasserbades wird dieses mit Hilfe der Spirituslampe (*L*) auf den durch eine rote Marke an dem Thermometer (t^2) des Wasserbehälters hervorgehobenen Wärmegrad von 54,5 bis 55° C gebracht (und während der ganzen Dauer des Probens auf dieser Höhe erhalten).

10. Befüllung des Petroleumgefäßes und Aufsetzung des Deckels. Inzwischen wird das Petroleum mit Hilfe der Glaspipette behutsam in das Gefäß (*G*) so weit eingefüllt, daß die äußerste Spitze der Füllungsmarke (*h*) sich eben noch über den Flüssigkeitsspiegel erhebt. Eine Benetzung der oberhalb der Marke liegenden Seitenwandungen des Gefäßes ist unter allen Umständen zu vermeiden; sollte sie trotz aller Vorsicht erfolgt sein, so ist das Gefäß sofort zu entleeren, sorgfältig auszutrocknen und mit frischem Petroleum zu befüllen. Etwaige an der Oberfläche des Petroleums sich zeigende Blasen werden mittels der frischen Kohlenspitze eines eben ausgebrannten Streichhölzchens vorsichtig entfernt.

Unmittelbar nach der Einfüllung wird der Deckel auf das Gefäß gesetzt.

11. Einhängung des Petroleumgefäßes. Das befüllte Petroleumgefäß (*G*) wird hierauf mit Vorsicht und ohne das Petroleum zu schütteln in den Wasserbehälter (*W*) eingehängt, nachdem konstatiert ist, daß der Wärmegrad des Wasserbades 55° C beträgt. Die Spirituslampe wird nach dieser Konstatierung ausgelöscht.

Hatte die Wärme des Wasserbades 55° C bereits überschritten, so ist sie durch Nachgießen kleiner Mengen kalten Wassers in den Trichter (*c*) des Wasserbehälters bis auf 55° C zu erniedrigen.

12. Entzündung des Zündflämmchens und Aufzug des Triebwerkes. Nähert sich die Temperatur des Petroleums in dem

Petroleumgefäße (G) dem gemäß Nr. 3 ermittelten Wärmegrade, so brennt man das Zündflämmchen (bei l) an und reguliert dasselbe dahin, daß es seiner Größe nach der auf dem Gefäßdeckel befindlichen weißen Perle ungefähr gleichkommt. Ferner zieht man das Triebwerk auf, indem man den Knopf (b) in der Richtung des darauf markierten Pfeiles bis zum Anschlage dreht.

13. Das eigentliche Proben. Sobald das Petroleum den für den Anfang des Probens vorgeschriebenen Wärmegrad erreicht hat, drückt man mit der Hand gegen den Auslösungshebel (h) des Triebwerkes, worauf der Drehschieber (S) seine langsame und gleichmäßige Bewegung beginnt und in zwei vollen Zeitsekunden beendet. Während dieser Zeit beobachtet man, indem man jede störende Luftbewegung, namentlich auch das Atmen gegen den Apparat, vermeidet, das Verhalten des der Oberfläche des Petroleums sich nähernden Zündflämmchens. Nachdem das Triebwerk zur Ruhe gekommen, wird es sofort von neuem aufgezogen und man wiederholt die Auslösung des Triebwerkes und den Zündungsversuch, sobald das Thermometer im Petroleumgefäß um einen halben Grad weiter gestiegen ist. Dies wird von halbem zu halbem Grad so lange fortgesetzt, bis eine Entflammung erfolgt.

Das Zündflämmchen wird sich besonders in der Nähe des Entflammungspunktes durch eine Art von Lichtschleier etwas vergrößern, doch bezeichnet erst das blitzartige Auftreten einer größeren blauen Flamme, welche sich über die ganze freie Fläche des Petroleums ausdehnt, das Ende des Versuches, und zwar auch dann, wenn das in vielen Fällen durch die Entflammung verursachte Erlöschen des Zündflämmchens nicht eintritt.

Derjenige Wärmegrad, bei welchem die Zündvorrichtung zum letzten Male, d. h. mit deutlicher Entflammungswirkung, in Bewegung gesetzt wurde, bezeichnet den Entflammungspunkt des untersuchten Petroleums. (Diejenige am Thermometer abgelesene Temperatur, bei welcher die Entflammung erfolgt, verbessert um den, dem Prober eigentümlichen und auf demselben verzeichneten Fehler, ergibt den scheinbaren Entflammungspunkt des untersuchten Petroleums.)

III. Wiederholungen des Probens und Schluß der Prüfungen.

14. Wiederholung des Probens. Nach der Beendigung des ersten Probens ist die Prüfung in der vorgeschriebenen Weise mit einer anderen Portion desselben Petroleums zu wiederholen. Zuvor läßt man den erwärmten Gefäßdeckel abkühlen, während dessen man das Petroleumgefäß zu entleeren, im Wasser abzukühlen, auszutrocknen und frisch zu beschicken hat.

Auch das in das Gefäß einzusenkende Thermometer und der Gefäßdeckel sind vor der Neubeschickung des Petroleumgefäßes sorgfältig mit Fließpapier zu trocknen, insbesondere sind auch alle etwa dem Deckel oder den Schieberöffnungen noch anhaftenden Petroleumspuren zu entfernen.

Umrechnungstabelle.

Barometerstand in Millimetern

Entflammungspunkte nach Graden des hundertteiligen Thermometers

685	690	695	700	705	710	715	720	725	730	735	740	745	750	755	**760**	765	770	775	780	785
16,4	16,6	16,7	16,9	17,1	17,3	17,4	17,6	17,8	18,0	18,1	18,3	18,5	18,7	18,8	**19,0**	19,2	19,4	19,5	19,7	19,9
16,9	17,1	17,2	17,4	17,6	17,8	17,9	18,1	18,3	18,5	18,6	18,8	19,0	19,2	19,3	**19,5**	19,7	19,9	20,0	20,2	20,4
17,4	17,6	17,7	17,9	18,1	18,3	18,4	18,6	18,8	19,0	19,1	19,3	19,5	19,7	19,8	**20,0**	20,2	20,4	20,5	20,7	20,9
17,9	18,1	18,2	18,4	18,6	18,8	18,9	19,1	19,3	19,5	19,6	19,8	20,0	20,2	20,3	**20,5**	20,7	20,9	21,0	21,2	21,4
18,4	18,6	18,7	18,9	19,1	19,3	19,4	19,6	19,8	20,0	20,1	20,3	20,5	20,7	20,8	**21,0**	21,2	21,4	21,5	21,7	21,9
18,9	19,1	19,2	19,4	19,6	19,8	19,9	20,1	20,3	20,5	20,6	20,8	21,0	21,2	21,3	**21,5**	21,7	21,9	22,0	22,2	22,4
19,4	19,6	19,7	19,9	20,1	20,3	20,4	20,6	20,8	21,0	21,1	21,3	21,5	21,7	21,8	**22,0**	22,2	22,4	22,5	22,7	22,9
19,9	20,1	20,2	20,4	20,6	20,8	20,9	21,1	21,3	21,5	21,6	21,8	22,0	22,2	22,3	**22,5**	22,7	22,9	23,0	23,2	23,4
20,4	20,6	20,7	20,9	21,1	21,3	21,4	21,6	21,8	22,0	22,1	22,3	22,5	22,7	22,8	**23,0**	23,2	23,4	23,5	23,7	23,9
20,9	21,1	21,2	21,4	21,6	21,8	21,9	22,1	22,3	22,5	22,6	22,8	23,0	23,2	23,3	**23,5**	23,7	23,9	24,0	24,2	24,4
21,4	21,6	21,7	21,9	22,1	22,3	22,4	22,6	22,8	23,0	23,1	23,3	23,5	23,7	23,8	**24,0**	24,2	24,4	24,5	24,7	24,9
21,9	22,1	22,2	22,4	22,6	22,8	22,9	23,1	23,3	23,5	23,6	23,8	24,0	24,2	24,3	**24,5**	24,7	24,9	25,0	25,2	25,4
22,4	22,6	22,7	22,9	23,1	23,3	23,4	23,6	23,8	24,0	24,1	24,3	24,5	24,7	24,8	**25,0**	25,2	25,4	25,5	25,7	25,9

Vor der Einsetzung des Gefäßes in den Wasserbehälter wird das Wasserbad mittels der Spirituslampe wieder auf 55° C erwärmt.

15. Anzahl der erforderlichen Wiederholungen. Ergibt die wiederholte Prüfung einen Entflammungspunkt, welcher um nicht mehr als einen halben Grad von dem zuerst gefundenen abweicht, so nimmt man den Mittelwert der beiden Zahlen als den scheinbaren Entflammungspunkt an, d. h. als denjenigen Wärmegrad, bei welchem unter dem jeweiligen Barometerstande die Entflammung eintritt.

Beträgt die Abweichung des zweiten Ergebnisses von dem ersten einen Grad und mehr, so ist eine nochmalige Wiederholung der Prüfung erforderlich. Wenn alsdann zwischen den drei Ergebnissen sich größere Unterschiede als $1^1/_2{}^0$ nicht vorfinden, so ist der Durchschnittswert aus allen drei Ergebnissen als scheinbarer Entflammungspunkt zu betrachten.

Fig. 98.

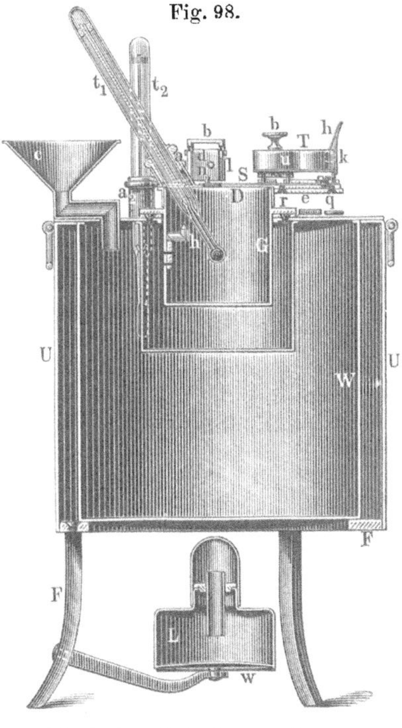

Abelscher Petroleumprober.

Sollten ausnahmsweise sich stärkere Abweichungen zeigen, so ist, sofern es sich nicht um sehr leichtes, beim ersten Öffnen des Schiebers entflammtes und deshalb unzweifelhaft zu verwerfendes Petroleum handelt, die ganze Untersuchung des Petroleums auf seine Entflammbarkeit zu wiederholen. Vorher ist jedoch der Prober und die Art seiner Anwendung einer gründlichen Revision zu unterziehen. Dieselbe hat sich wesentlich auf die Richtigkeit der Aufsetzung des Gefäßdeckels, der Einsenkung des Thermometers in das Gefäß und der Einhängung der Zündlampe, sowie auf die hinreichende Ausführung der Reinigung aller einzelnen Apparatteile zu erstrecken.

16. Schluß. Ist der gemäß Nr. 15 gefundene, dem Mittelwerte der wiederholten Untersuchungen entsprechende Entflammungspunkt niedriger als der gemäß Nr. 4 ermittelte maßgebende Entflammungspunkt, so ist das untersuchte Petroleum den Beschränkungen des § 1 der Verordnung vom 24. Februar 1882 unterworfen.

Will man noch denjenigen Entflammungspunkt ermitteln, welcher bei Zugrundelegung des normalen Barometerstandes (760 mm) an die Stelle des unter dem jeweiligen Barometerstande gefundenen Entflammungspunktes treten würde, so sucht man zunächst der dem letzteren Barometerstande entsprechenden Spalte der Umrechnungstabelle (s. S. 234) diejenige Gradangabe, welche dem beobachteten Entflammungspunkte am nächsten kommt. Hierbei werden Bruchteile von einem halben Zehntel oder mehr für ein volles Zehntel gerechnet, geringere Bruchteile aber unberücksichtigt gelassen. In der Zeile, in welcher die hiernach berechnete Gradangabe steht, geht man bis zu derjenigen Spalte, welche oben mit 760 überschrieben ist. Die Zahl, bei welcher jene Zeile und diese Spalte zusammentreffen, zeigt den gewünschten, auf den Normalbarometerstand umgerechneten Entflammungspunkt an.

Beispiel. Der Barometerstand betrage 727 mm. Da eine besondere Spalte für 727 mm in der Tabelle (s. S. 234) nicht vorhanden ist, so ist die mit 725 mm überschriebene entsprechende Spalte maßgebend. Das erste Proben habe ergeben 19,0° C, das zweite 20,5° C, das hiernach erforderte dritte 19,5° C. Der Durchschnittswert beträgt somit 19,67° C. Derselbe wird abgerundet auf 19,7° C. In der mit 725 überschriebenen Spalte findet man als der Zahl 19,7 am nächsten kommend die Zahl 19,8. In der Zeile, in welcher diese Zahl steht, findet man jetzt in der mit 760 überschriebenen Spalte die fettgedruckte Zahl 21,0. Die letztere ist somit der auf den Normalbarometerstand umgerechnete Entflammungspunkt des untersuchten Petroleums. (Beispiel. Der Barometerstand betrage 742 mm. Da eine besondere Spalte für 742 mm in der Tabelle nicht vorhanden ist, so kommt die mit 740 mm überschriebene Spalte für die gemäß Nr. 4 auszuführende Ermittelung des maßgebenden Entflammungspunktes in Betracht; man findet den letzteren zu 20,3° C.

Es sei nun beim ersten Proben die Entflammung erfolgt, als das Thermometer t^1 den Wärmegrad 19,0° C anzeigte, das erste Proben habe also, unter Berücksichtigung des dem Prober eigentümlichen Fehlers (— 0,5°), als Entflammungspunkt ergeben ... 18,5° C; das zweite Proben habe Entflammung bei der Thermometeranzeige 20,5° C und demnach als Entflammungspunkt ergeben ... 20,0° C, das hiernach erforderte dritte Proben habe endlich Entflammung bei der Thermometeranzeige 19,5° C und demnach als Entflammungspunkt ergeben ... 19,0° C. Man erhält als Durchschnittswerte für den Entflammungspunkt ... 19,17° C; derselbe wird abgerundet auf ... 19,2° C. Dieser Wert ist niedriger als der vorher ermittelte maßgebende Entflammungspunkt; das untersuchte Petroleum unterliegt somit den Beschränkungen des § 1 der Verordnung vom 24. Februar 1882.

In der mit 740 überschriebenen Spalte findet man sodann als dem abgerundeten Durchschnittswert am nächsten kommend ... 19,3, ferner findet man in der Zeile, in welcher diese Zahl steht, und in der mit 760 überschriebenen Spalte die fettgedruckte Zahl ... 20,0. Die letztere ist somit der auf den Normalbarometerstand umgerechnete Entflammungspunkt des untersuchten Petroleums.)

Für Hamburg gilt das folgende

Regulativ

für die amtliche Kontrolle des im Gebiete des Petroleumhafens lagernden Petroleums

vom 30. Oktober 1889, mit Abänderungen vom 4. Dezember 1895 und 12. November 1897.

§ 1.

Das Chemische Staatslaboratorium hat, nachdem hierzu die Zustimmung seiner Aufsichtsbehörde, der Oberschulbehörde, erteilt ist, auf Antrag des Pächters der am Petroleumhafen belegenen Plätze bzw. der Inhaber der im Gebiete des Petroleumhafens lagernden Waren die auf dem hiesigen Petroleumlager bzw. im Petroleumhafen befindlichen Partien Petroleum auf ihre Entflammbarkeit nach Maßgabe der kaiserlichen Verordnung vom 24. Februar 1882 und der darauf bezüglichen Ausführungsbekanntmachungen der Reichsbehörden zu prüfen.

§ 2.

Die Untersuchung erfolgt auf Grund von Proben.

Die Proben sind unter Aufsicht beeidigter Angestellter des Pächters zu ziehen, und zwar wird in der Regel eine Literflasche aus einem unparteiisch gewählten Barrel einer Partie derselben Marke von 500 Barrels oder weniger entnommen.

Es wird darauf geachtet, daß die Barrels, aus welchen Probeflaschen genommen werden, tunlichst verschiedenen Lagen des Schiffes entstammen. Eine Mischung von Proben aus verschiedenen Barrels (sogenannte Durchschnittsprobe) ist unzulässig. Die Probeflaschen, welche das Chemische Staatslaboratorium liefert, sind ganz zu füllen und mit genauer Signatur des Namens des importierenden Schiffes, des Datums der Probeentnahme, der Marke und der Lotnummer der Ware und dem Namen des Inhabers der Ware zu versehen. Vor der jedesmaligen Füllung sind die Probeflaschen mit Petroleum aus demselben Barrel, aus welchem die Probe entnommen werden soll, auszuspülen.

Bei Petroleum, welches in Bassinwagen angefahren wird und auf Verlangen des Inhabers in denselben getestet werden soll, ist aus jedem einzelnen Wagen eine Testprobe zu entnehmen und auf der Signatur der Flasche neben den sonst verlangten Angaben auch eine nähere Bezeichnung des Wagens (Nummer u. dgl.) zu machen. Das in den Tanks des Petroleumhafens aufgenommene Petroleum wird in der Weise getestet, daß mittels besonderer durch das Chemische Staatslaboratorium auf ihre richtige Beschaffenheit und Wirksamkeit geprüfter und anerkannter Apparate aus jedem Tank drei Proben gezogen werden, und zwar je eine aus dem unteren, mittleren und oberen Teile der Füllung. Wird nach dieser Probeentnahme neues Öl in den Tank eingefüllt, so ist die Untersuchung des ganzen Tanks zu wiederholen. Auf den Signaturen der Probeflaschen ist neben der sonst verlangten Bezeichnung auch die Nummer des betreffenden Tanks und die Schichthöhe, aus welcher die Probe entstammt, anzugeben. Die Probeflaschen sind vor der jedesmaligen Füllung mit Petroleum von derselben entnommenen Probe auszuspülen.

Bei einer Testung aus einzelnen Abteilungen eines Tankschiffes findet dasselbe Verfahren wie bei vorgenannten Landtanks statt.

Die Proben werden von dem Pächter durch einen seiner beeidigten Angestellten nach dem Chemischen Staatslaboratorium gesandt.

§ 3.

Die Proben sind täglich bis 4 Uhr nachmittags an das Chemische Staatslaboratorium zu liefern, und wird sodann die Testung bis zum anderen Tage nachmittags 4 Uhr ausgeführt.

§ 4.

Ergibt die Untersuchung, daß eine Probe gerade den gesetzlichen Entflammungspunkt von 21° C bei 760 mm Barometerstand, oder einen demselben naheliegenden höheren Entflammungspunkt hat, so kann die betreffende Partie in kleinere Lots nach Anordnung des Chemischen Staatslaboratoriums geteilt werden (wobei das Lot nicht über 200 Barrels zu enthalten hat) und findet eine abermalige Probeentnahme und Prüfung statt. Ein Lot wird als mindertestig bezeichnet, sobald auch nur eine der Proben den gesetzlichen Erfordernissen volltestiger Ware nicht genügt.

Bei Proben aus Bassinwagen gilt ein Befund von 21° C bei 760 mm Barometerstand ohne weiteres als genügend. Ein Tank wird als mindertestig bezeichnet, sobald auch nur eine der drei Proben mindertestig ist. Bewegt sich der Testpunkt der drei Proben zwischen 21° bis einschließlich 21,3°, so sind drei neue Proben zu ziehen, und zwar je eine aus der Mitte des oberen, des mittleren und des unteren Drittels der Tankfüllung. Liegen die Testpunkte auch dieser Proben bei 21° oder darüber, so gilt der ganze Inhalt als volltestig; ist auch nur eine der drei Proben unter 21° entflammbar, so gilt der ganze Inhalt als mindertestig (vgl. übrigens § 6).

§ 5.

Über den Befund der Testungen wird dem Pächter ein Attest vom Chemischen Staatslaboratorium erteilt. Die Barrels derjenigen Partien, deren Proben als volltestig befunden sind, werden hierauf unter

Aufsicht beeidigter Angestellter des Pächters mit dem Stempel des Hamburgischen Wappens (ohne Schildhalter) versehen, welches Wappen die Umschrift trägt: „Hamburger Petroleumimport. Reichstest."

Die unter Aufsicht eines beeidigten Angestellten des Pächters mit dem testhaltig befundenen Öle eines Bassinwagens oder Tanks gefüllten Barrels, Fässer bzw. Bassinwagen können ohne weiteres mit dem Stempel versehen werden.

Ist bei der Testung der Proben die betreffende Ware als mindertestig befunden (d. h. unter 21° C bei 760 mm Barometerstand entflammbar), so wird der Polizeibehörde, dem Pächter und dem Inhaber der Ware davon Mitteilung unter genauer Bezeichnung der Partie gemacht.

§ 6.

Auf Verlangen des Inhabers der Ware kann eine weitere Prüfung der einzelnen Barrels einer mindertestigen Partie bzw. eines mindertestigen Lots auf seine Kosten erfolgen. Es wird in solchem Falle Barrel für Barrel durch einen von dem Chemischen Staatslaboratorium ausgebildeten und in seiner Zuverlässigkeit von demselben anerkannten Angestellten des Pächters mittels eines von dem Chemischen Staatslaboratorium kontrollierten Apparates im Petroleumhafengebiete geprüft. Die von diesem Tester ausgeführten Bestimmungen werden nach einem bestimmten tabellarischen Schema dem Chemischen Staatslaboratorium behufs Kontrolle zugesandt und nunmehr von letzterem diejenigen Barrels bezeichnet, welche als volltestig zu gelten haben.

Ist ein Bassinwagen oder Tank mindertestig befunden, so steht es dem Inhaber der Ware frei, die mindertestige Ware durch eine auf seine Kosten vorzunehmende Behandlung auf einen dem Gesetz entsprechenden Entflammungspunkt zu bringen. Sofern diese Behandlung auf einem anderen Wege als dem der bloßen Ruhelage (Selbstmischung) oder Zusatz höhertestigen gleichartigen Petroleums in demselben Bassinwagen oder Tank erfolgen soll, ist der Pächter verpflichtet, die zuvorige Genehmigung der Polizeibehörde einzuholen. Nach Ablauf der Ruhezeit bzw. nach Abschluß dieser Behandlung sind in der vorschriftsmäßigen Weise drei neue Proben zu entnehmen und dem Chemischen Staatslaboratorium behufs Testung zu übersenden.

Von dem Ergebnis dieser Prüfung wird sodann der Polizeibehörde, dem Pächter und dem Inhaber der Ware von dem Chemischen Staatslaboratorium Mitteilung gemacht.

§ 7.

Der Pächter hat die an einem Barrel mindertestiger Ware etwa befindliche Bezeichnung „Deutscher Reichstest" oder eine gleichbedeutende zu tilgen. Er hat ferner darauf zu achten, daß Barrels mindertestigen Petroleums, falls dasselbe zum Verkehr in Deutschland bestimmt ist, mit der Bezeichnung „feuergefährlich" in Gemäßheit des § 1 der kaiserlichen Verordnung vom 24. Februar 1882 versehen werden.

§ 8.

Das Ergebnis der seitens des Chemischen Staatslaboratoriums ausgeführten Petroleumprüfungen wird zweimal wöchentlich im Amtsblatt veröffentlicht. Außerdem können die täglichen Prüfungsergebnisse der amtlichen Petroleumprüfung nach 5 Uhr nachmittags beim Pächter des Petroleumhafens eingesehen werden.

§ 9.

Die Gebühren für den Pächter sind in Gemäßheit der Bekanntmachungen hohen Senats vom 17. Januar 1887 und 2. März 1888 folgendermaßen festgestellt:

	M.
1. Für Probeziehung und Zustellung an das Chemische Staatslaboratorium pro Probe . . .	—,25
2. Für Anbringung des Stempels „Hamburger Petroleumimport. Reichstest" pro Barrel	—,01
3. Für Anbringung der Marke „feuergefährlich" pro Barrel	—,02
4. Für Löschung der Marke „Deutscher Reichstest" pro Barrel	—,02
5. Für Testung der einzelnen Barrels bei mindertestig befundenen Lots bzw. Ladungen pro Barrel .	—,60
6. Für jede einzelne Testung des Faßpetroleums durch das Chemische Staatslaboratorium . .	2,—
7. Für jede einzelne Testung des Tankpetroleums durch das Chemische Staatslaboratorium . .	10,—

Hamburg, den 30. Oktober 1889.

Die Deputation
für Handel und Schiffahrt.

Die Prüfung des Petroleums auf seine Entzündlichkeit nach der amtlichen Anweisung vom 20. April 1882 gibt noch keinen Anhalt für seine Brauchbarkeit. Im allgemeinen kann man jedoch sagen, daß ein Petroleum um so besser in unseren Lampen brennt und leuchtet, je reicher es an niedrig siedenden und je ärmer es an sehr hoch siedenden Bestandteilen ist; die niedrig und hoch siedenden Substanzen müssen in angemessenem Verhältnis zueinander stehen, d. h. im gleichen Sinne wachsen oder sinken.

Mit den niedrig siedenden Bestandteilen wächst jedoch die Feuergefährlichkeit nicht in bezug auf die Explosionsmöglichkeit, denn diese ist, wie schon ausgeführt, fast ausschließlich von der Beschaffenheit und Konstruktion der Lampe abhängig, sondern bei seiner Handhabung überhaupt. Die meisten Petroleumunfälle und -brände werden nicht durch Explosion, sondern durch unvorsichtiges Hantieren, durch Umwerfen der Lampe usw. verursacht.

Obwohl die Leuchtkraft eines Petroleums in erster Linie von Zusammensetzung und Reinheit abhängt, so ist auch die Konstruktion der Lampe von wesentlicher Bedeutung; die hochsiedenden, stark paraffinhaltigen russischen Öle z. B. verlangen einen stärkeren, durch besondere Zylinder hervorzubringenden Zug.

Für Deutschland kommen augenblicklich fast nur die amerikanischen und russischen Öle in Betracht, doch ist seit den letzten Jahren auch die österreichische, rumänische und galizische Einfuhr von zwar noch geringer, jedoch, wie es scheint, zunehmender Bedeutung. Das deutsche Publikum ist an das amerikanische Petroleum gewöhnt und zieht dieses den anderen Sorten vor.

In chemischer Beziehung soll das amerikanische Öl hauptsächlich aus Kohlenwasserstoffen der Methanreihe $C_n H_{2n+2}$ neben kleinen Mengen aromatischer Kohlenwasserstoffe bestehen, das russische Öl dagegen aus Naphtenen der Zusammensetzung $C_n H_{2n}$, daneben etwa 10 Proz. aromatische Kohlenwasserstoffe.

Die Zusammensetzung der galizischen und rumänischen Öle ist noch weniger sicher bekannt.

Die Brauchbarkeit eines Erdöls für Leuchtzwecke hängt weiter ab von der Sorgfalt der Raffination, wodurch ihm alle harzigen, brenzlichen, die Steighöhe vermindernden und eine Verstopfung und Verkohlung des Dochtes bewirkenden Bestandteile nach Möglichkeit entzogen werden.

Die Güte eines Petroleums wird am besten durch vergleichende Brennversuche in einer einfachen, gut konstruierten Lampe im Verhältnis zu einem anerkannt guten Petroleum und durch vergleichende Lichtmessungen festgestellt.

Im übrigen pflegen wir im allgemeinen an ein *gutes* Petroleum noch etwa die folgenden Anforderungen zu stellen:

Das Erdöl sei von wasserheller, kaum gelblicher Farbe, von schwachem, nicht unangenehm brenzlichem Geruch.

Das spezifische Gewicht sinke nicht unter 0,785 und steige nicht über 0,803.

Bei der Destillation nach *Engler* soll unter 105° überhaupt nichts, bis 150° nicht mehr als 22 Proz. und über 270° nicht mehr als 25 Proz. übergehen.

Im *Engler*schen Viskosimeter zeige es nicht mehr als 1,1 Flüssigkeitsgrad bei 20°. Beim Abkühlen auf — 10° während einer Minute bleibe das Petroleum noch klar flüssig.

Das Öl sei neutral, d. h., werden 50 ccm Petroleum mit 50 ccm Wasser, dem man zwei Tropfen einer Methylorangelösung 1 : 100 zugesetzt hat, zwei Minuten lang kräftig geschüttelt, so darf nach der Trennung die wässerige Lösung keine nelkenrote Färbung zeigen. Schüttelt man 10 ccm des Öls in einem Proberöhrchen mit 4 ccm farbloser Schwefelsäure, $D = 1{,}56$, zwei Minuten lang stark, so muß das wieder abgeschiedene Öl klar bleiben und darf seine ursprüngliche Farbe nicht verändern. Die abgeschiedene Schwefelsäure muß ebenfalls klar bleiben und darf höchstens eine schwach gelbliche Färbung annehmen.

Beim Schütteln mit verdünnter Natriumkarbonatlösung werde von dieser keine Schwefelsäure aufgenommen, d. h. nach dem Ansäuern mit Salzsäure bewirke daher Chlorbaryum auch nach langem Stehen in der Wärme keine Trübung oder Abscheidung.

Ammoniakalische Silberlösung werde beim Erwärmen mit Petroleum nicht gebräunt oder geschwärzt.

50 ccm Petroleum mit 1 ccm Natronlauge ($D = 1{,}2$) geschüttelt gebe eine rein weiße Emulsion.

Nach der Trennung soll die Natronlauge auf Zusatz von Salzsäure keine Trübung erfahren.

Das Petroleum enthalte nicht über 0,02 Proz. Schwefel. Die Bestimmung des Schwefels geschieht bei schwefelarmen Ölen zweckmäßig nach Engler[1]) durch Verbrennen von etwa 10 g in einer kleinen Lampe und Saugen der Verbrennungsprodukte durch eine Wasserstoffsuperoxyd- oder eine bromhaltige Kaliumkarbonatlösung. Im ersten Falle läßt sich die gebildete freie Schwefelsäure durch einfache Titration schnell und genau bestimmen, im zweiten Falle wird das bei der Verbrennung entstehende Schwefeldioxyd als Sulfat zurückgehalten und mit Chlorbaryum gefällt.

Bei sehr schwefelreichen Ölen von mehr als 0,1 Proz. erhält man genauere Resultate, wenn man etwa 1 bis 2 g nach der Methode der vereinfachten Elementaranalyse entweder im geschlossenen Einsatzrohr oder mit doppelter Sauerstoffzufuhr verbrennt und die Oxyde des Schwefels mit Bleisuperoxyd oder Soda absorbiert[2]).

[1]) Chem.-Zeitung 1896, S. 197.

[2]) Siehe M. Dennstedt, Anleitung zur vereinfachten Elementaranalyse. Hamburg, Otto Meissners Verlag, und Chem.-Zeitung 1905, S. 52.

NAMENREGISTER.

SACHREGISTER.

A.

B.

D.

E.

F.

O.

P.

R.

S.

T.

U.

V.

W.

Z.

Batch number: 10815974

Printed by Printforce, the Netherlands